项目开发实战

（微视频版）

王长青◎编著

清华大学出版社
北　京

内 容 简 介

C 语言是当今使用最为广泛的开发语言之一，一直在开发领域占据着重要地位。本书通过 9 个综合项目的实现过程，详细讲解了 C 语言在实践项目中的综合应用，这些项目在现实应用中具有极强的代表性，主要有：俄罗斯方块游戏、育英中学成绩管理系统、网络传输系统、三江化工薪资管理系统、启明星绘图板系统、智能图书馆管理系统、推箱子游戏、房地产营销名片管理系统和网络聊天室系统等。在具体讲解每个实例时，都遵循项目的进度来讲解，从接到项目到具体开发，直到最后的调试和发布。讲解循序渐进，并穿插了这样做的原因，深入讲解了每个重点内容的具体细节，引领读者全面掌握 C 语言项目开发。

本书不但适用于 C 语言的初学者，还适用于有一定 C 语言基础的读者，同时也可以作为有一定项目开发经验的程序员的参考书。

图书在版编目(CIP)数据

C 语言项目开发实战：微视频版/王长青编著. 一北京：清华大学出版社，2024.5
ISBN 978-7-302-65986-0

Ⅰ. ①C… Ⅱ. ①王… Ⅲ. ①C 语言一程序设计 Ⅳ. ①TP312.8

中国国家版本馆 CIP 数据核字(2024)第 068304 号

责任编辑：魏 莹
封面设计：李 坤
责任校对：马素伟
责任印制：曹婉颖
出版发行：清华大学出版社
　　网　　址：https://www.tup.com.cn, https://www.wqxuetang.com
　　地　　址：北京清华大学学研大厦 A 座　　**邮　　编**：100084
　　社 总 机：010-83470000　　**邮　　购**：010-62786544
　　投稿与读者服务：010-62776969, c-service@tup.tsinghua.edu.cn
　　质量反馈：010-62772015, zhiliang@tup.tsinghua.edu.cn
印 装 者：小森印刷霸州有限公司
经　　销：全国新华书店
开　　本：185mm×230mm　　**印　张**：22.25　　**字　数**：486 千字
版　　次：2024 年 5 月第 1 版　　**印　次**：2024 年 5 月第 1 次印刷
定　　价：89.00 元

产品编号：102092-01

前　　言

项目实战的重要性

在竞争激烈的软件开发就业市场中，拥有良好的理论基础是非常重要的。然而，仅仅掌握理论知识是不够的。实践能力是将理论知识转化为实际应用的能力，它不仅体现在能够更好地理解和记忆所学的知识上，还体现在能够解决问题和创新的能力上。

虽然课堂教学和理论学习是基础，但只有通过真实项目的实践，才能真正理解和掌握所学的知识，并将其运用到实际场景中。项目实战不仅能将理论知识应用于实际问题，还能够培养读者解决问题和创新思维的能力。以下是项目实战的重要性及其带给个人发展的益处。

(1) 实践锻炼：通过参与项目实战，您将面临真实的编码挑战，从中学习解决问题的方法和技巧。实践锻炼有助于个人理解编程语言、开发工具和常用框架，提高编码技术和代码质量。

(2) 综合能力培养：项目实战要求我们综合运用各个知识点和技术，从需求分析、设计到实现和测试等环节，全方位地培养综合能力。

(3) 团队协作经验：项目实战通常需要与团队成员合作完成，这对培养团队协作和沟通能力至关重要。通过与他人合作，将学会协调工作、共同解决问题，并加深对团队合作的理解和体验。

(4) 独立思考能力：项目实战要求我们在遇到问题时能够独立思考和解决，通过克服困难和挑战，培养出自信和勇气，提高独立思考和解决问题的能力。

(5) 实践经验加分：在未来求职过程中，项目实战经验将成为您的亮点。用人单位更看重具有实践经验的候选人，他们更倾向于选择那些能够快速适应工作环境并提供实际解决方案的人才。

为了帮助广大读者快速从一名学习编程的初学者成长为有实践经验的开发高手，我们精心编写了本书。本书将以实战项目为素材，从项目背景和规划开始讲解，一直到项目的调试运行和维护，完整展示了大型商业项目的运作和开发流程。

本书的特色

1) 以实践为导向

本书的核心理念是通过实际项目的练习来学习和掌握 C 语言编程。每个项目都是实用的，涵盖了不同领域和应用场景，帮助读者将所学的知识直接应用到实际项目中。

2) 渐进式学习

本书按照难度逐渐增加的顺序组织项目，从简单到复杂，让读者能够循序渐进地学习和提高。每个项目都有清晰的目标和步骤，引导读者逐步实现项目的功能。

3) 综合性项目

本书包含多个综合性项目，涉及不同的编程概念和技术。通过完成这些项目，读者将能够综合运用所学的知识，培养解决问题的能力和系统设计的思维。

4) 提供解决方案和提示

每个项目都提供了详细的解决方案和提示，帮助读者理解项目的实现细节和关键技术。这些解决方案和提示旨在启发读者的思考，并提供参考，鼓励读者根据自己的理解和创意进行探索和实现。

5) 实用的案例应用

本书的项目涉及多个实际应用领域，如游戏开发、数据管理、网络传输等。这些案例应用不仅有助于读者理解 C 语言的应用范围，还能够培养读者解决实际问题的能力。

6) 强调编程实践和创造力

本书鼓励读者在学习和实践过程中发挥创造力，尝试不同的方法和解决方案。通过实践和创造，读者能够深入理解编程原理，提高解决问题的能力，并培养独立开发和创新的能力。

7) 结合图表，通俗易懂

在本书写作过程中，都给出了相应的例子和表格进行说明，以使读者领会其含义；对于复杂的程序，均结合程序流程图进行讲解，以方便读者理解程序的执行过程；在叙述上，普遍采用了短句子及易于理解的词语。

8) 给读者以最大实惠

本书的附配资源不仅有书中实例的源代码和 PPT 课件(读者可扫描右侧二维码获取)，还有书中案例全程视频讲解，视频讲解读者可扫描书中二维码来获取。

扫码获取源代码

致谢

在编写本书的过程中，我们始终本着科学、严谨的态度，力求精益求精，但不足、疏漏之处在所难免，敬请广大读者批评指正。

最后感谢您购买本书，希望本书能成为您编程路上的领航者，祝您读书愉快！

编　者

目　　录

第 1 章

俄罗斯方块游戏

俄罗斯方块游戏是一款风靡全球的游戏产品，它曾经造就了一个无与伦比的商业价值，影响了一代游戏产业链。本章使用C语言开发一个俄罗斯方块游戏，并详细介绍其具体的实现流程。

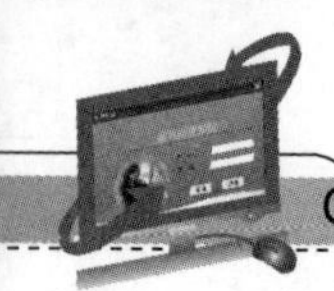

1.1 背景介绍

俄罗斯方块游戏最初是由苏联的游戏制作人阿列克谢·帕基特诺夫(Alexey Pajitnov)推出的，它表面看似简单却变化无穷，令人上瘾，并且引发出人的无限遐想。

扫码看视频

1.1.1 游戏行业发展现状

近年来，随着互联网、移动互联网技术的快速发展，互联网基础设施越来越完善，互联网用户规模迅速增长。得益于整个互联网产业的爆炸式增长，我国网络游戏产业呈现出飞速发展的态势，网络游戏整体用户规模持续扩大。随着我国游戏用户规模的不断扩大，我国游戏行业发展迅速，市场规模快速增加。在2022年度中国游戏产业年会上，《2022年中国游戏产业报告》显示，2022年中国游戏市场实际销售收入2658.84亿元，同比下降10.33%。游戏用户规模为6.64亿，同比下降了0.33%。2022年自主研发游戏在国内市场的实际销售收入为2223.77亿元，同比下降了13.07%。

中国客户端游戏市场已步入成熟期，进入存量竞争阶段，面对来自移动游戏的竞争压力，行业内部竞争激烈，发展速度逐渐放缓。与客户端游戏一样，网页游戏也面临着移动游戏的竞争，并且日渐没落。自2015年起，中国网页游戏市场实际收入持续下降，2019年收入仅为98.7亿元，同比2018年减少27.8亿元，下降22.0%，呈逐年下降之势。中国网页游戏市场近几年受到移动端市场的冲击，从事网页游戏的企业越来越少，用户逐步向移动游戏转移，用户人数由2015年的3亿人下降至2022年的1.7亿人。

1.1.2 虚拟现实快速发展

根据Newzoo(权威数据机构)的2022年VR(Virtual Reality的缩写，表示虚拟现实)游戏市场报告，到2022年底，VR游戏市场的当年收入达到18亿美元。未来几年，这一市场的复合增长率将达到45%。Newzoo还表示，随着游戏设备性能的提升，VR用户数量正在以前所未有的速度增长。其中，独立VR耳机的增加是用户增长的主要原因之一，例如无须额外硬件即可设置和使用的Meta Quest等设备。

电子游戏行业已经对VR技术投入了大量时间和资源，创造能够投入市场的产品的尝试可以追溯到20世纪80年代，但在接口设备方面的进度一直停滞不前。2013年，Oculus Rift头戴显示器的推出带来了接口方面的突破性进展，重新激发了游戏开发商和技术提供商对VR技术的兴趣。

2020 年《半衰期：爱莉克斯》的到来，全面解决了如玩家的动作、数字环境中的物理存在感、与游戏内物体和环境的交互、可玩性以及通过 VR 媒体对故事的叙述等更多 VR 游戏的问题，提升了商业产品的可行性，让越来越多的 PC 游戏开发商拥抱 VR 技术。

如今，VR 技术仍在不断发展，并吸引了大厂的大力投资，其中最为瞩目的，当属 2022 Meta Connect 大会上，Meta 宣布收购了三家拥有深厚经验和成熟技术的 VR 工作室。在陆续收购多家游戏工作室后，Meta 为其元宇宙事业进一步招兵买马。

1.1.3 云游戏持续增长

2022 年，云游戏技术和服务取得了重大进展，包括罗技(Logitech)和腾讯合作开发的手持游戏机罗技 G CLOUD、雷蛇旗下的支持 5G 连接的全新云驱动手持游戏设备 Razer Edge 5G 预告等。目前云游戏还处于发展阶段，好消息是，从市场规模来看，被视为“游戏的未来”的云游戏行业，正处于增长趋势中。

Newzoo 的 2022 年全球云游戏报告显示，在 2022 年，云游戏服务吸引了超过 3000 万名付费用户，这些用户的总消费额预计将达到 24 亿美元。到 2025 年，全球云游戏市场的年收入有望增长至 82 亿美元。Newzoo 表示，随着新的云游戏服务不断推出，云游戏市场正变得越来越成熟。在付费设计和使用场景等方面的创新，使得云游戏吸引了更多的用户并且更好地满足其需求。与此同时，微软 Xbox 和索尼 PlayStation 等传统游戏巨头也在积极拓展云游戏业务。

美国软件公司 Perforce 在采访了 300 多名行业专业人士后，得出结论：流媒体和云游戏将在不久的将来成为玩电子游戏的主要方式。随着 5G 覆盖范围的增加，甚至 6G 技术的发展，云游戏将进一步巩固其在游戏领域的地位。

1.1.4 移动游戏重回增长轨道

Newzoo 表示，随着生活回归正常，移动游戏尤其是超休闲类型将迎来下滑，2022 移动业务收入下降 6.4%至 922 亿美元，此前 data.ai 发布的移动应用预测报告中，2023 年全球收入也将再下降 3% 至 1070 亿美元。长期来看，全球游戏市场将恢复增长轨迹，Newzoo 预计到 2025 年，游戏市场将创造 2112 亿美元的收益，年复合增长率为 3.4%，游戏市场未来几年很有前景，尤其是主机游戏。Sensor Tower 预计，全球手游市场营收也将在 2023 年重回增长轨迹，到 2026 年将上升至 1170 亿美元，未来几年内的年均复合增长率约为 5.6%。混合休闲等新趋势的兴起和中度手游的复苏，也将为手游市场带来新的活力。

此外，近年来大厂纷纷布局手游市场，今年备受关注的微软暴雪收购案中，Xbox 表示希望通过这一交易扩大其在移动游戏中的影响力，今年早些时候，微软还提到了打造 Xbox 手机游戏商店的计划。移动游戏已经越来越成为全球游戏市场的主导力量。

1.2 项目分析

对于软件开发来说，项目分析是第一步工作，本节将对俄罗斯方块游戏进行详细分析，为后期的开发工作做好充分的准备工作。

扫码看视频

1.2.1 项目分析介绍

很多开发者写程序，特别是一些初学者，总是看到功能后就立即投入到代码编写工作中，需要什么功能就编写函数去一一实现。但是在后期调试时，常常会出现这样或那样的错误，需要返回重新修改。幸运的是，初学者接触到的都是小项目，修改的工作量也不是很大，但如果在大型项目中，几千行代码的返回修改就会是一件很恐怖的事情。所以，在项目开发之前，就需要做好项目的前期规划。

一个软件项目的开发主要分为五个阶段，即需求分析阶段、设计阶段、编码阶段、测试阶段和维护阶段。需求分析阶段得到的结果，是软件项目开发中其他四个阶段的必备条件。从以往的经验来看，需求分析中的一个小的偏差，就可能会导致整个项目无法达到预期的效果，或者说最终开发出的产品不是用户所需要的。

1.2.2 规划开发流程

要想更好地完成俄罗斯方块游戏项目的功能分析工作，需要将这款游戏从头到尾地试玩几次，彻底了解俄罗斯方块游戏的具体玩法和过程。为此笔者特意从网络中下载了一款俄罗斯方块游戏，并全面地进行了试玩。俄罗斯方块游戏的典型界面如图 1-1 所示。

图 1-1　俄罗斯方块游戏的界面

根据俄罗斯方块的游戏规则和要求，可以总结出俄罗斯方块游戏的基本功能模块。当然，因为俄罗斯方块游戏是一款在市面中流行多年的游戏，所有游戏的基本玩法和功能大家都很熟悉。如果要开发一款全新的游戏，这就需要在项目规划开始进行玩法规划设计，相关内容将在本书后面的章节中进行讲解。

根据软件项目的开发流程，可以做出一个简单的项目规划书，整个规划书分为如下两个部分：

- 系统需求分析；
- 结构规划。

俄罗斯方块游戏项目的开发流程如图 1-2 所示。

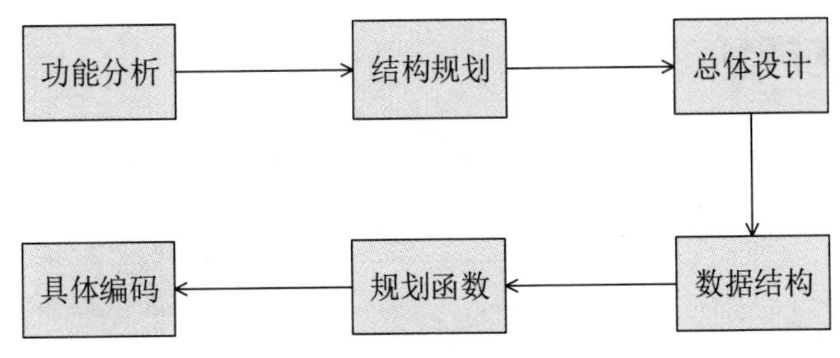

图 1-2　开发流程图

- 功能分析：分析整个系统所需要的功能；
- 结构规划：规划系统中所需要的功能模块；
- 总体设计：分析系统处理流程，探索系统核心模块的运作；
- 数据结构：设计系统中需要的数据结构；
- 规划函数：预先规划系统中需要的功能函数；
- 具体编码：编写系统的具体实现代码。

1.2.3　系统需求分析

系统需求分析中的关键数据是从试玩游戏过程中得到的，一款俄罗斯方块游戏必须具备如下所述的基本功能。

(1) 游戏方块预览功能

在此游戏中共有 19 种方块，当游戏运行后并在下落区域出现一个游戏方块时，为了便于玩家做好提前判断工作，在方块预览区内要显示随机生成的游戏方块。

(2) 游戏方块控制功能

游戏玩家可以对出现的方块进行处理，分别实现左移、右移、快速下移、自由下落、旋转和行满自动消除功能效果。

(3) 更新游戏显示

当游戏在进行方块移动处理时，要清除先前的游戏方块，用新坐标重绘游戏方块。

(4) 游戏速度设置和分数更新

通过游戏分数能够对行数进行划分，例如可以设置完成完整的一行为 10 分。当达到一定数量后，需要给游戏者进行等级上的升级。当玩家级别升高后，方块的下落速度将加快，从而对应地提高游戏的难度。

(5) 游戏帮助功能

游戏玩家进入游戏系统后，通过帮助了解游戏的操作方法，介绍游戏的玩法规则。

1.2.4 结构规划

现在开始步入结构规划阶段。为了加深印象，可以绘制一个模块结构图，如图 1-3 所示。

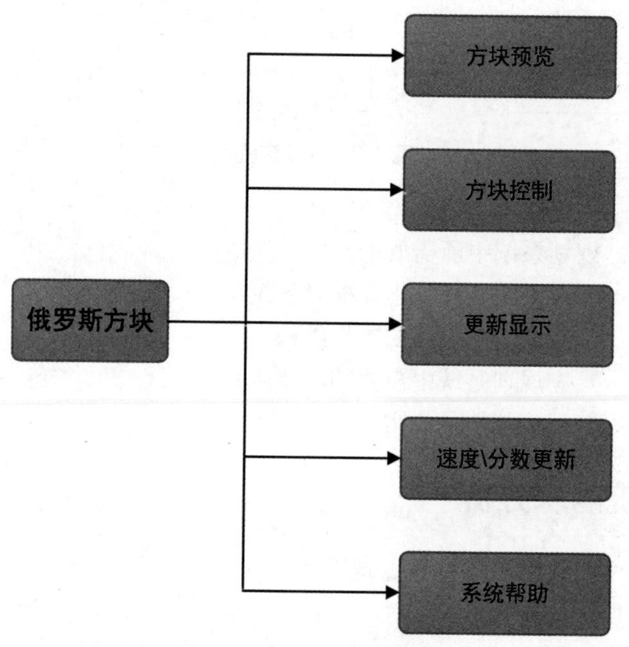

图 1-3 游戏模块结构

1.2.5 选择开发工具

在当今高校进行 C 语言教学时，大多使用 Turbo C 作为开发工具，并且在计算机二级考试中，也大多使用 Turbo C 工具。除了 Turbo C 语言，还有很多工具可以实现 C 语言程序开发，例如 DEV-C++、Visual C++6.0 和 Visual Studio.NET。其中 DEV-C++是一个轻量级的开发工具，适合初学者使用，Visual C++6.0 已经被 Visual Studio.NET 完全替代。另外，因为 C 语言和 C++语言的相似性，所以大多数开发工具既能开发 C++程序，也能开发 C 程序。

本章俄罗斯方块游戏项目只是一个简单的程序，可以首选 Turbo C 和 DEV-C++开发工具。如果客户要求使用 graphics.h 实现，就选择 Turbo C 作为开发工具，因为 Turbo C 使用 graphics.h 的方法更加简单。

1.3 总体设计

经过总体结构的规划分析，接下来就可以根据各结构功能模块进行对应的总体设计处理。总体设计阶段主要包括如下两个方面的工作：

扫码看视频

- 运行流程分析；
- 核心处理模块分析。

1.3.1 运行流程分析

根据总体的模块功能和规划的结构图可以绘制出整个游戏的运行流程，具体如图 1-4 所示。

为了解决问题，在图 1-4 所示的运行流程中，判断键值时可使用 VK_LEFT(左移)、VK_RIGHT(右移)、VK_DOWN(下移)、VK_UP(旋转)和 VK_ESC(退出)键进行判断。上述几个按键移动处理的具体说明如下：

- VK_LEFT：调用函数 MoveAble()，判断是否能左移，如果可以左移则调用 EraseBox 函数，清除当前的游戏方块。并在下一步调用函数 show_box()，在左移位置显示当前游戏的方块。
- VK_RIGHT：右移处理，和上面的 VK_LEFT 处理类似。
- VK_DOWN：下移处理，如果不能再下移，必须将 flag_newbox 标志设置为 1。
- VK_UP：旋转处理，首先判断旋转动作是否执行，如果不符合条件，则不予执行。
- VK_ESC：按下 Esc 键后将退出游戏。

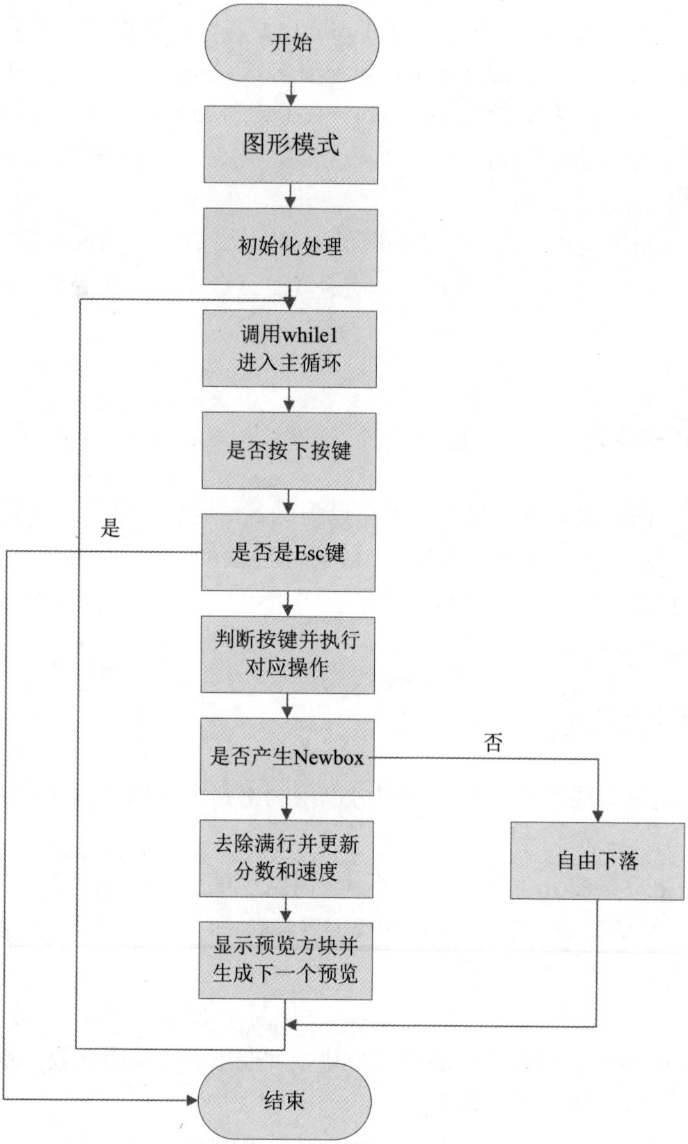

开始

图形模式

初始化处理

调用while1
进入主循环

是否按下按键

是

是否是Esc键

判断按键并执行
对应操作

是否产生Newbox

否

去除满行并更新
分数和速度

自由下落

显示预览方块并
生成下一个预览

结束

图 1-4　游戏运行流程

1.3.2　核心处理模块分析

对于本俄罗斯方块游戏来说，整个项目的核心内容：方块预览、方块控制、更新显示，速度和分数更新。整个项目就是通过编码来实现上述功能。

1. 方块预览

新游戏的方块将在 4×4 的正方形小方块中预览，使用随机函数 rand()可以产生 1～19 间的游戏方块编号，并作为预览的方块编号，其中品尼高正方形小方块的大小由 BSIZE×BSIZE 来计算。

2. 方块控制处理

方块的移动控制是整个游戏的重点和难点，具体说明如下。

(1) 左移处理，处理过程如下

- 判断是否能够左移，判断条件有两个：左移一位后方块不能超游戏底板的左边线，否则将越界；游戏方块有值的位置，游戏底板不能被占用。
- 清除左移前的游戏方块。
- 在左移一位的位置处，重新显示此游戏的方块。

(2) 右移处理，处理过程如下

- 判断是否能够右移，判断条件有两个：右移一位后方块不能超越游戏底板的右边线，否则将越界；游戏方块有值的位置，游戏底板不能被占用。
- 清除右移前的游戏方块。
- 在右移一位的位置处，重新显示此游戏的方块。

(3) 下移处理，处理过程如下

- 判断是否能够下移，判断条件有两个：下移一位后方块不能超越游戏底板的底边线，否则将越界；游戏方块有值的位置，游戏底板不能被占用。满足上述两个条件后，可以被下移处理。否则将 flag_newbox 设置为 1，在主循环中会判断此标志。
- 清除下移前的游戏方块。
- 在下移一位的位置处，重新显示此游戏的方块。

(4) 旋转处理，处理过程如下

- 判断是否能够旋转，判断条件有两个：旋转后方块不能超越游戏底板的底边线、左边线和右边线，否则将越界；游戏方块有值的位置，游戏底板不能被占用。
- 清除旋转前的游戏方块。
- 在游戏方块显示区域(4×4)的位置，使用当前游戏方块的数据结构中的 next 值作为旋转后形成的新游戏方块的编号，并重新显示这个编号的游戏方块。

3. 更新显示

当游戏中的方块进行移动处理时，需要清除先前的游戏方块，并用新坐标重新绘制游戏方块。当消除满行后，要重绘游戏底板的当前状态。清除游戏方块的具体过程为：首先绘制一个轮廓，然后使用背景色填充小方块，最后使用前景色画一个游戏底板中的小方块。

循环处理这个过程，变化当前的坐标来绘制并填充 19 个这样的方块。从而在游戏中清除了此方块。

4. 速度和分数更新处理

当行满消除后，积分变量 score 会增加一个固定的值，然后将等级变量 level 和速度变量 speed 相关联，以实现等级越高速度越快的效果。

1.4 设计数据结构

结构体是 C 语言中另一种常用的构造数据类型，它相当于其他高级语言中的记录。“结构”是一种构造类型，它是由若干“成员”组成的，每一个成员可以是基本数据类型或者构造类型。在本项目中，使用数据结构保存项目中用到的数据，包括方块、方块形状、底板等。

扫码看视频

1.4.1 使用数据结构可以提高运行和存储效率

在 C 语言应用中，数据结构可以作为计算机存储、组织数据的方式。数据结构是相互之间存在一种或多种特定关系的数据元素的集合。在通常情况下，合理的数据结构可以带来更高的运行或者存储效率。例如下面就定义了一个结构 stu，里面包含了 4 个成员。

```
struct stu{
        int num;
        char name[20];
        char sex;
        float score;
};
```

在上述结构定义中，结构名为 stu，该结构由如下 4 个成员组成。

- 第一个成员为 num，整型变量；
- 第二个成员为 name，字符数组；
- 第三个成员为 sex，字符变量；
- 第四个成员为 score，实型变量。

在此应该注意，程序结尾处括号后的分号是不可少的。定义结构之后，即可进行变量说明。在上述代码中，结构 stu 的变量都由上述 4 个成员组成。由此可见，结构是一种复杂的数据类型，是数目固定、类型不同的若干有序变量的集合。

在定义一个结构体时，应该注意如下 3 点。

- 不要忽略最后的分号，例如在上面代码中指定了一个新的结构体类型 struct stu(struct 是声明结构体类型时所必须使用的关键字，不能省略)，它向编译系统声明，这是一个“结构体类型”，包括 num、name、sex、score 等不同类型的数据项。
- struct xxx 是一个类型名，它和系统提供的标准类型(如 int、char、float、double 等)具有相同的作用，都可以用来定义变量的类型，只不过结构体类型需要由用户自己指定。
- 可以把“成员表列”(member list)称为“域表”(field list)。每一个成员也称结构体中的一个域，成员名命名规则与变量名相同。

本俄罗斯方块游戏项目很简单，涉及的结构也不是不多。纵观整个项目，涉及数据类型的游戏对象有三个，具体说明如下。

- 游戏底板：需要判断下落的方块是否碰撞到底板，另外，为了更加美观，需要用不同的颜色表现底板。
- 游戏中的俄罗斯方块：为每个方块分别设置编号和颜色。
- 不同形状的方块：用多个正方形方块组成不同形状的模型。

本项目将详细讲解实现上述三个数据结构的具体过程。

1.4.2 设计游戏底板结构体

本项目游戏的底板结构体是 BOARD，具体代码如下：

```
struct BOARD                     /*游戏底板结构,表示每个小方块所具有的属性*/
{
   int var;                      /*当前状态 只有 0 和 1,1 表示此小方块已被占用*/
   int color;                    /*颜色,游戏底板的每个小方块可以设置不同的颜色使画面美观*/
}Table_board[Vertical_boxs][Horizontal_boxs];
```

其中，BOARD 结构体表示游戏底板中每个小方块的属性，var 表示当前的状态，为 0 时表示未被占用，为 1 时表示已经被占用。

1.4.3 游戏方块结构体

本项目游戏的方块结构体是 SHAPE，具体代码如下：

```
struct SHAPE{
/*一个字节等于 8 位,每 4 位来表示一个方块的一行，例如:box[0]="0x88",box[1]="0xc0"表示的是:
1000
1000
1100
0000*/
   char box[2];
```

```
    int color;              /*每个方块的颜色*/
    int next;               /*下个方块*/
};
```

SHAPE 结构体表示某个小方块的属性，char box[2]表示用 2 个字节来表示块的形状，每 4 位来表示一个方块的一行。color 表示每个方块的颜色，颜色值可以根据需要而设置。

1.4.4　SHAPE 结构数组

本项目游戏的 SHAPE 结构数组的具体代码如下：

```
struct SHAPE shapes[MAX_BOX]=
{
/*
 *   口    口口口   口口      口
 *   口    口         口   口口口
 *   口口             口
 */
    {0x88,  0xc0,   CYAN,   1},
    {0xe8,  0x0,    CYAN,   2},
    {0xc4,  0x40,   CYAN,   3},
    {0x2e,  0x0,    CYAN,   0},
/*
 *   口      口口 口口口
 *   口 口    口      口
 * 口口 口口口 口
 */
    {0x44,  0xc0,   MAGENTA,  5},
    {0x8e,  0x0,    MAGENTA,  6},
    {0xc8,  0x80,   MAGENTA,  7},
    {0xe2,  0x0,    MAGENTA,  4},
/*
 *   口
 *   口口       口口
 *     口     口口
 */
    {0x8c,  0x40,   YELLOW, 9},
    {0x6c,  0x0,    YELLOW, 8},
/*
 *   口      口口
 * 口口        口口
 * 口
 */
    {0x4c,  0x80,   BROWN,  11},
    {0xc6,  0x0,    BROWN,  10},
```

```
/*
 *   口      口          口
 * 口口口    口口  口口口  口口
 *          口     口     口
 */
    {0x4e,  0x0,    WHITE,  13},
    {0x8c,  0x80,   WHITE,  14},
    {0xe4,  0x0,    WHITE,  15},
    {0x4c,  0x40,   WHITE,  12},
/* 口
 * 口
 * 口      口口口口
 * 口
 */
    {0x88,  0x88,   RED,    17},
    {0xf0,  0x0,    RED,    16},
/*
 * 口口
 * 口口
 */
    {0xcc,  0x0,    BLUE,   18}
};
```

在上述代码中，定义了 MAX_BOX 个 SHAPE 类型的结构数组，并进行了初始化处理。因为共有 19 种不同的方块类型，所以 MAX_BOX 的值为 19。

1.5　规划系统函数

在进行具体编码工作前，需要先规划好项目中需要的函数，并做好具体的定义。在本俄罗斯方块游戏项目中，需要用到如下所示的函数。

扫码看视频

1. 函数 NewTimer()

函数 NewTimer()用于实现新的时钟，具体代码如下：

```
void interrupt newtimer(void)
```

2. 函数 SetTimer()

函数 SetTimer()用于设置新时钟的处理过程，具体代码如下：

```
void SetTimer(void interrupt(*IntProc)(void))
```

3. 函数 KillTimer()

函数 KillTimer()用于恢复原有的时钟处理过程，具体代码如下：

```
void KillTimer()
```

4. 函数 initialize()

函数 initialize()用于初始化界面，具体代码如下：

```
void initialize(int x,int y,int m,int n)
```

5. 函数 DelFullRow()

函数 DelFullRow()用于删除满行，y 设置删除的行数，具体代码如下：

```
int DelFullRow(int y)
```

6. 函数 setFullRow()

函数 setFullRow()用于查询满行，并调用 DelFullRow 函数进行处理，具体代码如下：

```
void setFullRow(int t_boardy)
```

7. 函数 MkNextBox()

函数 MkNextBox()用于生成下一个游戏方块，并返回方块号，具体代码如下：

```
int MkNextBox(int box_numb)
```

8. 函数 EraseBox()

函数 EraseBox()用于清除以(x,y)位置开始的编号为 box_numb 的游戏方块，具体代码如下：

```
void EraseBox(int x,int y,int box_numb)
```

9. 函数 show_box()

函数 show_box()用于显示以(x,y)位置开始、编号为 box_numb、颜色值为 color 的游戏方块，具体代码如下：

```
void show_box(int x,int y,int box_numb,int color)
```

10. 函数 MoveAble()

函数 MoveAble()首先判断方块是否可以移动，其中(x,y)是当前的位置，box_numb 是方块号，direction 是方向标志，具体代码如下：

```
int MoveAble(int x,int y,int box_numb,int direction)
```

到此为止，已经完成了本项目前期的所有工作。项目中的所有功能都是通过函数来实现的，函数构成了整个项目的主体。

1.6　具体实现

前面的工作都只能称之为前期准备工作，接下来将以前期分析和规划资料为基础编写各段代码，步入正式的编码阶段，实现具体过程。

扫码看视频

1.6.1　预处理

预处理是在程序源代码被编译之前，由预处理器(Preprocessor)对程序源代码进行的处理。这个过程并不对程序的源代码进行解析，但它把源代码分割或处理成为特定的符号用来支持宏调用。

预处理也是一个准备工作，在开始之前开发人员画了一个简单的实现流程图，如图 1-5 所示。

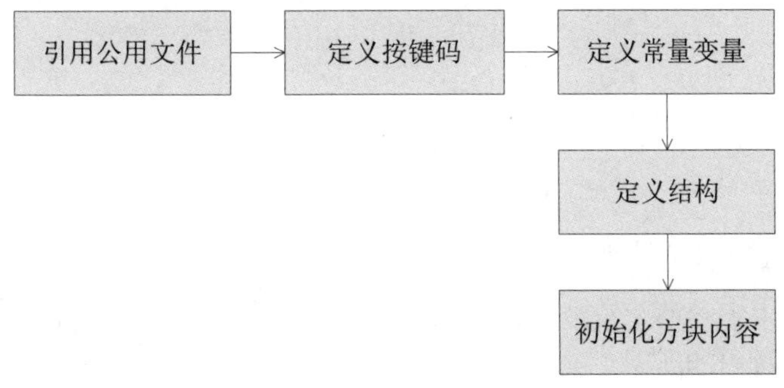

图 1-5　简单实现的流程图

(1) 先引用图形函数库等公用文件，具体代码如下所示：

```
#include <stdio.h>
#include <stdlib.h>
#include <dos.h>
#include <graphics.h>                    /*图形函数库*/
```

(2) 定义按键码，即操控游戏的按键：左移、右移、下移、旋转等，具体代码如下所示：

```
/*定义按键码*/
#define VK_LEFT  0x4b00
#define VK_RIGHT 0x4d00
#define VK_DOWN  0x5000
#define VK_UP    0x4800
#define VK_ESC   0x011b
#define TIMER 0x1c                          /*设置中断号*/
```

(3) 定义系统中需要的常量，例如方块种类、方块大小、方块颜色等，具体实现代码如下所示：

```
/*定义常量*/
#define MAX_BOX 19                      /*总共有 19 种不同形态的方块*/
#define BSIZE 20                        /*方块的边长是 20 个像素*/
#define Sys_x 160                       /*显示方块界面的左上角 x 坐标*/
#define Sys_y 25                        /*显示方块界面的左上角 y 坐标*/
#define Horizontal_boxs 10              /*水平的方向以方块为单位的长度*/
#define Vertical_boxs 15                /*垂直的方向以方块为单位的长度*/
#define Begin_boxs_x Horizontal_boxs/2          /*产生第一个方块时出现的起始位置*/

#define FgColor 3                       /*前景颜色*/
#define BgColor 0                       /*背景颜色,0-blac*/

#define LeftWin_x Sys_x+Horizontal_boxs*BSIZE+46  /*右边状态栏的 x 坐标*/

#define false 0
#define true 1
/*移动的方向*/
#define MoveLeft 1
#define MoveRight 2
#define MoveDown 3
#define MoveRoll 4
/*以后坐标的每个方块可以看作是像素点是 BSIZE*BSIZE 的正方形*/
```

(4) 定义系统中需要的全局变量，例如方块的下落速度、玩家的分数、当前的方块编号等，具体实现代码如下所示：

```
/*定义全局变量*/
int current_box_numb;                   /*保存当前方块编号*/
/*x,y 是保存方块当前坐标的*/
int Curbox_x=Sys_x+Begin_boxs_x*BSIZE,Curbox_y=Sys_y;
int flag_newbox=false;                  /*是否要产生新方块的标记 0*/
int speed=0;                            /*下落速度*/
int score=0;                            /*总分*/
int speed_step=30;                      /*每等级所需要分数*/
/* 指向原来时钟中断处理过程入口的中断处理函数指针 */
void interrupt (*oldtimer)(void);
```

(5) 定义底板结构和方块结构。每一个新出现的方块结构是不同的，当方块下落到游戏底板后，结构也是不同的，所以必须编写 2 个结构来存储即时结构。具体实现代码如下所示：

```
struct BOARD                          /*游戏底板结构,表示每个点所具有的属性*/
{
   int var;                           /*当前状态只有 0 和 1,1 表示此点已被占用*/
   int color;                         /*颜色,游戏底板的每个点可以拥有不同的颜色,增强美观*/
}Table_board[Vertical_boxs][Horizontal_boxs];

/*方块结构*/
struct SHAPE{
   char box[2];                       /*一个字节等于 8 位,每 4 位来表示一个方块的一行
    如:box[0]="0x88",box[1]="0xc0"表示的是:
      1000
      000
      1100
      0000*/
   int color;                         /*每个方块的颜色*/
   int next;                          /*下个方块的编号*/
};
```

(6) 开始初始化方块内容，即定义允许最多箱子(MAX_BOX 个)预定义(SHAPE)类型的结构数组，并初始化。初始化就是把变量赋为默认值，把控件设为默认状态，把没准备的准备好。

1.6.2　主函数

在 C 语言中，任何程序执行都是从主函数 main()开始，到主函数的结束为止，退出程序。主函数可以调用其他函数，其他函数可以互相调用，但不能调用主函数。一般而言，编写一个能运行在操作系统上的程序，都需要一个主函数。

注意： 主函数要尽量简洁，做到一目了然，因为主函数肩负着入口和出口的重任，所以尽量不要把太多的细节逻辑直接放入主函数，这不利于维护和扩展。

本项目主函数 main()的具体实现代码如下所示。

```
void main(){
   int GameOver=0;
   int key,nextbox;
   int Currentaction=0;/*标记当前动作状态*/
   int gd=VGA,gm=VGAHI,errorcode;
   initgraph(&gd,&gm,"");
   errorcode = graphresult();
   if (errorcode != grOk)
```

```
{
    printf("\nNotice:Graphics error: %s\n", grapherrormsg(errorcode));
    printf("Press any key to quit!");
    getch();
    exit(1);
}
setbkcolor(BgColor);
setcolor(FgColor);
randomize();
SetTimer(newtimer);
initialize(Sys_x,Sys_y,Horizontal_boxs,Vertical_boxs);    /*初始化*/
nextbox=MkNextBox(-1);
show_box(Curbox_x,Curbox_y,current_box_numb,shapes[current_box_numb].color);
show_box(LeftWin_x,Curbox_y+200,nextbox,shapes[nextbox].color);
show_intro(Sys_x,Curbox_y+320);
getch();
while(1)
{
    /* Currentaction=0; flag_newbox=false; 检测是否有按键*/
    if (bioskey(1)){key=bioskey(0);     }
    else          {         key=0;     }
    switch(key)
    {
        case VK_LEFT:
            if(MoveAble(Curbox_x,Curbox_y,current_box_numb,MoveLeft))
            {EraseBox(Curbox_x,Curbox_y,current_box_numb);Curbox_x-=BSIZE;
                    Currentaction=MoveLeft;}
            break;
        case VK_RIGHT:
            if(MoveAble(Curbox_x,Curbox_y,current_box_numb,MoveRight))
            {EraseBox(Curbox_x,Curbox_y,current_box_numb);Curbox_x+=BSIZE;
                    Currentaction=MoveRight;}
            break;
        case VK_DOWN:
            if(MoveAble(Curbox_x,Curbox_y,current_box_numb,MoveDown))
            {EraseBox(Curbox_x,Curbox_y,current_box_numb);Curbox_y+=BSIZE;
                    Currentaction=MoveDown;}
            else flag_newbox=true;
            break;
        case VK_UP:/*旋转方块*/
            if(MoveAble(Curbox_x,Curbox_y,shapes[current_box_numb].next,MoveRoll))
            {EraseBox(Curbox_x,Curbox_y,current_box_numb);current_box_numb=
                    shapes[current_box_numb].next;
                Currentaction=MoveRoll;
            }
            break;
        case VK_ESC:
```

```
            GameOver=1;
            break;
        default:
            break;
    }
    if(Currentaction)
    {   /*表示当前有动作,移动或转动*/
        show_box(Curbox_x,Curbox_y,current_box_numb,shapes[current_box_numb].color);
        Currentaction=0;
    }
        /*按了往下键，但不能下移,就产生新方块*/
    if(flag_newbox)
    {
        /*这时相当于方块到底部了,把其中出现点满一行的清除，置 0*/
        ErasePreBox(LeftWin_x,Sys_y+200,nextbox);
        nextbox=MkNextBox(nextbox);
        show_box(LeftWin_x,Curbox_y+200,nextbox,shapes[nextbox].color);
        if(!MoveAble(Curbox_x,Curbox_y,current_box_numb,MoveDown))
        {
            show_box(Curbox_x,Curbox_y,current_box_numb,
            shapes[current_box_numb].color); GameOver=1;
        }
        else
        {
            flag_newbox=false;
        }
        Currentaction=0;
    }
    else    /*自由下落*/
    {
        if (Currentaction==MoveDown || TimerCounter> (20-speed*2))
        {
            if(MoveAble(Curbox_x,Curbox_y,current_box_numb,MoveDown))
            {
                EraseBox(Curbox_x,Curbox_y,current_box_numb);Curbox_y+=BSIZE;
                    show_box(Curbox_x,Curbox_y,current_box_numb,
                    shapes[current_box_numb].color);
            }
            TimerCounter=0;
        }
    }
    if(GameOver )/*|| flag_newbox==-1*/
    {
        printf("game over,thank you! your score is %d",score);
        getch();
        break;
    }
```

```
    }
    getch();
    KillTimer();
    closegraph();
}
```

1.6.3 界面初始化

在每次开始游戏时，首先需要对游戏的界面进行初始化处理，然后在主函数中对其进行调用。初始化界面的处理流程如下所示：

(1) 循环调用函数 line()，用于绘制当前的游戏板；

(2) 调用函数 ShowScore()，显示得分，初始得分是 0；

(3) 调用函数 ShowSpeed()，显示等级速度，初始速度是 1。

在这里有两个参数需要特别注意：

- x，y：代表左上角坐标；
- m，n：对应于 Vertical_boxs，Horizontal_boxs，分别表示纵横方向上方块的个数(以方块为单位)。

界面初始化的具体实现代码如下所示：

```
/*************初始化界面*************/
void initialize(int x,int y,int m,int n){
    int i,j,oldx;
    oldx=x;
    for(j=0;j<n;j++)
    {
        for(i=0;i<m;i++)
        {
            Table_board[j][i].var=0;
            Table_board[j][i].color=BgColor;
            line(x,y,x+BSIZE,y);
            line(x,y,x,y+BSIZE);
            line(x,y+BSIZE,x+BSIZE,y+BSIZE);
            line(x+BSIZE,y,x+BSIZE,y+BSIZE);
            x+=BSIZE;
        }
        y+=BSIZE;
        x=oldx;
    }
    Curbox_x=x;
    Curbox_y=y;                                  /*x,y 是保存方块当前坐标的*/
    flag_newbox=false;                           /*是否要产生新方块的标记 0*/
    speed=0;
```

```
    score=0;
    ShowScore(score);
    ShowSpeed(speed);
}
```

1.6.4 时钟中断处理

在本项目中，为了提高玩家的兴趣，迎合玩家在虚拟世界中喜欢挑战刺激的心态，特意设置如果用户的级别越高则方块的下落速度就越快这一模式，这样就增加了游戏的难度。与之相对应的是，下落的速度越快，时间中断的间隔就越小。

在本项目中，时钟中断处理的流程如下：

(1) 定义时钟中断处理函数 newtimer()；

(2) 使用函数 SetTimer()来设置时钟中断处理的过程；

(3) 定义中断恢复函数 KillTimer()。

时钟中断处理后具体实现代码如下所示：

```
void interrupt newtimer(void)
{
    (*oldtimer)();
    TimerCounter++;
}
/* 设置新的时钟中断处理过程 */
void SetTimer(void interrupt(*IntProc)(void))
{
    oldtimer=getvect(TIMER);          /*获取中断号为 TIMER 的中断处理函数的入口地址*/
    disable();                        /* 设置新的时钟中断处理过程时，禁止所有中断 */
    setvect(TIMER,IntProc);
    /*将中断号为 TIMER 的中断处理函数的入口地址改为 IntProc()函数的入口地址
    即中断发生时，将调用 IntProc()函数。*/
    enable();                         /* 开启中断 */
}
/* 恢复原有的时钟中断处理过程 */
void KillTimer(){
    disable();
    setvect(TIMER,oldtimer);
    enable();
}
```

1.6.5 更新速度和成绩，显示帮助信息

随着游戏的进行，玩家的得分、方块的速度也在不断变化，项目的成绩、速度和帮助

是此游戏的重要组成部分，具体实现流程如下：

(1) 调用函数 ShowScore()，显示当前用户的成绩；

(2) 调用函数 ShowSpeed()，显示当前游戏的下落速度；

(3) 调用函数 Show_help()，显示和此游戏有关的帮助信息。

更新速度、成绩和显示帮助的具体实现代码如下所示：

```
/*显示分数*/
void ShowScore(int score){
    int x,y;
    char score_str[5];                                          /*保存游戏得分*/
    setfillstyle(SOLID_FILL,BgColor);
    x=LeftWin_x;
    y=100;
    bar(x-BSIZE,y,x+BSIZE*3,y+BSIZE*3);
    sprintf(score_str,"%3d",score);
    outtextxy(x,y,"SCORE");
    outtextxy(x,y+10,score_str);
}
/*显示速度*/
void ShowSpeed(int speed){
    int x,y;
    char speed_str[5];                                          /*保存速度值*/
    setfillstyle(SOLID_FILL,BgColor);
    x=LeftWin_x;
    y=150;
    bar(x-BSIZE,y,x+BSIZE*3,y+BSIZE*3);
    /*确定一个以(x1,y1)为左上角,(x2,y2)为右下角的矩形窗口，再按规定图模和颜色填充。*/
    sprintf(speed_str,"%3d",speed+1);
    outtextxy(x,y,"Level");
    outtextxy(x,y+10,speed_str);
    /*输出字符串指针 speed_str 所指的文本在规定的(x, y)位置*/
    outtextxy(x,y+50,"Nextbox");
}
void show_help(int xs,int ys)
{
char stemp[50];
setcolor(15);
rectangle(xs,ys,xs+239,ys+100);
sprintf(stemp," -Roll -Downwards");
stemp[0]=24;
stemp[8]=25;
setcolor(14);
outtextxy(xs+40,ys+30,stemp);
sprintf(stemp," -Turn Left   -Turn Right");
stemp[0]=27;
```

```
stemp[13]=26;
outtextxy(xs+40,ys+45,stemp);
outtextxy(xs+40,ys+60,"Esc-Exit");
setcolor(FgColor);
}
```

1.6.6 满行处理

在俄罗斯方块游戏中，如果方块满一行则代表成功，系统就会加分。因此，当用户对方块的左移、右移和旋转等操作不能处理时，需要对游戏进行是否满行的判断。如果有满行，则必须消除。满行处理的过程分为查找和消除两个步骤，具体实现流程如下所示。

(1) 调用函数 setFullRow()，查找是否有满行。

对当前方块的位置从上到下逐行判断，如果该行方块值为 1 的个数大于一行的块数时，则此时为满行。此时将调用函数 DelFullRow()进行满行处理，并返回当前游戏非空行的最高点，否则将继续对上一行进行判断，直到游戏的最上行。

如果有满行，则根据函数 DelFullRow()处理后的游戏主板 Table_board 数组中的值，进行游戏主板重绘，显示消除满行后的游戏界面，并同时对游戏成绩和速度进行更新。

函数 setFullRow()的具体实现代码如下所示。

```
/*找到一行满的情况*/
void setFullRow(int t_boardy)
{
   int n,full_numb=0,top=0;                    /*top 保存的是当前方块的最高点*/
   register m;
/*
t_boardy 口      5
       口      6
  口口口口口口   7
n 口口口口口口   8
 */
   for(n=t_boardy+3;n>=t_boardy;n--)
   {
      if(n<0 || n>=Vertical_boxs ){continue;}       /*超过底线了*/
      for(m=0;m<Horizontal_boxs;m++)                /*水平的方向*/
      {
         /*如果有一个是空就跳过该行*/
         if(!Table_board[n+full_numb][m].var)break;
      }
      if(m==Horizontal_boxs)                        /*找到满行了*/
      {
         if(n==t_boardy+3)
            top=DelFullRow(n+full_numb);            /*消除游戏板里的该行,并下移数据*/
```

```
        else
            DelFullRow(n+full_numb);
        full_numb++;                                        /*统计找到的行数*/
    }
}
if(full_numb)
{
    int oldx,x=Sys_x,y=BSIZE*top+Sys_y; oldx=x;
    score=score+full_numb*10;                           /*加分数*/
    /*这里相当于重显调色板*/
    for(n=top;n<t_boardy+4;n++)
    {
        if(n>=Vertical_boxs)continue;                   /*超过底线了*/
        for(m=0;m<Horizontal_boxs;m++)                  /*水平的方向*/
        {
            if(Table_board[n][m].var)
                setfillstyle(SOLID_FILL,Table_board[n][m].color);
            else
                setfillstyle(SOLID_FILL,BgColor);
            bar(x,y,x+BSIZE,y+BSIZE);
            line(x,y,x+BSIZE,y);
            line(x,y,x,y+BSIZE);
            line(x,y+BSIZE,x+BSIZE,y+BSIZE);
            line(x+BSIZE,y,x+BSIZE,y+BSIZE);
            x+=BSIZE;
        }
        y+=BSIZE;
        x=oldx;
    }
    ShowScore(score);
    if(speed!=score/speed_step)
      {speed=score/speed_step; ShowSpeed(speed);}
    else
      {ShowSpeed(speed);}
}
}
```

(2) 调用函数 DelFullRow()，删除满行。

当消除满行后，将上行的方块移至下行。函数 DelFullRow()的具体实现代码如下所示。

```
/*  删除一行满的情况,这里的 y 为具体哪一行为满*/
int DelFullRow(int y)
{
    /*该行游戏板往下移一行*/
    int n,top=0;        /*top 保存的是当前最高点,出现一行全空就表示为最高点了,移动到最高点结束*/
    register m,totoal;
    for(n=y;n>=0;n--)/*从当前行往上看*/
```

```
    {
        totoal=0;
        for(m=0;m<Horizontal_boxs;m++)
        {
            if(!Table_board[n][m].var)totoal++;        /*没占有方格+1*/
           /*上行不等于下行就把上行传给下行 xor 关系*/
if(Table_board[n][m].var!=Table_board[n-1][m].var)
            {
                Table_board[n][m].var=Table_board[n-1][m].var;
                Table_board[n][m].color=Table_board[n-1][m].color;
            }
        }
        if(totoal==Horizontal_boxs)                    /*发现上面有连续的空行提前结束*/
        {
            top=n;
            break;
        }
    }
    return(top);                                       /*返回最高点*/
}
```

1.6.7　显示/消除方块

显示和消除是两个过程，首先出现一个新的方块供用户控制，我们可以控制方块的左移、右移、下移、旋转。当方块被放置以后，就需要让这个方块消失。表面看来整个过程十分复杂，其实实现起来很简单，具体实现流程如下：

(1) 调用函数 show_box()，设置从(x，y)位置开始，使用指定颜色 color 显示编号为 box_number 的方块；

(2) 调用函数 EraseBox()，消除从(x，y)处开始的编号为 box_number 的方块；

(3) 调用函数 MkNextBox()，将编号为 box_number 的方块作为当前的游戏编号，并随机生成下一个游戏方块编号。

显示和消除方块的具体实现代码如下所示：

```
void show_box(int x,int y,int box_numb,int color)
{
    int i,ii,ls_x=x;
    if(box_numb<0 || box_numb>=MAX_BOX)          /*指定的方块不存在*/
        box_numb=MAX_BOX/2;
    setfillstyle(SOLID_FILL,color);
/*********************************
 *   移位来判断哪一位是 1
 *   方块是每一行用半个字节来表示
 *   128d=1000 0000b
```

```
*********************************/
    for(ii=0;ii<2;ii++)
    {
        int mask=128;
        for(i=0;i<8;i++)
        {
            if(i%4==0 && i!=0)                          /*转到方块的下一行了*/
            {
                y+=BSIZE;
                x=ls_x;
            }
                    if((shapes[box_numb].box[ii])&mask)
            {
                bar(x,y,x+BSIZE,y+BSIZE);
                line(x,y,x+BSIZE,y);
                line(x,y,x,y+BSIZE);
                line(x,y+BSIZE,x+BSIZE,y+BSIZE);
                line(x+BSIZE,y,x+BSIZE,y+BSIZE);
            }
            x+=BSIZE;
            mask/=2;
        }
        y+=BSIZE;
        x=ls_x;
    }
}
/*
*消除(x,y)位置开始的编号为box_numb的box.
*/
void EraseBox(int x,int y,int box_numb)
{
    int mask=128,t_boardx,t_boardy,n,m;
    setfillstyle(SOLID_FILL,BgColor);
    for(n=0;n<4;n++)
    {
        for(m=0;m<4;m++)                              /*设置四个单元*/
        {
            /*最左边有方块且当前游戏板也有方块*/
            if( ((shapes[box_numb].box[n/2]) & mask) )
            {
                bar(x+m*BSIZE,y+n*BSIZE,x+m*BSIZE+BSIZE,y+n*BSIZE+BSIZE);
                line(x+m*BSIZE,y+n*BSIZE,x+m*BSIZE+BSIZE,y+n*BSIZE);
                line(x+m*BSIZE,y+n*BSIZE,x+m*BSIZE,y+n*BSIZE+BSIZE);
                line(x+m*BSIZE,y+n*BSIZE+BSIZE,x+m*BSIZE+BSIZE,y+n*BSIZE+BSIZE);
                line(x+m*BSIZE+BSIZE,y+n*BSIZE,x+m*BSIZE+BSIZE,y+n*BSIZE+BSIZE);
            }
            mask=mask/(2);
```

```
            if(mask==0)mask=128;
        }
    }
}
/*将新形状的方块放置在游戏板上，并返回此方块号*/
int MkNextBox(int box_numb){
    int mask=128,t_boardx,t_boardy,n,m;
    t_boardx=(Curbox_x-Sys_x)/BSIZE;
    t_boardy=(Curbox_y-Sys_y)/BSIZE;
    for(n=0;n<4;n++)
    {
        for(m=0;m<4;m++)
        {
            if( ((shapes[current_box_numb].box[n/2]) & mask) )
            {
                Table_board[t_boardy+n][t_boardx+m].var=1;      /*设置游戏板*/
  Table_board[t_boardy+n][t_boardx+m].color=shapes[current_box_numb].color;
            }
            mask=mask/(2);
            if(mask==0)mask=128;
        }
    }
    setFullRow(t_boardy);
    Curbox_x=Sys_x+Begin_boxs_x*BSIZE,Curbox_y=Sys_y;         /*再次初始化坐标*/
    if(box_numb==-1) box_numb=rand()%MAX_BOX;
    current_box_numb=box_numb;
    flag_newbox=false;
    return(rand()%MAX_BOX);
}
```

1.6.8　对方块的操作处理

对俄罗斯方块的操作包括：左移、右移、下移、旋转和加速。在处理前要首先进行判断，如果满足条件则返回 True，即循序操作。此处的判断工作由函数 MoveAble 实现，(x，y)表示当前的方块位置，box_number 是方块的编号，direction 是左移、下移、右移和旋转的标志。方块操作的具体实现代码如下所示：

```
int MoveAble(int x,int y,int box_numb,int direction){
    /*t_boardx 是当前方块最左边在游戏板的位置*/
    int n,m,t_boardx,t_boardy;
    int mask;
    if(direction==MoveLeft)                                 /*如果向左移*/
    {
        mask=128;
        x-=BSIZE;
```

```
        t_boardx=(x-Sys_x)/BSIZE;
        t_boardy=(y-Sys_y)/BSIZE;
        for(n=0;n<4;n++)
        {
            for(m=0;m<4;m++)                                    /*最左边四个单元*/
            {
                /*如果最左边有方块并且当前游戏板也有方块*/
                if((shapes[box_numb].box[n/2]) & mask)
                {
                    if((x+BSIZE*m)<Sys_x)return(false);      /*如果碰到最左边了*/
                    /*左移一个方块后，此 4*4 的区域与游戏板有冲突*/
                    else if(Table_board[t_boardy+n][t_boardx+m].var)
                    {
                        return(false);
                    }
                }
                mask=mask/(2);
                if(mask==0)mask=128;
            }
        }
        return(true);
    }
    else if(direction==MoveRight)                               /*如果向右移*/
    {
        x+=BSIZE;
        t_boardx=(x-Sys_x)/BSIZE;
        t_boardy=(y-Sys_y)/BSIZE;
        mask=128;
        for(n=0;n<4;n++)
        {
            for(m=0;m<4;m++)                                    /*最右边四个单元*/
            {
                /*如果最右边有方块并且当前游戏板也有方块*/
                if((shapes[box_numb].box[n/2]) & mask)
                {
                    /*如果碰到最右边了*/
                    if((x+BSIZE*m)>=(Sys_x+BSIZE*Horizontal_boxs) )return(false);
                    else if( Table_board[t_boardy+n][t_boardx+m].var)
                    {
                        return(false);
                    }
                }
                mask=mask/(2);
                if(mask==0)mask=128;
            }
        }
        return(true);
```

```
}
else if(direction==MoveDown)                              /*如果向下移*/
{
    y+=BSIZE;
    t_boardx=(x-Sys_x)/BSIZE;
    t_boardy=(y-Sys_y)/BSIZE;
    mask=128;
    for(n=0;n<4;n++)
    {
        for(m=0;m<4;m++)                                  /*最下边四个单元*/
        {
            /*最下边有方块并且当前游戏板也有方块*/
            if((shapes[box_numb].box[n/2]) & mask)
            {
                if((y+BSIZE*n)>=(Sys_y+BSIZE*Vertical_boxs) ||
                    Table_board[t_boardy+n][t_boardx+m].var)
                {
                    flag_newbox=true;
                    break;
                }
            }
            mask=mask/(2);
            /*mask 依次为:10000000,01000000,00100000,00010000
                        00001000,00000100,00000010/00000001
             */
            if(mask==0)mask=128;
        }
    }
    if(flag_newbox)
    {
        return(false);
    }
    else
        return(true);
}
else if(direction==MoveRoll)                              /*转动*/
{
    t_boardx=(x-Sys_x)/BSIZE;
    t_boardy=(y-Sys_y)/BSIZE;
    mask=128;
    for(n=0;n<4;n++)
    {
        for(m=0;m<4;m++)                                  /*最下边四个单元*/
        {
            /*如果最下边有方块并且当前游戏板也有方块*/
            if((shapes[box_numb].box[n/2]) & mask)
            {
                /*如果碰到最下边了*/
                if((y+BSIZE*n)>=(Sys_y+BSIZE*Vertical_boxs) )return(false);
```

```
                    /*如果碰到最左边了*/
                    if((x+BSIZE*n)>=(Sys_x+BSIZE*Horizontal_boxs) )return(false);
                    /*如果碰到最右边了*/
                    if((x+BSIZE*m)>=(Sys_x+BSIZE*Horizontal_boxs) )return(false);
                    else if( Table_board[t_boardy+n][t_boardx+m].var)
                    {
                       return(false);
                    }
                }
                mask=mask/(2);
                if(mask==0)mask=128;
            }
        }
        return(true);
    }
    else
    {
        return(false);
    }
}
```

1.7 测试运行

扫码看视频

系统测试是整个项目的最后一步工作，本项目的程序文件命名为“youxi.c”，在 Turbo C 中打开该文件，如图 1-6 所示。

按下 F9 键进行编译，按下快捷键 Alt+F5 开始运行，运行后的初始界面如图 1-7 所示。按下任意键后即可开始试玩游戏，游戏的试玩界面如图 1-8 所示。

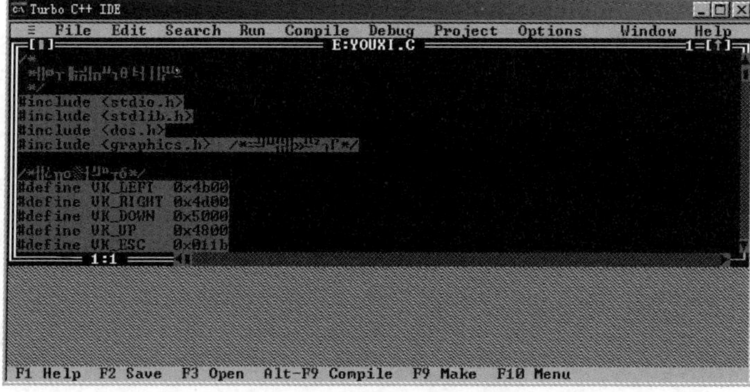

图 1-6 Turbo C 中的程序

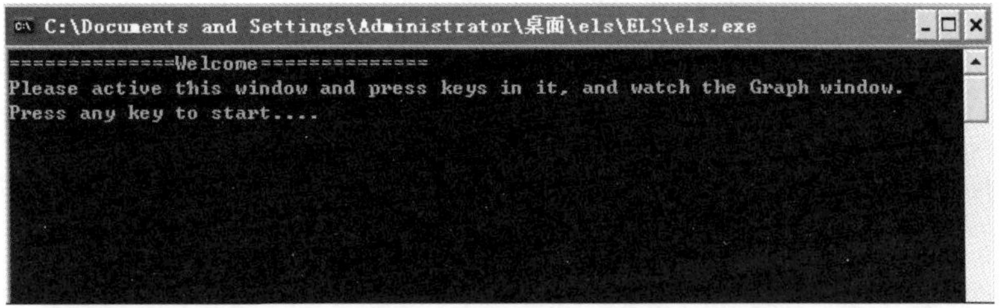

图 1-7　初始界面

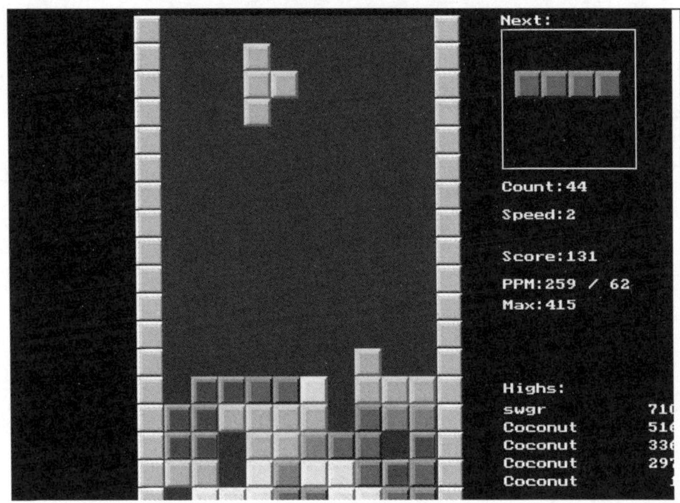

图 1-8　试玩界面

第 2 章 育英中学成绩管理系统

本章将介绍使用C语言开发一套成绩管理系统，并详细讲解其具体的实现流程，让读者体会C语言在文件操作领域中的应用。

2.1　背景介绍

扫码看视频

在当今社会，学校管理系统的自动化和信息化已经成为提升管理效率和工作效率的必然趋势。育英中学面临着日益增加的学生人数和多元化的课程体系，现有的管理方式已经满足不了管理需求的提升。作为一所致力于追求卓越教育的学府，为了更高效地管理学生的学业成绩，提高教务工作的精准度，决定引入一套先进的成绩管理系统。

该系统的目标是通过引入现代化的信息技术，提高教务工作的效率和精确度。通过对学生成绩的自动化记录、分析和管理，教育工作者得以更专注于教学和学生成长，从而提升整体的教学质量。

2.2　系统分析

扫码看视频

本节首先讲解成绩管理系统的市场背景和模块划分，为后面的具体编程工作打下基础。这部分工作十分重要，决定了本项目运营的成败。

2.2.1　可行性分析

根据《GB8567－88 计算机软件产品开发文件编制指南》中可行性分析的要求，××软件开发公司项目部特意编制了一份可行性研究报告，具体内容如下所示。

1. 引言

(1) 编写目的

为了给企业的决策层提供是否进行项目实施的参考依据，现以文件的形式分析项目的风险、列出项目需要的投资并估算项目的收益。

(2) 背景

育英中学是本地的一所重点初中，学校领导为了响应市政府提出的“高效办公”倡议，计划建立一个成绩管理系统，采用计算机对用户成绩进行管理，实现成绩信息管理工作流程的系统化、规范化和自动化。现委托我公司开发一个成绩管理系统，项目名称暂定为：育英中学成绩管理系统。

2. 可行性研究的前提

(1) 要求

要求系统具有选择单个学生、查看成绩、快速查询等功能。

(2) 目标

一个典型“成绩管理系统”的开发目标如下：

- 对学生的有效信息进行输入、排序等操作；
- 实现统计学生成绩的总分和平均分；
- 能够查看单个学生的各科成绩。

(3) 条件、假定和限制

要求整个项目在立项后的 1 个月内交付用户使用。系统分析人员需要 3 天内到位，用户需要 2 天时间确认需求分析文档。

(4) 评价尺度

系统的信息数量需求不大，根据客户的要求，系统应能按照规定正确地提供成绩管理功能，进而快速、有效地对成绩数据进行操作。

3. 支出及收益分析

(1) 支出

由于系统规模比较小，而客户要求的项目周期不是很短，因此公司决定安排 3 人投入其中。公司将为此支付 6000 元的工资及各种福利待遇。在项目安装及调试阶段，用户培训、员工出差等费用支出需要 1000 元，在项目维护阶段预计需要投入 1000 元的资金，累计项目投入需要 8000 元资金。

(2) 收益

育英中学校方提供项目资金 2 万～3 万元。对于项目运行后进行的改动，采取协商的原则根据改动规模额外提供资金。因此从投资与收益的效益比上，公司最低可以获得 1.5 万元的利润。

项目完成后，会给公司提供资源储备，包括技术、经验的积累，其后再开发类似的项目时，可以极大地缩短项目开发周期。

4. 结论

根据上面的分析，在技术上不会存在问题，因此项目延期的可能性很小。在效益上公司投入 3 个人、10 天最低获利 1.5 万元。在公司发展上可以储备项目开发的经验和资源。因此认为该项目可以开发。

2.2.2 编写项目计划书

根据《GB8567－88 计算机软件产品开发文件编制指南》中的项目开发计划要求，结合单位实际情况，设计项目计划书如下。

1. 引言

(1) 编写目的

为了保证项目开发人员按时保质地完成预定目标，更好地了解项目实际情况，按照合理的顺序开展工作，现以书面的形式将项目开发生命周期中的项目任务范围、项目团队组织结构、团队成员的工作责任、团队内外沟通协作方式、开发进度、检查项目工作等内容描述出来，作为项目相关人员之间的共识和约定以及项目生命周期内的所有项目活动的行动基础。

(2) 背景

成绩管理系统是由育英中学委托我公司开发的一款办公软件，项目背景规划如表 2-1 所示。

表 2-1 项目背景规划

项目名称	项目委托单位	任务提出者	项目承担部门
成绩管理系统	育英中学	吴总	项目开发部门 项目测试部门

2. 概述

(1) 项目目标

项目目标应当符合 SMART 原则，把项目要完成的工作用清晰的语言描述出来。

(2) 应交付成果

在项目开发完成后，交付内容有编译后的成绩管理系统和系统使用说明书。系统安装后，进行系统无偿维护与服务 6 个月，超过 6 个月进行网络有偿维护与服务。

(3) 项目开发环境

操作系统为 Windows 7、Windows 8 、Windows 10 或 Windows 11。

(4) 项目验收方式与依据

项目验收分为内部验收和外部验收两种方式。在项目开发完成后，首先进行内部验收，由测试人员根据用户需求和项目目标进行验收。项目在通过内部验收后交给用户进行验收，验收的主要依据为需求规格说明书。

3. 项目团队组织

(1) 组织结构

为了完成成绩管理系统的项目开发，公司组建了一个临时的项目团队，由项目经理、系统分析员、软件工程师和测试人员构成，其组织结构如图 2-1 所示。

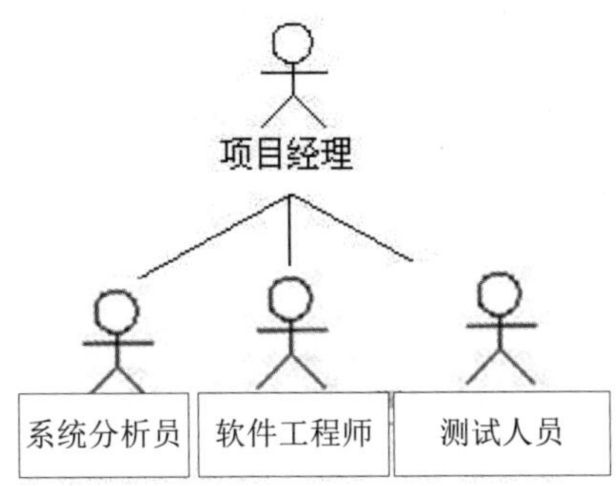

图 2-1 项目团队组织结构图

(2) 人员分工

为了明确项目团队中每个人的任务分工，现制定人员分工表如表 2-2 所示。

表 2-2 人员分工表

姓 名	技术水平	所属部门	角 色	工作描述
吴某	MBA	项目开发部	项目经理	负责项目的审批、决策的实施以及前期分析、策划、项目开发进度的跟踪、项目质量的检查以及系统功能分析与设计
刘某	高级软件工程师	项目开发部	软件工程师	负责软件设计与编码
王某	初级系统测试工程师	项目测试部	测试人员	对软件进行测试、编写软件测试文档

2.3 规划工作流程

整个项目的具体操作流程是：项目规划→模块设计→链表设计→规划项目函数→前期编码→后期编码。本项目包括系统功能分析、数据链表设计以及具体程序开发三个部分。项目的全部数据被保存在链表中，整个项目的开发流程如图 2-2 所示。

扫码看视频

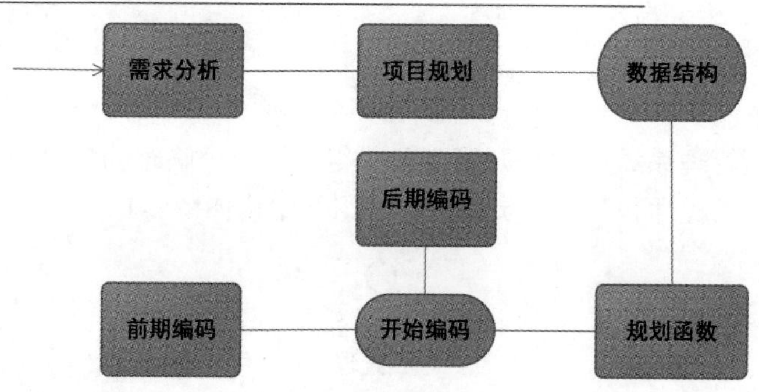

图 2-2　开发流程

2.4　功能模块设计和规划项目函数

系统规划阶段的工作主要完成两个方面：①功能模块设计；②规划项目函数。

扫码看视频

2.4.1　功能模块设计

通过系统需求分析之后，接下来就可以进行模块分析设计和链表设计工作。因为系统中涉及多次对数据的操作，包括用户信息和成绩等方面的数据操作，所以要采取一种媒介来存储数据。

在计算机信息系统中，根据信息存储时间的长短，可以分为临时性信息和永久性信息。简单来说，临时性信息存储在计算机系统临时存储设备(例如存储在计算机内存)，这类信息随系统断电而丢失。永久性信息存储在计算机的永久性存储设备(例如存储在磁盘和光盘)。永久性的最小存储单元为文件，因此文件管理是计算机系统中的一个重要问题。因为本项目中的成绩数据比较重要，是需要永久性存档的信息，所以使用一个专用文件来存储。我们只需编码实现对这个文件的读写操作，即可实现数据的存储和操作处理。

在项目中包含了如下所示的数据结构。

1. 用户成绩记录结构体

本项目的用户成绩记录结构体是 student，具体代码如下：

```
typedef struct student                              /*标记为 student*/
{
char num[10];                                       /*编号*/
char name[15];                                      /*姓名*/
int cgrade;                                         /*C 语言成绩*/
```

```
int mgrade;                                    /*数学成绩*/
int egrade;                                    /*英语成绩*/
int total;                                     /*总分*/
float ave;                                     /*平均分*/
int mingci;                                    /*名次*/
};
```

2. 单链表结构体

本项目的单链表结构体是 node，具体代码如下：

```
typedef struct node
{
struct student data;                           /*数据域*/
struct node *next;                             /*指针域*/
}Node,*Link;                                   /*Node 为 node 类
```

2.4.2　规划项目函数

规划项目函数，即根据系统的需求分析，统一规划项目中需要的函数。此工作由 C 语言来完成，函数是整个项目的基础，项目中的具体功能将以此为基础进行扩展。在本成绩管理系统中，各个项目函数的具体说明如下：

1. 函数 printheader()

函数 printheader()用于格式化输出表头，在以表格形式输出用户记录时输出表头信息。具体结构如下：

```
void printheader()
```

2. 函数 printdata()

函数 printdata()用于格式化输出表中数据，打印输出单链表 pp 中用户的信息。具体结构如下：

```
void printdata(Node *pp)
```

3. 函数 stringinput()

函数 stringinput()用于输入字符串，并进行长度验证(长度<lens)。具体结构如下：

```
void stringinput(char *t,int lens,char *notice)
```

4. 函数 numberinput()

函数 numberinput()用于输入分数，并对输入的分数进行 0≤分数≤100 验证。具体结构

如下：

```
int numberinput(char *notice)
```

5. 函数 Disp()

函数 Disp()用于显示单链表 l 中存储的用户记录，内容为 student 结构中定义的内容。具体结构如下：

```
void Disp(Link l)
```

6. 函数 Locate()

函数 Locate()用于定位链表中符合要求的节点，并返回指向该节点的指针。具体结构如下：

```
ode* Locate(Link l,char findmess[],char nameornum[])
```

其中，参数 findmess[]用于保存要查找的具体内容，参数 nameornum[]用于保存按什么查找，在单链表 l 中查找。

7. 函数 Add()

函数 Add()用于向系统增加新的用户记录，具体结构如下：

```
void Add(Link l)
```

8. 函数 Qur()

函数 Qur()用于按编号或姓名来查询用户记录，具体结构如下：

```
void Qur(Link l)
```

9. 函数 Del()

函数 Del()用于删除系统中的用户记录信息，具体结构如下：

```
void Del(Link l)
```

10. 函数 Modify()

函数 Modify()用于修改用户记录。先按输入的编号查询到该记录，然后提示用户修改编号之外的值，但是编号不能修改。具体结构如下：

```
void Modify(Link l)
```

11. 函数 Insert()

函数 Insert()用于插入记录，即按编号查询到要插入的节点的位置，然后在该编号之后插入一个新节点。具体结构如下：

```
void Insert(Link l)
```

12. 函数 Tongji()

函数 Tongji()用于分别统计该班的总分第一名、单科第一及各科不及格人数，具体结构如下：

```
void Tongji(Link l)
```

13. 函数 Sort()

函数 Sort()可以利用插入排序法实现单链表的按总分字段的降序排序，格式是从高到低。具体结构如下：

```
void Sort(Link l)
```

14. 函数 Save()

函数 Save()用于数据存盘处理，如果用户没有专门进行此操作且对数据有修改，在退出系统时会提示用户存盘。具体结构如下：

```
void Save(Link l)
```

15. 主函数 main()

主函数 main()是整个成绩管理系统的控制部分。

到此为止，整个项目的运作流程已经十分清晰，并且详细规划罗列了项目所需要的一切函数。函数规划工作很重要，项目中的功能是基于函数来实现的，所以在开始就要仔细分析整个项目的功能，将每个功能进行细分，让一个个函数实现每个细分后的功能。

2.5　前期编码工作

前期编码工作是整个项目编码的基础，后续代码将以前期代码为基础进行扩展。根据系统规划文件和规划函数可以顺利地掌握完成前期编码工作的任务，主要包括如下所示的功能函数：

扫码看视频

- 预处理；

- 主函数；
- 主菜单函数；
- 显示表格函数；
- 格式化输入函数。

2.5.1 预处理

所谓预处理是指在进行编译的第一遍扫描(词法扫描和语法分析)之前所作的工作。预处理是 C 语言的一个重要功能，由预处理程序负责完成。当对一个源文件进行编译时，系统将自动引用预处理程序对源程序中的预处理部分进行处理，处理完毕后自动进入对源程序的编译。

在软件工程中，一个非常重要的问题就是软件的可移植性和可重用性问题，例如在微机平台上开发的程序需要顺利地移植到大型计算机上去运行，同一套代码经过少量的修改即可适应多种计算机系统。C 语言作为软件工程中广泛使用的一种程序设计语言，需要很好地解决此类问题。为此，ANSI C 引入了预编译处理命令，旨在规范和统一不同编译器的指令集合。通过这些指令，控制编译器对不同的代码段进行编译处理，从而生成符合不同条件的计算机程序。

项目程序的预处理包括文件加载、定义结构体、定义常量、定义变量。具体代码如下所示：

```
#include "stdio.h"              /*标准输入输出函数库*/
#include "stdlib.h"             /*标准函数库*/
#include "string.h"             /*字符串函数库*/
#include "conio.h"              /*屏幕操作函数库*/
#define HEADER1
"----------------------------STUDENT----------------------------------  \n"
#define HEADER2 "   |  number   |    name   |Comp|Math|Eng|    sum  |  ave  |mici | \n"
#define HEADER3 "
|-----------------|----------|---------|----|----|----|-------|-----| "
#define FORMAT  "       |    %-10s |%-15s|%4d|%4d|%4d| %4d   | %.2f |%4d |\n"
#define DATA
p->data.num,p->data.name,p->data.egrade,p->data.mgrade,p->data.cgrade,p->data.t
otal,p->data.ave,p->data.mingci
#define END    "
------------------------------------------------------------------- \n"
int saveflag=0;                 /*是否需要存盘的标志变量*/
/*定义与用户有关的数据结构*/
typedef struct student          /*标记为 student*/
{
char num[10];                   /*编号*/
```

```
char name[15];                  /*姓名*/
int cgrade;                     /*C 语言成绩*/
int mgrade;                     /*数学成绩*/
int egrade;                     /*英语成绩*/
int total;                      /*总分*/
float ave;                      /*平均分*/
int mingci;                     /*名次*/
};
/*定义每条记录或节点的数据结构，标记为：node*/
typedef struct node {
struct student data;            /*数据域*/
struct node *next;              /*指针域*/
}Node,*Link;                    /*Node 为 node 类型的结构变量,*Link 为 node 类型的指针变量*/
```

2.5.2 主函数

在 C 语言中，要避免过长的 main()函数。这是因为长函数不仅难以维护和理解，还容易引发错误。将程序分解为更小的、专注于特定任务的函数，有助于提高代码的可读性、可维护性和可重用性。在 C 语言程序中通常将不同的功能划分为具体的模块，每个模块负责完成一个特定的任务，这样可以显著提高代码的组织结构，可以通过创建其他函数，然后在 main()函数中调用这些函数，来将代码拆分成更小的、逻辑清晰的部分。总体而言，保持 main()函数简短，将具体任务委托给其他函数，有助于提高代码的可维护性和可扩展性。

主函数 main()实现了对整个系统的控制，通过对各模块函数的调用实现了系统的具体功能。具体实现代码如下所示：

```
void main(){
 Link l;                                        /*定义链表*/
 FILE *fp;                                      /*文件指针*/
 int select;                                    /*保存选择结果变量*/
 char ch;                                       /*保存(y,Y,n,N)*/
 int count=0;                                   /*保存文件中的记录条数(或节点个数)*/
 Node *p,*r;                                    /*定义记录指针变量*/
 l=(Node*)malloc(sizeof(Node));
 if(!l)
  {
    printf("\n allocate memory failure ");      /*如没有申请到，打印提示信息*/
    return ;                                    /*返回主界面*/
  }
 l->next=NULL;
 r=l;
/*以追加方式打开一个二进制文件，可读可写，若此文件不存在，会创建此文件*/
fp=fopen("C:\\student","ab+");
 if(fp==NULL)
```

```
 {
   printf("\n=====>can not open file!\n");
   exit(0);
 }
while(!feof(fp))
{
  p=(Node*)malloc(sizeof(Node));
  if(!p)
   {
     printf(" memory malloc failure!\n");        /*没有申请成功*/
     exit(0);                                    /*退出*/
   }
  if(fread(p,sizeof(Node),1,fp)==1)              /*一次从文件中读取一条用户成绩记录*/
  {
   p->next=NULL;
   r->next=p;
   r=p;                                          /*r 指针向后移一个位置*/
   count++;
   }
}
fclose(fp);                                      /*关闭文件*/
printf("\n=====>open file sucess,the total records number is : %d.\n",count);
menu();
while(1)
{
   system("cls");
   menu();
   p=r;
   /*显示提示信息*/
   printf("\n           Please Enter your choice(0~9):");
   scanf("%d",&select);
  if(select==0)
  {
/*若对链表的数据有修改且未进行存盘操作，则此标志为 1*/
if(saveflag==1)
  { getchar();
    printf("\n=====>Whether save the modified record to file?(y/n):");
    scanf("%c",&ch);
    if(ch=='y'||ch=='Y')
      Save(l);
  }
  printf("=====>thank you for useness!");
  getchar();
  break;
 }
 switch(select)
 {
```

```
  case 1:Add(l);break;                                /*增加用户记录*/
  case 2:Del(l);break;                                /*删除用户记录*/
  case 3:Qur(l);break;                                /*查询用户记录*/
  case 4:Modify(l);break;                             /*修改用户记录*/
  case 5:Insert(l);break;                             /*插入用户记录*/
  case 6:Tongji(l);break;                             /*统计用户记录*/
  case 7:Sort(l);break;                               /*排序用户记录*/
  case 8:Save(l);break;                               /*保存用户记录*/
  case 9:system("cls");Disp(l);break;                 /*显示用户记录*/
  default: Wrong();getchar();break;                   /*按键有误，必须为数值 0-9*/
  }
 }
}
```

注意：函数 exit()和 return 有什么不同？

在上述代码中用到了函数 exit()，使用函数 exit()可以退出程序并将控制权返回给操作系统，而用 return 语句可以从一个函数中返回并将控制权返回给调用该函数的函数。如果在函数 main()中加入 return 语句，那么在执行这条语句后将退出函数 main()并将控制权返回给操作系统，这样的一条 return 语句和函数 exit()的作用是相同的。

2.5.3　系统主菜单函数

系统主菜单函数 menu()的功能是显示系统的主菜单界面，提示用户进行相应的选择并完成对应的任务，具体实现代码如下所示：

```
/*主菜单*/
void menu()  {
system("cls");                              /*调用 DOS 命令，清屏.与 clrscr()功能相同*/
textcolor(10);                              /*在文本模式中选择新的字符颜色*/
gotoxy(10,5);                               /*在文本窗口中设置光标*/
cprintf(" 育 英 中 学 成 绩 管 理 系 统 \n");
gotoxy(10,8);
cprintf("    *************************Menu*********************************\n");
gotoxy(10,9);
cprintf("    *  1 input   record          2 delete record          *\n");
gotoxy(10,10);
cprintf("    *  3 search  record          4 modify record          *\n");
gotoxy(10,11);
cprintf("    *  5 insert  record          6 count  record          *\n");
gotoxy(10,12);
cprintf("    *  7 sort    reord           8 save   record          *\n");
gotoxy(10,13);
```

```
cprintf("    *  9 display record           0 quit   system           *\n");
gotoxy(10,14);
cprintf("    *************************************************************\n");
}
```

2.5.4 表格显示信息

因为系统用户信息要经常显示，为了提高代码重用性，所以将用户记录显示信息作为一个独立的模块。在表格显示信息模块中，将以表格样式显示单链表 1 中存储的用户信息，内容是 student 结构中定义的内容，具体代码如下所示：

```
/*格式化输出表中数据*/
void printdata(Node *pp)  {
 Node* p;
 p=pp;
 printf(FORMAT,DATA);
}
void Wrong()                                     /*输出按键错误信息*/
{
printf("\n\n\n\n\n***********Error:input has wrong! press any key to
continue**********\n");
getchar();
}
void Nofind()                                    /*输出未查找此用户的信息*/
{
printf("\n=====>Not find this student!\n");
}
/*显示单链表 l 中存储的用户记录，内容为 student 结构中定义的内容*/
void Disp(Link l)
{
Node *p;
/*l 存储的是单链表中头节点的指针，该头节点没有存储用户信息，指针域指向的后继节点才有用户信息*/
p=l->next;
if(!p)                                           /*p==NULL,NUll 在 stdlib 中定义为 0*/
{
  printf("\n=====>Not student record!\n");
  getchar();
  return;
}
printf("\n\n");
printheader();                                   /*输出表格头部*/
while(p)                                         /*逐条输出链表中存储的用户信息*/
{
  printdata(p);
  p=p->next;                                     /*移动至下一个节点*/
```

```
  printf(HEADER3);
}
getchar();
}
```

2.5.5 格式化输入数据

在本系统中，要求用户只能输入字符型和数值型数据，为此系统中定义了函数stringinput()和numberinput()进行控制，具体实现代码如下所示：

```
/*输入字符串，并进行长度验证(长度<lens)*/
void stringinput(char *t,int lens,char *notice)
{
   char n[255];
   do{
      printf(notice);                                  /*显示提示信息*/
      scanf("%s",n);                                   /*输入字符串*/
      /*进行长度校验，超过 lens 值重新输入*/
      if(strlen(n)>lens)printf("\n exceed the required length! \n");
     }while(strlen(n)>lens);
   strcpy(t,n);                                        /*将输入的字符串拷贝到字符串 t 中*/
}
/*输入分数，0<=分数<=100)*/
int numberinput(char *notice)
{
  int t=0;
   do{
      printf(notice);                                  /*显示提示信息*/
      scanf("%d",&t);                                  /*输入分数*/
      /*进行分数校验*/
      if(t>100 || t<0) printf("\n score must in [0,100]! \n");
   }while(t>100 || t<0);
   return t;
}
```

2.6 后期编码工作

后期编码工作是整个成绩管理系统的核心，在正式开始之前需要将前期资料(规划书、模块结构、规划函数、前期编码)仔细分析一遍。然后编写专用函数分别实现信息查找、添加用户记录、查询用户记录和删除用户记录等功能。

扫码看视频

2.6.1 由函数引发的模块化设计的深思

都说 C++、Java 和 C#是高级语言，依据是面向对象，现在这个说法已经得到了广泛支持。但是 C 语言作为最基础的一门语言，面向对象也有借鉴 C 语言的一些特点。面向对象编程更符合人们的思维模式，编写的程序更加健壮和强大，更重要是面向对象编程更有利于系统开发时责任的分工，能有效地组织和管理一些比较复杂的应用程序的开发。面向对象的最大特点是程序的可重用性，在 C 语言中存在了大量的库函数，还有很多我们自己编写的函数，通过这些函数就能够实现一些具体的功能。

在编程过程中，随着时间的积累，总会开发一些常用的模块，例如数学运算、用户登录等。随着编程经验的积累，我们手中的模块也会越来越多。在以后的开发过程中，如果遇到这些常用的模块项目，随时可以把以前开发过的模块代码拿出来，稍微修改一下，直接用到现在的项目中，这也做到了代码的重复可用。

不只在桌面应用领域，在 Web 领域，模块化设计也十分重要。打开一个典型的 Web 项目，就会很清晰地发现整个站点是由不同功能的模块构成的。例如，留言模块、新闻模块、产品展示模块等。在日常学习和工作过程中，建议大家收集一些有用的、能够完成某些功能的代码模块和函数，特别是常用的用户登录验证、留言板、新闻日志、信息管理等模块。这样在日后的项目工作中，可以直接运用这些有用的模块，或者稍作修改使用，从而提高开发效率。

本节将详细讲解在后期编码工作中实现各个功能函数的具体开发过程。

2.6.2 信息查找

当用户进入系统后，在对某个用户进行处理前需要按条件查找记录的信息。上述功能由函数 Node* Locate()实现，其中参数 findmess[]保存要查找的具体内容，nameornum[]保存按什么查找，即在单链表 l 中查找。具体代码如下所示：

```
/**************************************************************
作用：用于定位链表中符合要求的节点，并返回指向该节点的指针
**************************************************************/
Node* Locate(Link l,char findmess[],char nameornum[])
{
Node *r;
if(strcmp(nameornum,"num")==0)                    /*按编号查询*/
{
  r=l->next;
  while(r)
  {
```

```
   if(strcmp(r->data.num,findmess)==0)                    /*若找到 findmess 值的编号*/
    return r;
   r=r->next;
  }
}
else if(strcmp(nameornum,"name")==0)                      /*按姓名查询*/
{
  r=l->next;
  while(r)
  {
   if(strcmp(r->data.name,findmess)==0)                   /*若找到 findmess 值的用户姓名*/
    return r;
   r=r->next;
  }
}
return 0;                                                 /*若未找到，返回一个空指针*/
}
```

2.6.3 添加用户记录

如果系统内的用户信息为空，可以通过函数 Add()向系统内添加用户记录。具体代码如下所示：

```
/*增加用户记录*/
void Add(Link l)
{
Node *p,*r,*s;                              /*实现添加操作的临时的结构体指针变量*/
char ch,flag=0,num[10];
r=l;
s=l->next;
system("cls");
Disp(l);                                    /*先打印出已有的用户信息*/
while(r->next!=NULL)
  r=r->next;                                /*将指针移至于链表最末尾，准备添加记录*/
/*一次可输入多条记录，直至输入编号为 0 的记录节点添加操作*/
while(1)
{
 /*输入编号，保证该编号没有被使用，若输入编号为 0，则退出添加记录操作*/
while(1)
{
  /*格式化输入编号并检验*/
  stringinput(num,10,"input number(press '0'return menu):");
  flag=0;
  if(strcmp(num,"0")==0)                    /*输入为 0，则退出添加操作，返回主界面*/
      {return;}
  s=l->next;
```

```
/*查询该编号是否已经存在，若存在则要求重新输入一个未被占用的编号*/
while(s)
    {
      if(strcmp(s->data.num,num)==0)
      {
       flag=1;
       break;
       }
     s=s->next;
    }
  if(flag==1)                                          /*提示用户是否重新输入*/
     {  getchar();
        printf("=====>The number %s is not existing,try again?(y/n):",num);
        scanf("%c",&ch);
        if(ch=='y'||ch=='Y')
         continue;
        else
          return;
      }
     else
      {break;}
  }
  p=(Node *)malloc(sizeof(Node));                      /*申请内存空间*/
  if(!p)
   {
     printf("\n allocate memory failure ");            /*如没有申请到，打印提示信息*/
     return ;                                          /*返回主界面*/
   }
  strcpy(p->data.num,num);                             /*将字符串 num 拷贝到 p->data.num 中*/
  stringinput(p->data.name,15,"Name:");
  /*输入并检验分数，分数必须在 0—100 之间*/
  p->data.cgrade=numberinput("C language Score[0-100]:");
  /*输入并检验分数，分数必须在 0—100 之间*/
  p->data.mgrade=numberinput("Math Score[0-100]:");
  /*输入并检验分数，分数必须在 0—100 之间*/
  p->data.egrade=numberinput("English Score[0-100]:");
  /*计算总分*/
  p->data.total=p->data.egrade+p->data.cgrade+p->data.mgrade;
  p->data.ave=(float)(p->data.total/3);                /*计算平均分*/
  p->data.mingci=0;
  p->next=NULL;                                        /*表明这是链表的尾部节点*/
  r->next=p;                                           /*将新建的节点加入链表尾部中*/
  r=p;
  saveflag=1;
  }
    return ;
}
```

2.6.4　查询用户记录

对系统内的用户信息进行快速查询处理，在此可以按照编号或姓名进行查询。如果有符合查询条件的用户存在，则打印输出查询结果，具体代码如下所示：

```
void Qur(Link l)                          /*按编号或姓名，查询用户记录*/
{
int select;                               /*1:按编号查,2:按姓名查,其他:返回主界面(菜单)*/
char searchinput[20];                     /*保存用户输入的查询内容*/
Node *p;
if(!l->next)                              /*若链表为空*/
{
  system("cls");
  printf("\n=====>No student record!\n");
  getchar();
  return;
}
system("cls");
printf("\n    =====>1 Search by number  =====>2 Search by name\n");
printf("    please choice[1,2]:");
scanf("%d",&select);
if(select==1)                             /*按编号查询*/
 {
  stringinput(searchinput,10,"input the existing student number:");
  /*在 l 中查找编号为 searchinput 值的节点，并返回节点的指针*/
p=Locate(l,searchinput,"num");
  if(p)                                   /*若 p!=NULL*/
  {
   printheader();
   printdata(p);
   printf(END);
   printf("press any key to return");
   getchar();
  }
  else
   Nofind();
   getchar();
 }
else if(select==2)                        /*按姓名查询*/
{
  stringinput(searchinput,15,"input the existing student name:");
  p=Locate(l,searchinput,"name");
  if(p)
  {
   printheader();
```

```
   printdata(p);
   printf(END);
   printf("press any key to return");
   getchar();
  }
  else
   Nofind();
   getchar();
}
else
  Wrong();
  getchar();

}
```

2.6.5 删除用户记录

在本成绩管理系统中，可以删除系统中已经存在的用户成绩记录。在进行删除操作时，系统首先会根据用户的要求查找到要删除记录的节点，然后在单链表中删除这个节点。具体代码如下所示：

```
/*删除用户记录：先找到保存该用户记录的节点，然后删除该节点*/
void Del(Link l)
{
int sel;
Node *p,*r;
char findmess[20];
if(!l->next)
{ system("cls");
  printf("\n=====>No student record!\n");
  getchar();
  return;
}
system("cls");
Disp(l);
printf("\n       =====>1 Delete by number       =====>2 Delete by name\n");
printf("     please choice[1,2]:");
scanf("%d",&sel);
if(sel==1)
{

  stringinput(findmess,10,"input the existing student number:");
  p=Locate(l,findmess,"num");
  if(p)  /*p!=NULL*/
  {
```

```
  r=l;
  while(r->next!=p)
   r=r->next;
  r->next=p->next;                              /*将p所指节点从链表中去除*/
  free(p);                                      /*释放内存空间*/
  printf("\n=====>delete success!\n");
  getchar();
  saveflag=1;
 }
 else
  Nofind();
  getchar();
}
else if(sel==2)                                 /*先按姓名查询到该记录所在的节点*/
{
 stringinput(findmess,15,"input the existing student name");
 p=Locate(l,findmess,"name");
 if(p)
 {
  r=l;
  while(r->next!=p)
   r=r->next;
  r->next=p->next;
  free(p);
  printf("\n=====>delete success!\n");
  getchar();
  saveflag=1;
 }
 else
  Nofind();
  getchar();
}
else
 Wrong();
 getchar();
}
```

2.6.6 修改用户记录

在本成绩管理系统中，可以修改系统中已经存在的用户成绩记录。在进行修改处理时，系统首先会根据用户的要求查找到要修改的用户记录，然后提示修改编号之外的值。具体代码如下所示：

```
/*修改用户记录。先按输入的编号查询到该记录，然后提示用户修改编号之外的值，编号不能修改*/
void Modify(Link l)
```

```
{
Node *p;
char findmess[20];
if(!l->next)
{ system("cls");
  printf("\n=====>No student record!\n");
  getchar();
  return;
}
system("cls");
printf("modify student recorder");
Disp(l);
/*输入并检验该编号*/
stringinput(findmess,10,"input the existing student number:");
p=Locate(l,findmess,"num");                          /*查询到该节点*/
/*若 p!=NULL,表明已经找到该节点*/
if(p) {
  printf("Number:%s,\n",p->data.num);
  printf("Name:%s,",p->data.name);
  stringinput(p->data.name,15,"input new name:");
  printf("C language score:%d,",p->data.cgrade);
  p->data.cgrade=numberinput("C language Score[0-100]:");
  printf("Math score:%d,",p->data.mgrade);
  p->data.mgrade=numberinput("Math Score[0-100]:");
  printf("English score:%d,",p->data.egrade);
   p->data.egrade=numberinput("English Score[0-100]:");
  p->data.total=p->data.egrade+p->data.cgrade+p->data.mgrade;
  p->data.ave=(float)(p->data.total/3);
  p->data.mingci=0;
  printf("\n=====>modify success!\n");
  Disp(l);
  saveflag=1;
}
else
  Nofind();
  getchar();
}
```

2.6.7 插入用户记录

在本成绩管理系统的插入用户记录操作模块中，系统首先会按照编号查找要插入节点的位置，然后在该编号之后插入一个新的节点。具体代码如下所示：

```
void Insert(Link l)
{
   Link p,v,newinfo;              /*p 指向插入位置，newinfo 指新插入记录*/
```

```
char ch,num[10],s[10];      /*s[]保存插入点位置之前的编号,num[]保存输入的新记录的编号*/
int flag=0;
v=l->next;
system("cls");
Disp(l);
while(1)
{ stringinput(s,10,"please input insert location  after the Number:");
  flag=0;v=l->next;
  while(v)                    /*查询该编号是否存在,flag=1 表示该编号存在*/
  {
   if(strcmp(v->data.num,s)==0)  {flag=1;break;}
      v=v->next;
  }
   if(flag==1)
     break;                   /*若编号存在,则进行插入之前的新记录的输入操作*/
  else
  {  getchar();
     printf("\n=====>The number %s is not existing,try again?(y/n):",s);
     scanf("%c",&ch);
     if(ch=='y'||ch=='Y')
      {continue;}
     else
       {return;}
   }
 }
/*以下新记录的输入操作与Add()相同*/
stringinput(num,10,"input new student Number:");
v=l->next;
while(v)
{
 if(strcmp(v->data.num,num)==0)
 {
  printf("=====>Sorry,the new number:'%s' is existing !\n",num);
  printheader();
  printdata(v);
  printf("\n");
  getchar();
  return;
 }
 v=v->next;
}
  newinfo=(Node *)malloc(sizeof(Node));
if(!newinfo)
 {
   /*如没有申请到,打印提示信息*/
   printf("\n allocate memory failure ");
   return ;                                  /*返回主界面*/
```

```
   }
  strcpy(newinfo->data.num,num);
  stringinput(newinfo->data.name,15,"Name:");
  newinfo->data.cgrade=numberinput("C language Score[0-100]:");
  newinfo->data.mgrade=numberinput("Math Score[0-100]:");
  newinfo->data.egrade=numberinput("English Score[0-100]:");
  newinfo->data.total=newinfo->data.egrade+newinfo->
data.cgrade+newinfo->data.mgrade;
  newinfo->data.ave=(float)(newinfo->data.total/3);
  newinfo->data.mingci=0;
  newinfo->next=NULL;
  /*在main()有对该全局变量的判断，若为1,则进行存盘操作*/
  saveflag=1;
  /*将指针赋值给p,因为l中的头节点的下一个节点才实际保存着用户的记录*/
  p=l->next;
  while(1)
   {
     if(strcmp(p->data.num,s)==0)                    /*在链表中插入一个节点*/
      {
        newinfo->next=p->next;
        p->next=newinfo;
        break;
      }
     p=p->next;
   }
   Disp(l);
   printf("\n\n");
   getchar();
}
```

2.6.8 为现实需求而生的链表

在本项目成绩管理系统中，所有的数据操作都是基于链表实现的，包括添加数据、修改数据、删除数据和插入数据等。C语言的体系结构不简单，大多数是基于数据处理的：从变量、常量开始，历经运算符、表达式、语句、分支结构、数组、函数、指针、结构体、共用体、链表……。但是现实数据类型复杂，项目需求五花八门，单纯使用变量、常量、函数是不能解决问题的。

(1) 为什么用链表

在这个项目中，系统中的用户信息用链表进行了存储。很多初学者可能会问：为什么要使用链表呢？使用数组不能解决吗？当然不可以！在 C 语言数组中，不允许动态的数组类型。例如用变量表示长度，相对数组的大小做动态说明，这是错误的。但是在现实应用中，所需的内存空间取决于实际输入的数据，这是无法预先决定的。对于上述问题，用数组的方法很难解决，所以C语言推出了链表这个概念。

(2) 内存分配

说起链表，需要先明白内存分配。在未学习链表时，如果要存储数量比较多的同类型或同结构的数据，总是使用一个数组。比如要存储一个班级学生的某科分数，会定义一个 float 型(存在 0.5 分)数组：

```
float score[30];
```

但是，在多数情况下，不能确定要使用多大的数组。如果定义的数组不够大时，可能引起下标越界错误，甚至导致严重后果，动态内存分配就解决了这样的问题。

在 C 语言中，内存管理通过专门的函数来实现，即 malloc()、free()、realloc()和 calloc()。另外，为了兼容各种编程语言，操作系统提供的接口通常是 C 语言写成的函数声明。

(3) 链表诞生

了解了内存分配，链表就很容易理解了。链表是一种物理存储单元上非连续、非顺序的存储结构，数据元素的逻辑顺序是通过链表中的指针链接次序实现的。链表由一系列节点(链表中每一个元素称为节点)组成，节点可以在运行时动态生成。每个节点包括两个部分：一个是存储数据元素的数据域；另一个是存储下一个节点地址的指针域。

在 C 语言中，可以通过简单类型变量来描述事物某一方面的特性，例如：数量。为了描述大规模的集合类型数据(如向量和矩阵)，在 C 语言中引入了数组。数组的引入可以方便地存储大规模的连续性数据，如向量和矩阵。在使用数组的时候，要求先定义数组及其长度，然后才能使用。但是实际的应用中，有时并不知道数据的数量，即不确定数组的具体长度。例如，在商场内作问卷调查，并不知道有多少人可能参与，若使用数组存储信息，可能会出现两种情况：第一种情况是，如果数组的长度过大，可能会造成内存空间的浪费；第二种情况是，如果给定的数组长度过小，可能会造成存储空间不足。

2.6.9　统计用户记录

在统计用户记录模块中，系统将会统计总分第一名、单科成绩第一名和各科不及格用户的人数，并将统计结果打印输出。具体代码如下所示：

```
void Tongji(Link l)
{
Node *pm,*pe,*pc,*pt;                          /*用于指向分数最高的节点*/
Node *r=l->next;
int countc=0,countm=0,counte=0;                /*保存三门成绩中不及格的人数*/
if(!r)
{ system("cls");
  printf("\n=====>Not student record!\n");
  getchar();
  return ;
```

```
}
system("cls");
Disp(l);
pm=pe=pc=pt=r;
while(r)
{
  if(r->data.cgrade<60) countc++;
  if(r->data.mgrade<60) countm++;
  if(r->data.egrade<60) counte++;

  if(r->data.cgrade>=pc->data.cgrade)    pc=r;
  if(r->data.mgrade>=pm->data.mgrade)    pm=r;
  if(r->data.egrade>=pe->data.egrade)    pe=r;
  if(r->data.total>=pt->data.total)     pt=r;
  r=r->next;
}
printf("\n-----------------------the TongJi result-------------------------\n");
printf("C Language<60:%d (ren)\n",countc);
printf("Math      <60:%d (ren)\n",countm);
printf("English   <60:%d (ren)\n",counte);
printf("-----------------------------------------------------------------\n");
printf("The highest student by total   scroe   name:%s totoal
score:%d\n",pt->data.name,pt->data.total);
printf("The highest student by English score   name:%s totoal
score:%d\n",pe->data.name,pe->data.egrade);
printf("The highest student by Math    score   name:%s totoal
score:%d\n",pm->data.name,pm->data.mgrade);
printf("The highest student by C       score   name:%s totoal
score:%d\n",pc->data.name,pc->data.cgrade);
printf("\n\npress any key to return");
getchar();
}
```

2.6.10 排序处理

排序处理是指对系统内的用户信息进行排序，系统将按照插入排序算法实现单链表的按总分字段的降序排序，并分别输出打印前的结果和打印后的结果。所谓插入排序法，就是检查第 i 个数字，如果在它左边的数字比它大，进行交换，这个动作一直继续下去，直到这个数字的左边数字比它还要小，就可以停止了。插入排序法主要的回圈有两个变数：i 和 j，每一次执行这个回圈，就会将第 i 个数字放到左边恰当的位置去。

假设我们输入的是 “5，1，4，2，3”，则具体排序流程如下所示。

(1) 从第二个数字开始，这个数字是 1，任务只要看 1 有没有正确的位置，我们的做法是和这个数字左边的数字来比，因此比较 1 和 5，1 比 5 小，所以就交换 1 和 5 的位置，原来的排列就变成了“1，5，4，2，3”。

(2) 看第 3 个数字有没有在正确的位置。这个数字是 4，它的左边数字是 5，4 比 5 小，所以将 4 和 5 交换，排列变成了“1，4，5，2，3”。然后必须继续看 4 的位置是否正确，4 的左边是 1，1 比 4 小，4 就维持不动了。

(3) 看第四个数字，这个数字是 2，将 2 和它左边的数字相比，都比 2 大，所以就将 2 一路往左移动，一直移到 2 的左边是 1，这时候排序变成了“1，2，4，5，3”。

(4) 检查第五个数字，这个数字是 3，3 必须往左移，一直移到 3 的左边是 2 为止。此时，排列就变成了 “1，2，3，4，5”，排序就完成了。

在本章育英中学成绩管理系统中，排序处理模块的具体实现代码如下所示：

```
/*利用插入排序法实现单链表的按总分字段的降序排序，从高到低*/
void Sort(Link l)
{
Link ll;
Node *p,*rr,*s;
int i=0;
if(l->next==NULL)
{ system("cls");
  printf("\n=====>Not student record!\n");
  getchar();
  return ;
}
ll=(Node*)malloc(sizeof(Node));                       /*用于创建新的节点*/
if(!ll)
   {
     printf("\n allocate memory failure ");           /*如没有申请到，打印提示信息*/
     return ;                                         /*返回主界面*/
   }
ll->next=NULL;
system("cls");
Disp(l);                                              /*显示排序前的所有用户记录*/
p=l->next;
while(p) /*p!=NULL*/
{
  s=(Node*)malloc(sizeof(Node));              /*新建节点用于保存从原链表中取出的节点信息*/
  if(!s) /*s==NULL*/
   {
     printf("\n allocate memory failure ");           /*如没有申请到，打印提示信息*/
     return ;                                 /*返回主界面*/

  s->data=p->data;                            /*填数据域*/
  s->next=NULL;                               /*指针域为空*/
  rr=ll;
  /*rr链表于存储插入单个节点后保持排序的链表，ll是这个链表的头指针，每次从头开始查找插入位置*/
  while(rr->next!=NULL && rr->next->data.total>=p->data.total)
```

```
    {rr=rr->next;}                       /*指针移至总分比 p 所指的节点的总分小的节点位置*/
   /*若新链表 ll 中的所有节点的总分值都比 p->data.total 大时，就将 p 所指节点加入链表尾部*/
 if(rr->next==NULL)
      rr->next=s;
   /*否则将该节点插入至第一个总分字段比它小的节点的前面*/
   else
   {
    s->next=rr->next;
    rr->next=s;
   }
    p=p->next;                                /*原链表中的指针下移一个节点*/
  }
    l->next=ll->next;                         /*ll 中存储的是已排序的链表的头指针*/
    p=l->next;                                /*已排好序的头指针赋给 p，准备填写名次*/
    while(p!=NULL)                            /*当 p 不为空时，进行下列操作*/
    {
       i++;                                   /*节点序号*/
       p->data.mingci=i;                      /*将名次赋值*/
       p=p->next;                             /*指针后移*/
    }
 Disp(l);
 saveflag=1;
 printf("\n    =====>sort complete!\n");
 }
```

2.6.11 存储用户信息

在存储用户信息模块中，系统会将单链表中的数据写入磁盘中的数据文件。如果对数据进行了修改但没有进行此操作，会在退出系统时提示是否存盘。具体代码如下所示：

```
void Save(Link l){
FILE* fp;
Node *p;
int count=0;
fp=fopen("c:\\student","wb");                      /*以只写方式打开二进制文件*/
if(fp==NULL)                                       /*打开文件失败*/
{
  printf("\n=====>open file error!\n");
  getchar();
  return ;
}
p=l->next;

while(p)
{
  if(fwrite(p,sizeof(Node),1,fp)==1)               /*每次写一条记录或一个节点信息至文件*/
```

```
  {
   p=p->next;
   count++;
  }
  else
  {
   break;
  }
}
if(count>0)
{
  getchar();
  printf("\n\n\n\n\n=====>save file complete,total saved's record number
is:%d\n",count);
  getchar();
  saveflag=0;
}
else
{system("cls");
 printf("the current link is empty,no student record is saved!\n");
 getchar();
 }
fclose(fp);                                    /*关闭此文件*/
}
```

2.7 项目测试

将编写的程序文件命名为“Result.c”，执行后将首先按默认格式显示主界面，如图 2-3 所示。

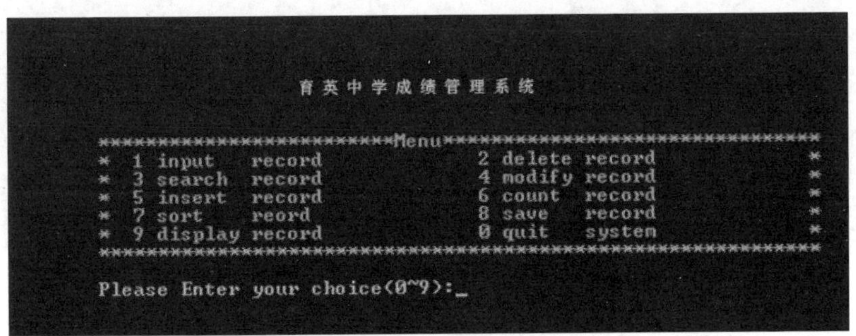

图 2-3 默认主界面

按下按键 1 后进入添加用户记录界面，在此可以输入要添加的信息，如图 2-4 所示。

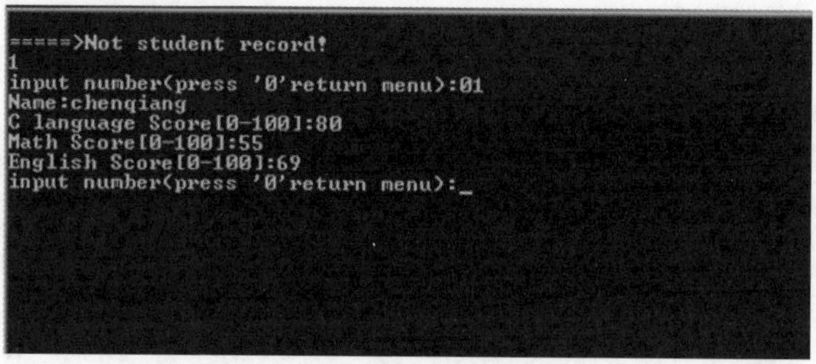

```
=====>Not student record!
1
input number(press '0'return menu):01
Name:chenqiang
C language Score[0-100]:80
Math Score[0-100]:55
English Score[0-100]:69
input number(press '0'return menu):_
```

图 2-4　添加记录界面

当添加记录完毕后，按下按键 9 并按 Enter 键，查看当前链表中的用户记录信息，如图 2-5 所示。

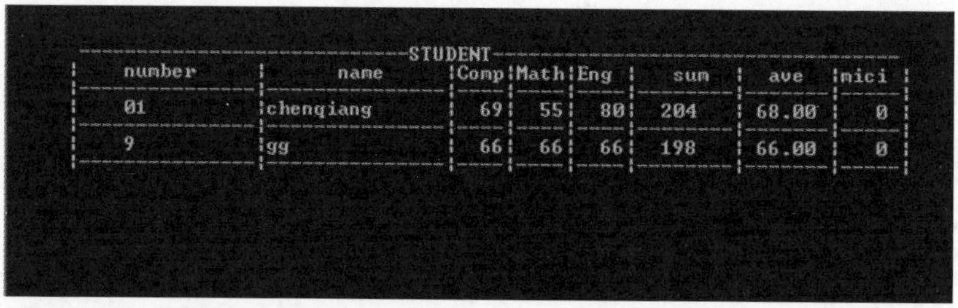

```
---------------------------------STUDENT--------------------------------------
|   number     |        name        |Comp|Math|Eng |   sum   |  ave   |mici |
|--------------|--------------------|----|----|----|---------|--------|-----|
|   01         |chenqiang           |  69|  55|  80|  204    | 68.00  |   0 |
|--------------|--------------------|----|----|----|---------|--------|-----|
|   9          |gg                  |  66|  66|  66|  198    | 66.00  |   0 |
|--------------|--------------------|----|----|----|---------|--------|-----|
```

图 2-5　显示用户记录信息

按下按键 2，并按 Enter 键进入删除界面，在此可以根据需要删除指定的信息。如图 2-6 所示，删除名为“gg”的用户记录。

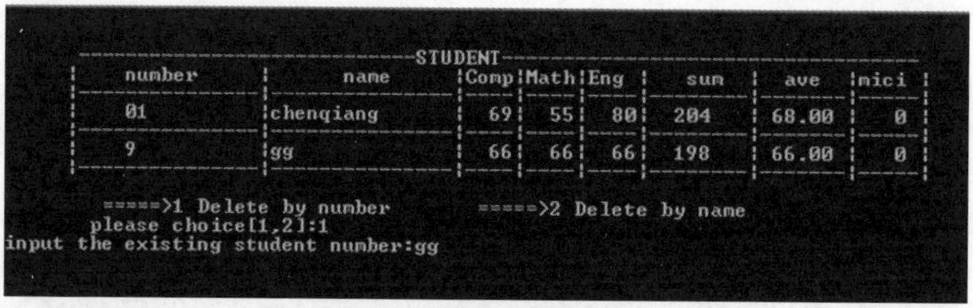

```
---------------------------------STUDENT--------------------------------------
|   number     |        name        |Comp|Math|Eng |   sum   |  ave   |mici |
|--------------|--------------------|----|----|----|---------|--------|-----|
|   01         |chenqiang           |  69|  55|  80|  204    | 68.00  |   0 |
|--------------|--------------------|----|----|----|---------|--------|-----|
|   9          |gg                  |  66|  66|  66|  198    | 66.00  |   0 |
|--------------|--------------------|----|----|----|---------|--------|-----|

     =====>1 Delete by number        =====>2 Delete by name
     please choice[1,2]:1
input the existing student number:gg
```

图 2-6　删除用户记录

按下按键 3，并按 Enter 键进入查找界面，在此可以选择按用户名查找或按编号查找。如图 2-7 所示，按用户名查找名为“gg”的用户记录。

按下按键 4，并按 Enter 键进入修改界面，在此可以选择要修改的用户记录。如图 2-8 所示，修改了编号为 1 的用户记录信息。

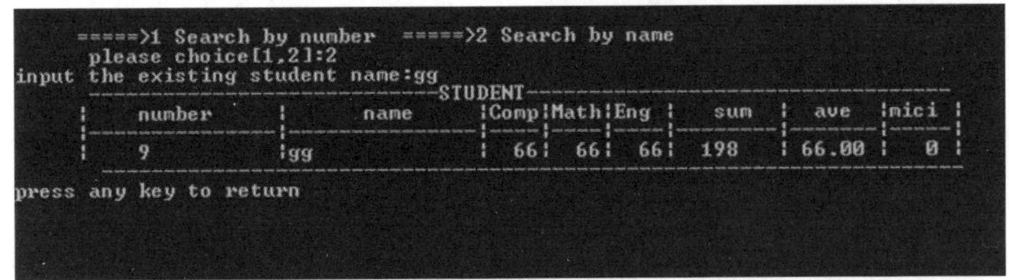

图 2-7　查找用户记录

```
---------------------------------STUDENT---------------------------------
|    number    |      name      |Comp|Math|Eng |  sum  |  ave  |mici |
|      01      |chenqiang       | 69 | 55 | 80 |  204  | 68.00 |  0  |
|      9       |gg              | 66 | 66 | 66 |  198  | 66.00 |  0  |
input the existing student number:01
Number:01,
Name:chenqiang,input new name:cc
C language score:80,C language Score[0-100]:66
Math score:55,Math Score[0-100]:66
English score:69,English Score[0-100]:66

=====>modify success!

---------------------------------STUDENT---------------------------------
|    number    |      name      |Comp|Math|Eng |  sum  |  ave  |mici |
|      01      |cc              | 66 | 66 | 66 |  198  | 66.00 |  0  |
|      9       |gg              | 66 | 66 | 66 |  198  | 66.00 |  0  |
```

图 2-8　修改用户记录

按下按键 5，并按 Enter 键进入插入记录界面，在此可以添加新的用户记录，如图 2-9 所示。

```
---------------------------------STUDENT---------------------------------
|    number    |      name      |Comp|Math|Eng |  sum  |  ave  |mici |
|      01      |cc              | 66 | 66 | 66 |  198  | 66.00 |  0  |
please input insert location  after the Number:01
input new student Number:02
Name:
gg
C language Score[0-100]:55
Math Score[0-100]:55
English Score[0-100]:
55

---------------------------------STUDENT---------------------------------
|    number    |      name      |Comp|Math|Eng |  sum  |  ave  |mici |
|      01      |cc              | 66 | 66 | 66 |  198  | 66.00 |  0  |
|      02      |gg              | 55 | 55 | 55 |  165  | 55.00 |  0  |
```

图 2-9　添加用户记录

按下按键 6，并按 Enter 键进入修改界面，在此可以统计系统的用户记录，如图 2-10 所示。

```
-------------------------------------STUDENT--------------------------------------
|    number        |        name         |Comp|Math|Eng |  sum  |  ave  |mici |
|------------------|---------------------|----|----|----|-------|-------|-----|
|    01            |cc                   | 66 | 66 | 66 | 198   | 66.00 |  0  |
|------------------|---------------------|----|----|----|-------|-------|-----|
|    02            |gg                   | 55 | 55 | 55 | 165   | 55.00 |  0  |
|------------------|---------------------|----|----|----|-------|-------|-----|
-----------------------------------the TongJi result------------------------------
C Language<60:1 (ren)
Math      <60:1 (ren)
English   <60:1 (ren)
----------------------------------------------------------------------------------
The highest student by total   scroe   name:cc totoal score:198
The highest student by English score   name:cc totoal score:66
The highest student by Math    score   name:cc totoal score:66
The highest student by C       score   name:cc totoal score:66

press any key to return_
```

图 2-10　统计用户记录

按下按键 7，并按 Enter 键进入排序界面，在此可以对系统内用户记录进行排序处理，如图 2-11 所示。

```
-------------------------------------STUDENT--------------------------------------
|    number        |        name         |Comp|Math|Eng |  sum  |  ave  |mici |
|------------------|---------------------|----|----|----|-------|-------|-----|
|    01            |cc                   | 66 | 66 | 66 | 198   | 66.00 |  0  |
|------------------|---------------------|----|----|----|-------|-------|-----|
|    02            |gg                   | 55 | 55 | 55 | 165   | 55.00 |  0  |
|------------------|---------------------|----|----|----|-------|-------|-----|

-------------------------------------STUDENT--------------------------------------
|    number        |        name         |Comp|Math|Eng |  sum  |  ave  |mici |
|------------------|---------------------|----|----|----|-------|-------|-----|
|    01            |cc                   | 66 | 66 | 66 | 198   | 66.00 |  1  |
|------------------|---------------------|----|----|----|-------|-------|-----|
|    02            |gg                   | 55 | 55 | 55 | 165   | 55.00 |  2  |
|------------------|---------------------|----|----|----|-------|-------|-----|
```

图 2-11　用户记录排序

按下按键 8，并按 Enter 键后可以对当前系统内的记录信息进行保存，如图 2-12 所示。

```
                        育英中学成绩管理系统

        ***********************Menu********************************
        *  1 input   record              2 delete record          *
        *  3 search  record              4 modify record          *
        *  5 insert  record              6 count  record          *
        *  7 sort    reord               8 save   record          *
        *  9 display record              0 quit   system          *
        ***********************************************************

        Please Enter your choice(0~9):8



=====>save file complete,total saved's record number is:2
_
```

图 2-12　保存用户记录信息

第 3 章 网络传输系统

在C语言中，Ping命令是使用最为频繁的网络测试命令之一，它能够测试一个主机到另外一个主机间的网络连接是否连通。在微软的Windows系统内自带了一个Ping命令工具，它可以用于实现网络方面的多个连接。TCP即文件传输协议，是一种面向链接的传输层协议。

本章将介绍使用C语言开发类似Windows系统Ping工具和TCP工具的方法，并详细介绍这两种网络项目的实现流程，让读者体会C语言在网络编程领域中的应用。

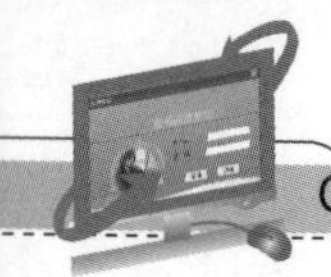

3.1 网络系统介绍

扫码看视频

当前的通用网络协议标准是 TCP/IP 协议，它是一个比较复杂的协议集。本项目仅介绍其与编程密切相关的部分，即以太网上 TCP/IP 协议的分层结构及其报文格式。TCP/IP 协议并不完全符合 OSI 的七层参考模型。传统的开放式系统互连参考模型，是一种通信协议的七层抽象的参考模型，其中每一层执行某一特定任务。该模型的目的是使各种硬件在相同的层次上相互通信。这七层分别是物理层、数据链路层、网络层、传输层、会话层、表示层和应用层。通过这个参考模型，用户可以非常直观地了解网络通信的基本过程和原理。OSI 参考模型如图 3-1 所示。

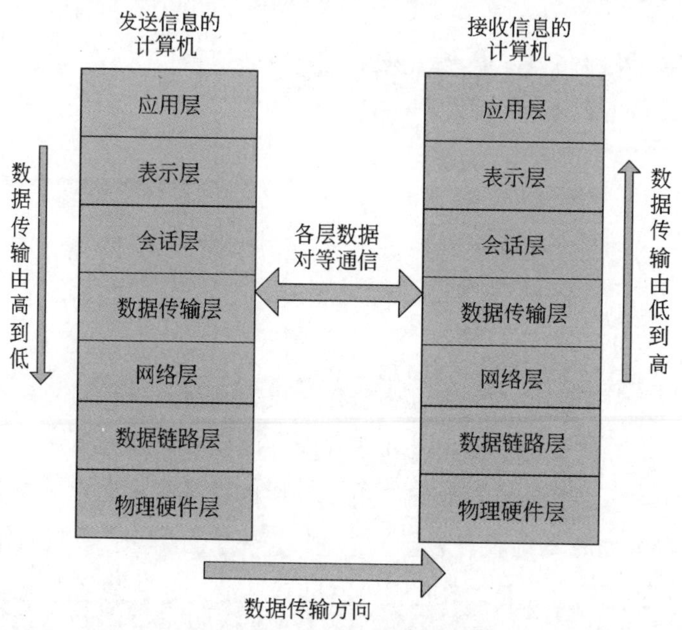

图 3-1　OSI 七层网络模型

从图 3-1 所示的 OSI 网络模型可以看到，网络数据从发送方到达接收方的过程中，数据的流向以及经过的通信层和相应的通信协议。事实上在网络通信的发送端，其通信数据每到一个通信层，都会被该层协议在数据中添加一个报头数据。而在接收方恰好相反，数据通过每一层时都会被该层协议剥去相应的报头数据。用户也可以这样理解，即网络模型中的各层都是对等通信。在 OSI 七层网络模型中，各层都具有各自的功能，如表 3-1 所示。

表 3-1　七类网络模型中各层的功能

协议层名	功能概述
物理硬件层	计算机网络中的物理设备
数据链路层	将传输数据进行压缩与加压缩
网络层	将传输数据进行网络传输
数据传输层	进行信息的网络传输
会话层	建立物理网络的连接
表示层	将传输数据以某种格式进行表示
应用层	应用程序接口

3.2　系统规划

本项目是用 C 语言编程实现 PING 和 TCP 的功能。

扫码看视频

3.2.1　规划流程

如图 3-2 所示是规划的项目进展流程图。

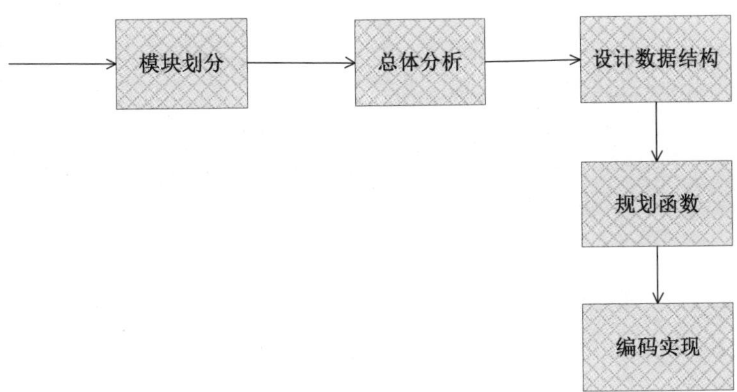

图 3-2　项目进展流程图

3.2.2　模块划分

本实例系统构成的功能模块如下。

1. 初始化模块

用于初始化各个全局变量，为全局变量赋初始值，初始化 Winsock，加载 Winsock 库。

2. 控制模块

此模块被其他模块调用，实现获取参数、计算校验和、填充 ICMP 数据报文、释放占用资源和显示用户帮助。

3. 数据解读模块

用于解读接收到的 ICMP 报文和 IP 选项。

4. Ping 测试模块

此模块是本项目实例的核心模块，它可以调用其他模块来实现功能，最终实现 Ping 命令功能。

上述各模块的总体结构如图 3-3 所示。

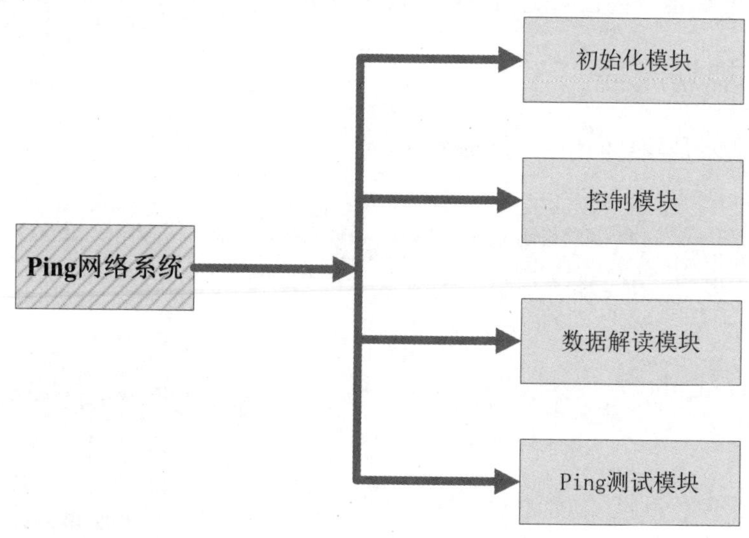

图 3-3　项目功能模块结构

3.2.3　功能模块设计

经过前面内容的介绍，已经明确了项目中需要的功能模块。下面根据规划的模块结构逐一实现这些功能。

1. 系统运行流程

Ping 网络系统的运行流程如图 3-4 所示。

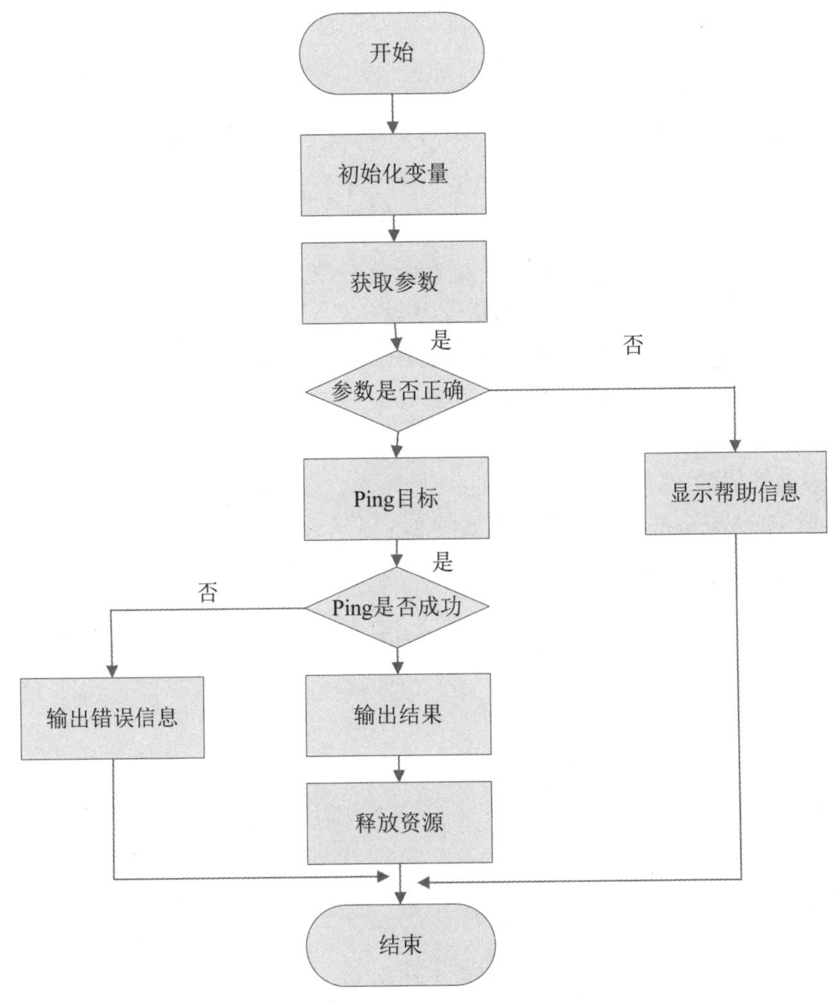

图 3-4　系统运行流程图

在图 3-4 所示的系统运行流程中，首先调用函数 InitPing()来初始化各个全局变量，然后使用函数 GetArgments()来获取用户输入的参数，并检查用户输入的参数。如果参数不正确，则显示帮助信息，并结束程序；如果参数正确则执行 Ping 命令，如果 Ping 通则显示结果并释放所占用的资源。如果没有 Ping 通则显示错误信息，并释放所占用的资源。

2. 函数 GetArgments()

函数 GetArgments()用于获取用户输入的参数，在此获取的参数有如下 3 个：

- ❑ -r：记录路由参数。
- ❑ -n：记录条数。
- ❑ Datasize：数据报大小。

函数 GetArgments()的处理流程如下：

(1) 判断上述参数的第一个字符，如果第一个字符是“-”，则认为是-r 或-n 中的一个，然后即可进行进一步的判断。

(2) 如果参数的第二个字符是数字，则判断此参数是记录的条数。

(3) 如果第二个字符是“r”，则判断该参数是“-r”，用于记录路由。

(4) 如果第一个参数是数字，则此参数是 IP 或 Datasize，然后进行进一步判断。

(5) 如果参数中不存在非数字字符，则此参数是 Datasize；如果存在非数字字符，则此参数是 IP 地址。

(6) 如果是其他情况，则为主机名。

上述函数 GetArgments()的运行流程如图 3-5 所示。

3. 函数 Ping()处理

函数 Ping()是本系统的核心，通过调用其他函数来实现具体功能。函数 Ping()可以实现如下功能：

- ❑ 创建套接字。
- ❑ 设置路由选项。
- ❑ 创建 ICMP 请求报文。
- ❑ 接收 ICMP 应答报文。
- ❑ 解读 ICMP 文件。

> **注意**：都说总体设计很复杂，其实总体设计是一种科学的软件开发方法。总体设计即对有关系统全局问题的设计，也就是设计系统总的处理方案，又称系统概要设计，包括计算机配置设计、系统模块结构设计、数据库和文件设计、代码设计以及系统可靠性与内部控制设计等内容。

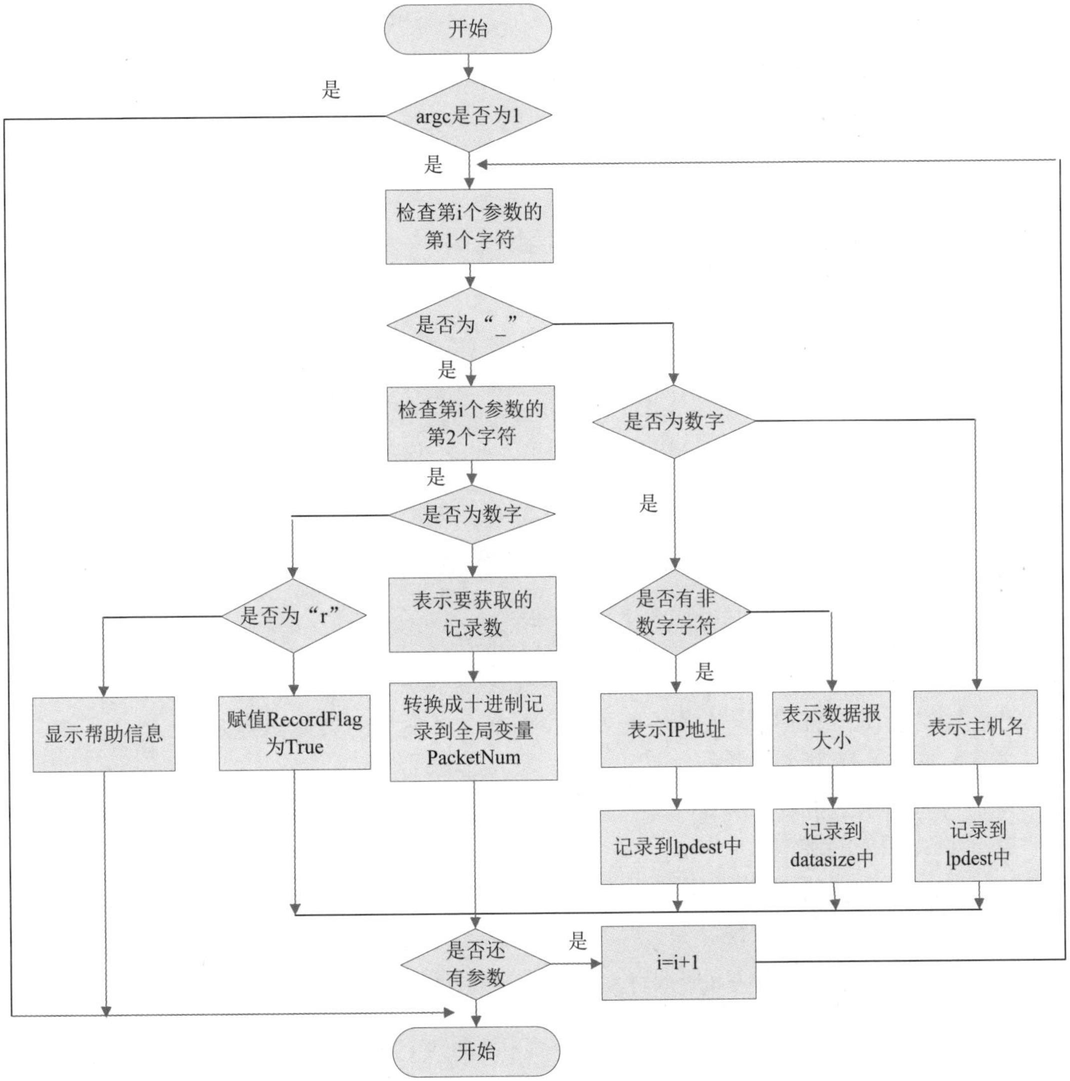

图 3-5　函数 GetArgments()运行流程图

3.3　设计数据结构和规划函数

扫码看视频

完成总体设计阶段的设计工作后，为了使整个项目的设计思路显得更加清晰，接下来将预先统一规划在项目中需要的函数，并实现函数的定义。这样在后面的操作过程中，只需编写各个函数的具体实现代码即可。

3.3.1 设计数据结构

项目中包含的数据结构如下：

1. IP 报头结构体

此处的 IP 报头结构体是_iphdr，具体代码如下：

```
typedef struct _iphdr
{
   unsigned int   h_len:4;
   unsigned int   version:4;
   unsigned char  tos;
   unsigned short total_len;
   unsigned short ident;
   unsigned short frag_flags;
   unsigned char  ttl
   unsigned char  proto;
   unsigned short checksum;
   unsigned int   sourceIP;
   unsigned int   destIP;
} IpHeader;
```

在上述结构体_iphdr 中，设置了需要的变量名，各变量的具体说明如下：

- h_len:4：IP 报头长度。
- version:4：IP 的版本号。
- tos：服务的类型。
- total_len：数据报总长度。
- ident：唯一的标识符。
- frag_flags：分段标志。
- proto：协议类型(TCP、UDP 等)。
- checksum：校验和。
- sourceIP：源 IP 地址。

2. ICMP 报头结构体

此处的 ICMP 报头结构体是_icmphdr，具体代码如下：

```
typedef struct _icmphdr
{
   BYTE   i_type;                    /*ICMP 报文类型*/
   BYTE   i_code;                    /*该类型中的代码号*/
   USHORT i_cksum;                   /*校验和*/
```

```
    USHORT i_id;                    /*唯一的标识符*/
    USHORT i_seq;                   /*序列号*/
    ULONG  timestamp;               /*时间戳*/
} IcmpHeader;
```

i_type 结构体表示 ICMP 报文类型，i_code 表示该类型中的代码号，i_cksum 表示校验和，颜色值可以根据需要而设置，i_id 表示唯一的标识符，i_seq 表示序列号，timestamp 表示时间戳。

3. IP 选项结构体

此处的 IP 选项结构体是_ipoptionhdr，具体代码如下：

```
typedef struct _ipoptionhdr
{
    unsigned char  code;            /*选项类型*/
    unsigned char  len;             /*选项头长度*/
    unsigned char  ptr;             /*地址偏移长度*/
    unsigned long  addr[9];         /*记录的 IP 地址列表*/
} IpOptionHeader;
```

3.3.2　分析构成函数

本小节开始完成整个项目的函数规划工作，即根据系统的需求分析，统一规划项目中需要的函数。此步骤是整个项目的基础，项目中的具体功能将以此为基础进行扩展。在进行具体分析工作之前，需要先好好看看前面的规划资料和模块分析，尽力寻求一个最优方案！

1. 函数 InitPing()

函数 InitPing()用于初始化所需要的变量，具体结构如下：

```
void InitPing()
```

2. 函数 UserHelp()

函数 UserHelp()用于显示用户的帮助信息，具体结构如下：

```
void UserHelp()
```

3. 函数 GetArgments()

函数 GetArgments()用于获取用户提交的处理参数，具体结构如下：

```
void GetArgments(int argc,char** argv)
```

4. 函数 CheckSum()

函数 CheckSum()用于计算校验和，首先把数据报头中的校验和字段设置为 0，然后对首部中的每个 16bit 进行二进制反码求和，将结果存放在校验和字段中。具体结构如下：

```
USHORT CheckSum(USHORT *buffer, int size)
```

5. 函数 FillICMPData()

函数 FillICMPData()用于填充 ICMP 数据报字段，其中参数“icmp_data”表示 ICMP 数据，“datasize”表示 ICMP 报文大小。具体结构如下：

```
void FillICMPData(char *icmp_data, int datasize)
```

6. 函数 FreeRes()

函数 FreeRes()用于释放所占用的内存资源，具体结构如下：

```
void FreeRes()
```

7. 函数 DecodeIPOptions()

函数 DecodeIPOptions()用于解读 IP 选项头，从中读取从源主机到目标主机经过的路由，并输出路由信息。具体结构如下：

```
void DecodeIPOptions(char *buf, int bytes)
```

8. 函数 DecodeICMPHeader()

函数 DecodeICMPHeader()用于解读 ICMP 的报文信息，其中参数“buf”表示存放接收到的 ICMP 报文的缓冲区，“bytes”表示接收到的字节数，“from”表示发送 ICMP 回显应答的主机 IP 地址。具体结构如下：

```
void DecodeICMPHeader(char *buf, int bytes, SOCKADDR_IN *from)
```

9. 函数 PingTest()

函数 PingTest()用于进行 Ping 操作处理，具体结构如下：

```
void PingTest(int timeout)
```

注意：体会数据结构在项目中的重要性

数据结构一直是学习 C 语言的难点之一，但是数据结构确实很重要，它包含了整个项目中需要的数据。C 语言是描述数据结构中算法的一个工具，算法必须通过一种语言来实现，现在教材中多数使用C语言或C++。要学好数据结构，首先要掌握各种结构的基本原理，这些知识必须学透，然后在掌握一种语言的情况下，会编写一些算法，这些算法并不是要死记硬背，而是在理解的前提下编写的。

3.4 编码工作

经过本章前面内容的讲解，整个项目的准备工作全部结束了，接下来就可以进行具体的编码工作。在开始之前需要仔细阅读系统规划文件和规划函数，然后根据这些资料完成具体的编码工作。

扫码看视频

3.4.1 预处理

程序预处理包括库文件导入、头文件加载、定义常量和全局变量，并定义数据结构。在C语言中，预处理指令是以#号开头的代码行。#号必须是该行除了任何空白字符外的第一个字符。#后是指令关键字，在关键字和#号之间允许存在任意个数的空白字符。整行语句构成了一条预处理指令，该指令将在编译器进行编译之前对源代码做某些转换。下面是C语言中常用的预处理指令：

- #：空指令，无任何效果；
- #include：包含一个源代码文件；
- #define：定义宏；
- #undef：取消已定义的宏；
- #if：如果给定条件为真，则编译下面代码；
- #ifdef：如果宏已经定义，则编译下面代码；
- #ifndef：如果宏没有定义，则编译下面代码；
- #elif：如果前面的#if给定条件不为真，当前条件为真，则编译下面代码，其实就是else if的简写；
- #endif：结束一个#if……#else条件编译块；
- #error：停止编译并显示错误信息。

本项目实例需要导入的库文件是“ws2_32.lib”，另外还需要加载头文件“winsock2.h”和“ws2tcpip.h”。

> **注意**：ws2_32.lib是调用WinSock2函数时需要链接的库文件，即调用winsock.dll的动态链接库，加入此文件就不必显示调用了。

本实例预处理模块的具体代码如下所示：

```
/*导入库文件*/
#pragma comment( lib, "ws2_32.lib" )
/*加载头文件*/
#include <winsock2.h>
#include <ws2tcpip.h>
#include <stdio.h>
#include <stdlib.h>
#include <math.h>
/*定义常量*/
/*表示要记录路由*/
#define IP_RECORD_ROUTE  0x7
#define DEF_PACKET_SIZE  32                    /*默认数据报大小*/
#define MAX_PACKET  1024                       /*最大的 ICMP 数据报大小*/
#define MAX_IP_HDR_SIZE 60                     /*最大 IP 头长度*/
#define ICMP_ECHO 8                            /*ICMP 报文类型，回显请求*/
#define ICMP_ECHOREPLY 0                       /*ICMP 报文类型，回显应答*/
#define ICMP_MIN 8                             /*最小的 ICMP 数据报大小*/
/*自定义函数原型*/
void InitPing();
void UserHelp();
void GetArgments(int argc, char** argv);
USHORT CheckSum(USHORT *buffer, int size);
void FillICMPData(char *icmp_data, int datasize);
void FreeRes();
void DecodeIPOptions(char *buf, int bytes);
void DecodeICMPHeader(char *buf, int bytes, SOCKADDR_IN* from);
void PingTest(int timeout);
/*IP 报头字段数据结构*/
typedef struct _iphdr
{
    unsigned int h_len:4;                      /*IP 报头长度*/
    unsigned int version:4;                    /*IP 的版本号*/
    unsigned char  tos;                        /*服务的类型*/
    unsigned short total_len;                  /*数据报总长度*/
    unsigned short ident;                      /*唯一的标识符*/
    unsigned short frag_flags;                 /*分段标志*/
    unsigned char ttl;                         /*生存期*/
    unsigned char proto;                       /*协议类型(TCP、UDP 等)*/
    unsigned short checksum;                   /*校验和*/
    unsigned int sourceIP;                     /*源 IP 地址*/
    unsigned int destIP;                       /*目的 IP 地址*/
} IpHeader;
/*ICMP 报头字段数据结构*/
typedef struct _icmphdr
{
```

```
    BYTE   i_type;                              /*ICMP 报文类型*/
    BYTE   i_code;                              /*该类型中的代码号*/
    USHORT i_cksum;                             /*校验和*/
    USHORT i_id;                                /*唯一的标识符*/
    USHORT i_seq;                               /*序列号*/
    ULONG  timestamp;                           /*时间戳*/
} IcmpHeader;
/*IP 选项头字段数据结构*/
typedef struct _ipoptionhdr
{

    unsigned char  code;                        /*选项类型*/
    unsigned char  len;                         /*选项头长度*/
    unsigned char  ptr;                         /*地址偏移长度*/
    unsigned long  addr[9];                     /*记录的 IP 地址列表*/
} IpOptionHeader;
/*定义全局变量*/
SOCKET m_socket;
IpOptionHeader IpOption;
SOCKADDR_IN DestAddr;
SOCKADDR_IN SourceAddr;
char *icmp_data;
char *recvbuf;
USHORT seq_no ;
char *lpdest;
int datasize;
BOOL RecordFlag;
double PacketNum;
BOOL SucessFlag;
```

3.4.2　初始化处理

在 C 语言中，函数 WSAStarup()是一个内置函数，功能是初始化 Winsock，此函数的具体声明格式如下所示。

```
int WSAStarup(WORD wVersionRequested,LPWSADATA lpWSAData);
```

各个参数说明如下所示。

- wVersionRequested：要求使用 Winsock 的最低版本号。
- lpWSAData：Winsock 的详细资料。

当函数成功调用时返回 0，失败时返回非 0 的值。

初始化需要处理多个全局变量，并通过函数 WSAStartup()来加载 Winsock 库。在此需要对 icmp_data、recvbuf 和 lpdest 都赋值为 null，对 seq_no 赋值为 0，对 RecordFlag 赋值为 FALSE，datasize 赋值为 DEF_PACKET_SIZE，此处表示默认的数据报大小是 32。

另外，还要对 PacketNum 赋值为 5，5 是默认记录，即默认发送 5 条 ICMP 回显请求；对 SuccessFlag 赋值为 FALSE，在程序完全成功执行后才会赋值为 True。函数 WSAStartup()实现对 Winsock 的加载，通过宏 MAKEWORD 来获取准备加载的 Winsock 版本。

初始化处理函数的具体实现代码如下所示：

```
/*初始化变量函数*/
void InitPing()
{
  WSADATA wsaData;
  icmp_data = NULL;
  seq_no = 0;
  recvbuf = NULL;
  RecordFlag = FALSE;
  lpdest = NULL;
  datasize = DEF_PACKET_SIZE;
  PacketNum = 5;
  SucessFlag = FALSE;
  /*Winsock 初始化*/
  if (WSAStartup(MAKEWORD(2, 2), &wsaData) != 0)
    {
          /*如果初始化不成功则报错，GetLastError()返回发生的错误信息*/
          printf("WSAStartup() failed: %d\n", GetLastError());
          return ;
    }
  m_socket = INVALID_SOCKET;
}
```

3.4.3　控制模块

此处控制模块的功能是为其他模块提供调用函数，它能够实现参数获取、校验处理、计算处理、ICMP 数据填充、释放占用资源和显示用户帮助等功能。具体实现代码如下所示：

```
/*显示信息函数*/
void UserHelp()
{
    printf("UserHelp: ping -r <host> [data size]\n");
    printf("  -r  record route\n");
    printf("  -n  record amount\n");
    printf("  host  remote machine to ping\n");
    printf("  datasize  can be up to 1KB\n");
    ExitProcess(-1);
}
/*获取 ping 选项函数*/
void GetArgments(int argc,char** argv)
```

```
{
    int i;
    int j;
    int exp;
    int len;
    int m;
/*如果没有指定目的地地址和任何选项*/
    if(argc == 1)
    {
        printf("\n  Please specify the destination IP address and the ping option
               as follow!\n");
        UserHelp();
    }
    for(i = 1; i < argc; i++)
    {
        len = strlen(argv[i]);
        if (argv[i][0] == '-')
        {
            /*选项指示要获取记录的条数*/
            if(isdigit(argv[i][1]))
            {
                PacketNum = 0;
                for(j=len-1,exp=0;j>=1;j--,exp++)
                    /*根据 argv[i][j]中的 ASCII 值计算要获取的记录条数(十进制数)*/
                    PacketNum += ((double)(argv[i][j]-48))*pow(10,exp);
            }
            else
            {
                switch (tolower(argv[i][1]))
                {
                    /*选项指示要获取路由信息*/
                    case 'r':
                        RecordFlag = TRUE;
                        break;
                    /*没有按要求提供选项*/
                    default:
                        UserHelp();
                        break;
                }
            }
        }
        /*参数是数据报大小或者 IP 地址*/
        else if (isdigit(argv[i][0]))
        {
            for(m=1;m<len;m++)
            {
                if(!(isdigit(argv[i][m])))
```

```
                {
                    /*是 IP 地址*/
                    lpdest = argv[i];
                    break;
                }
                /*是数据报大小*/
                else if(m==len-1)
                    datasize = atoi(argv[i]);
            }
        }
        /*参数是主机名*/
        else
        lpdest = argv[i];
    }
}
/*求校验和函数*/
USHORT CheckSum(USHORT *buffer, int size)
{
    unsigned long cksum=0;
    while (size > 1)
    {
        cksum += *buffer++;
        size -= sizeof(USHORT);
    }
    if (size)
    {
        cksum += *(UCHAR*)buffer;
    }
    /*对每个 16bit 进行二进制反码求和*/
    cksum = (cksum >> 16) + (cksum & 0xffff);
    cksum += (cksum >>16);
    return (USHORT)(~cksum);
}
/*填充 ICMP 数据报字段函数*/
void FillICMPData(char *icmp_data, int datasize)
{
    IcmpHeader *icmp_hdr = NULL;
    char *datapart = NULL;
    icmp_hdr = (IcmpHeader*)icmp_data;
    /*ICMP 报文类型设置为回显请求*/
    icmp_hdr->i_type = ICMP_ECHO;
    icmp_hdr->i_code = 0;
    /*获取当前进程 IP 作为标识符*/
    icmp_hdr->i_id = (USHORT)GetCurrentProcessId();
    icmp_hdr->i_cksum = 0;
    icmp_hdr->i_seq = 0;
    datapart = icmp_data + sizeof(IcmpHeader);
```

```
    /*以数字 0 填充剩余空间*/
    memset(datapart,'0',datasize-sizeof(IcmpHeader));
}
/*释放资源函数*/
void FreeRes()
{
    /*关闭创建的套接字*/
    if (m_socket != INVALID_SOCKET)
        closesocket(m_socket);
    /*释放分配的内存*/
    HeapFree(GetProcessHeap(), 0, recvbuf);
    HeapFree(GetProcessHeap(), 0, icmp_data);
    /*注销 WSAStartup()调用*/
    WSACleanup();
    return ;
}
```

3.4.4 数据报解读处理

此处控制模块的功能是解读 IP 选项和 ICMP 报文，当主机接收到目的主机返回的 ICMP 回显应答后，就将调用 ICMP 解读函数来解读 ICMP 报文，并且 ICMP 解读函数将调用 IP 选项解读函数来实现 IP 路由输出。具体实现代码如下所示：

```
/*解读 IP 选项头函数*/
void DecodeIPOptions(char *buf, int bytes)
{
   IpOptionHeader *ipopt = NULL;
   IN_ADDR inaddr;
   int i;
   HOSTENT *host = NULL;
   /*获取路由信息的地址入口*/
   ipopt = (IpOptionHeader *)(buf + 20);
   printf("RR:   ");
   for(i = 0; i < (ipopt->ptr / 4) - 1; i++)
   {
      inaddr.S_un.S_addr = ipopt->addr[i];
      if (i != 0)
         printf("      ");
         /*根据 IP 地址获取主机名*/
      host = gethostbyaddr((char *)&inaddr.S_un.S_addr,sizeof(inaddr.S_un.S_addr),
            AF_INET);
      /*如果获取到了主机名，则输出主机名*/
      if (host)
         printf("(%-15s) %s\n", inet_ntoa(inaddr), host->h_name);
      /*否则输出 IP 地址*/
```

```
        else
            printf("(%-15s)\n", inet_ntoa(inaddr));
    }
    return;
}
/*解读 ICMP 报头函数*/
void DecodeICMPHeader(char *buf, int bytes, SOCKADDR_IN *from)
{
     IpHeader *iphdr = NULL;
    IcmpHeader *icmphdr = NULL;
    unsigned short iphdrlen;
    DWORD tick;
    static int icmpcount = 0;
    iphdr = (IpHeader *)buf;
    /*计算 IP 报头的长度*/
    iphdrlen = iphdr->h_len * 4;
    tick = GetTickCount();
    /*如果 IP 报头的长度为最大长度(基本长度是 20 字节)，则认为有 IP 选项，需要解读 IP 选项*/
    if ((iphdrlen == MAX_IP_HDR_SIZE) && (!icmpcount))
        /*解读 IP 选项，即路由信息*/
        DecodeIPOptions(buf, bytes);
    /*如果读取的数据太小*/
    if (bytes < iphdrlen + ICMP_MIN)
    {
        printf("Too few bytes from %s\n",
            inet_ntoa(from->sin_addr));
    }
    icmphdr = (IcmpHeader*)(buf + iphdrlen);
    /*如果收到的不是回显应答报文则报错*/
    if (icmphdr->i_type != ICMP_ECHOREPLY)
    {
        printf("nonecho type %d recvd\n", icmphdr->i_type);
        return;
    }
    /*核实收到的 ID 号和发送的是否一致*/
    if (icmphdr->i_id != (USHORT)GetCurrentProcessId())
    {
        printf("someone else's packet!\n");
        return ;
    }
    SucessFlag = TRUE;
    /*输出记录信息*/
    printf("%d bytes from %s:", bytes, inet_ntoa(from->sin_addr));
    printf(" icmp_seq = %d. ", icmphdr->i_seq);
    printf(" time: %d ms", tick - icmphdr->timestamp);
```

```
    printf("\n");
    icmpcount++;
    return;
}
```

3.4.5 Ping 测试处理

Ping 命令是用来查看网络上另一个主机系统的网络连接是否正常的一个工具。Ping 命令的工作原理是：向网络上的另一个主机系统发送 ICMP 报文，如果指定系统得到了报文，它将把报文一模一样地传回给发送者，这有点像潜水艇声呐系统中使用的发声装置。如果要真正了解 Ping 命令实现原理，就要了解 Ping 命令所使用到的 TCP/IP 协议。

ICMP(Internet Control Message Protocol，网际控制报文协议)是 TCP/IP 协议族的一个子议，是为网关和目标主机而提供的一种差错控制机制，使它们在遇到差错时能把错误报告传递给报文源发方。ICMP 协议是 IP 层的一个协议，但是由于差错报告在发送给报文源发方时可能要经过若干子网，因此牵涉到路由选择等问题，所以 ICMP 报文需通过 IP 协议来发送。ICMP 数据报的数据发送前需要两级封装：首先添加 ICMP 报头形成 ICMP 报文，再添加 IP 报头形成 IP 数据报。如图 3-6 所示。

IP 报头
ICMP 报头
ICMP 数据报

图 3-6　ICMP 报文格式

由于 IP 层协议是一种点对点的协议，而非端对端的协议，它提供无连接的数据报服务，没有端口的概念，因此很少使用 bind()和 connect()函数，若有使用也只是用于设置 IP 地址。发送数据使用 sendto()函数，接收数据使用 recvfrom()函数。IP 报头格式如图 3-7 所示。

<table>
<tr><td>版本号 VER</td><td colspan="2">IP 报头长度 IHL</td><td colspan="2">服务类型 TOS</td><td>数据报长度 TL</td></tr>
<tr><td colspan="2">报文标志 ID</td><td colspan="2">报文标志 F</td><td colspan="2">分段偏移量 FO</td></tr>
<tr><td colspan="2">生存时间 TTL</td><td colspan="2">协议号 PORT</td><td colspan="2">报头校验和</td></tr>
<tr><td colspan="6">源地址</td></tr>
<tr><td colspan="6">目标地址</td></tr>
<tr><td colspan="6">任选项和填充位</td></tr>
</table>

图 3-7　IP 报头格式

其中，Ping 程序只使用以下数据：

- IP 报头长度 IHL(Internet Header Length)：以 4 字节为一个单位来记录 IP 报头的长度，是上述 IP 数据结构的 ip_hl 变量。
- 生存时间 TTL(Time To Live)：以秒为单位，指出 IP 数据报能在网络上停留的最长时间，其值由发送方设定，并在经过路由的每一个节点时减 1，当该值为 0 时，数据报将被丢弃，是上述 IP 数据结构的 ip_ttl 变量。

Ping 测试处理模块是整个项目的核心，功能是进行 Ping 操作处理。当整个项目初始化处理完成后，根据用户提交的参数即可进行 Ping 处理。具体实现代码如下所示：

```
/*ping 函数*/
void PingTest(int timeout)
{
   int ret;
   int readNum;
   int fromlen;
   struct hostent *hp = NULL;
   /*创建原始套接字，该套接字用于 ICMP 协议*/
   m_socket = WSASocket(AF_INET, SOCK_RAW, IPPROTO_ICMP, NULL, 0,WSA_FLAG_OVERLAPPED);
   /*如果套接字创建不成功*/
   if (m_socket == INVALID_SOCKET)
   {
      printf("WSASocket() failed: %d\n", WSAGetLastError());
      return ;
   }
   /*若要求记录路由选项*/
   if (RecordFlag)
   {
      /*IP 选项每个字段用 0 初始化*/
      ZeroMemory(&IpOption, sizeof(IpOption));
      /*为每个 ICMP 包设置路由选项*/
      IpOption.code = IP_RECORD_ROUTE;
      IpOption.ptr= 4;
      IpOption.len= 39;
      ret = setsockopt(m_socket, IPPROTO_IP, IP_OPTIONS,(char *)&IpOption,
            sizeof(IpOption));
      if (ret == SOCKET_ERROR)
      {
         printf("setsockopt(IP_OPTIONS) failed: %d\n",WSAGetLastError());
      }
   }
   /*设置接收的超时值*/
   readNum = setsockopt(m_socket, SOL_SOCKET, SO_RCVTIMEO,(char*)&timeout,
            sizeof(timeout));
   if(readNum == SOCKET_ERROR)
```

```
{
    printf("setsockopt(SO_RCVTIMEO) failed: %d\n",WSAGetLastError());
    return ;
}
/*设置发送的超时值*/
timeout = 1000;
readNum = setsockopt(m_socket, SOL_SOCKET, SO_SNDTIMEO,(char*)&timeout,
          sizeof(timeout));
if (readNum == SOCKET_ERROR)
{
    printf("setsockopt(SO_SNDTIMEO) failed: %d\n",WSAGetLastError());
    return ;
}
/*用 0 初始化目的地地址*/
memset(&DestAddr, 0, sizeof(DestAddr));
/*设置地址族，这里表示使用 IP 地址族*/
DestAddr.sin_family = AF_INET;
if ((DestAddr.sin_addr.s_addr = inet_addr(lpdest)) == INADDR_NONE)
{
    /*名字解析，根据主机名获取 IP 地址*/
    if ((hp = gethostbyname(lpdest)) != NULL)
    {
        /*将获取到的 IP 值赋给目的地地址中的相应字段*/
        memcpy(&(DestAddr.sin_addr), hp->h_addr, hp->h_length);
        /*将获取到的地址族值赋给目的地地址中的相应字段*/
        DestAddr.sin_family = hp->h_addrtype;
        printf("DestAddr.sin_addr = %s\n", inet_ntoa(DestAddr.sin_addr));
    }
    /*获取不成功*/
    else
    {
        printf("gethostbyname() failed: %d\n",WSAGetLastError());
        return ;
    }
}
/*数据报文大小需要包含 ICMP 报头*/
datasize += sizeof(IcmpHeader);
/*根据默认堆句柄，从堆中分配 MAX_PACKET 内存块，新分配内存的内容将被初始化为 0*/
icmp_data =(char*) HeapAlloc(GetProcessHeap(), HEAP_ZERO_MEMORY,MAX_PACKET);
recvbuf =(char*) HeapAlloc(GetProcessHeap(), HEAP_ZERO_MEMORY,MAX_PACKET);
/*如果分配内存不成功*/
if (!icmp_data)
{
    printf("HeapAlloc() failed: %d\n", GetLastError());
    return ;
}
/* 创建 ICMP 报文*/
```

```
memset(icmp_data,0,MAX_PACKET);
FillICMPData(icmp_data,datasize);
while(1)
{
    static int nCount = 0;
    int writeNum;
    /*超过指定的记录条数则退出*/
    if (nCount++ == PacketNum)
        break;
     /*计算校验和前要把校验和字段设置为 0*/
    ((IcmpHeader*)icmp_data)->i_cksum = 0;
    /*获取操作系统启动到现在所经过的毫秒数，设置时间戳*/
    ((IcmpHeader*)icmp_data)->timestamp = GetTickCount();
    /*设置序列号*/
    ((IcmpHeader*)icmp_data)->i_seq = seq_no++;
    /*计算校验和*/
    ((IcmpHeader*)icmp_data)->i_cksum = CheckSum((USHORT*)icmp_data, datasize);
    /*开始发送 ICMP 请求 */
    writeNum = sendto(m_socket, icmp_data, datasize, 0,(struct sockaddr*)&DestAddr,
              sizeof(DestAddr));

    /*如果发送不成功*/
    if (writeNum == SOCKET_ERROR)
    {
        /*如果是由于超时不成功*/
        if (WSAGetLastError() == WSAETIMEDOUT)
        {
            printf("timed out\n");
            continue;
        }
        /*其他发送不成功原因*/
        printf("sendto() failed: %d\n", WSAGetLastError());
        return ;
    }
    /*开始接收 ICMP 应答 */
    fromlen = sizeof(SourceAddr);
    readNum = recvfrom(m_socket, recvbuf, MAX_PACKET, 0,(struct sockaddr*)&SourceAddr,
            &fromlen);
    /*如果接收不成功*/
    if (readNum == SOCKET_ERROR)
    {
        /*如果是由于超时不成功*/
        if (WSAGetLastError() == WSAETIMEDOUT)
        {
            printf("timed out\n");
            continue;
        }
```

```
            /*其他接收不成功原因*/
            printf("recvfrom() failed: %d\n", WSAGetLastError());
            return ;
        }
        /*解读接收到的 ICMP 数据报*/
        DecodeICMPHeader(recvbuf, readNum, &SourceAddr);
    }
}
```

3.4.6 主函数

系统主函数 main()实现了对整个程序的运行控制和对所有相关模块的调用。函数 main()首先初始化系统变量，然后获取参数，并根据参数进行 Ping 操作处理。具体实现代码如下所示：

```
int main(int argc, char* argv[])
{
    InitPing();
    GetArgments(argc, argv);
    PingTest(1000);
    /*延迟 1 秒*/
    Sleep(1000);
    if(SucessFlag)
        printf("\nPing end, you have got %.0f records!\n",PacketNum);
    else
        printf("Ping end, no record!");
    FreeRes();
    getchar();
    return 0;
}
```

3.5 项目测试

将项目命名为“ping”，运行后将首先按照默认样式显示。如图 3-8 所示。

扫码看视频

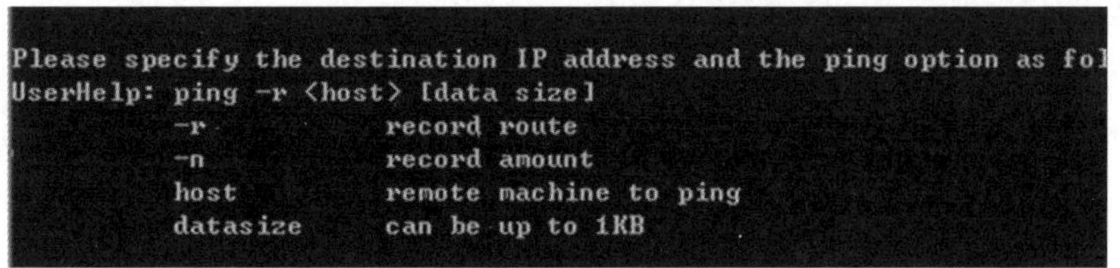

图 3-8 初始效果

如果输入一个合法的目标地址，会显示 Ping 的结果。如图 3-9 所示。

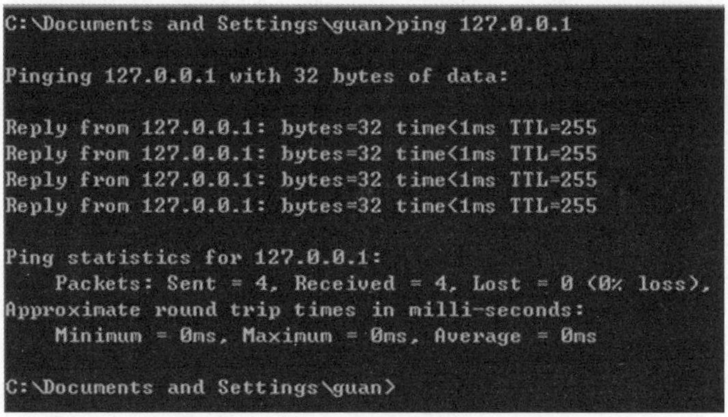

```
C:\Documents and Settings\guan>ping 127.0.0.1

Pinging 127.0.0.1 with 32 bytes of data:

Reply from 127.0.0.1: bytes=32 time<1ms TTL=255
Reply from 127.0.0.1: bytes=32 time<1ms TTL=255
Reply from 127.0.0.1: bytes=32 time<1ms TTL=255
Reply from 127.0.0.1: bytes=32 time<1ms TTL=255

Ping statistics for 127.0.0.1:
    Packets: Sent = 4, Received = 4, Lost = 0 (0% loss),
Approximate round trip times in milli-seconds:
    Minimum = 0ms, Maximum = 0ms, Average = 0ms

C:\Documents and Settings\guan>
```

图 3-9　Ping 结果

如果输入一个非法的目标地址，会显示对应的错误提示。如图 3-10 所示。

```
C:\WINDOWS\system32\cmd.exe
C:\Documents and Settings\guan>ping mmm
Ping request could not find host mmm. Please check the name and try agai
```

图 3-10　Ping 结果

当然也可以 Ping 指定的域名地址，例如 www.good77.cn。如图 3-11 所示。

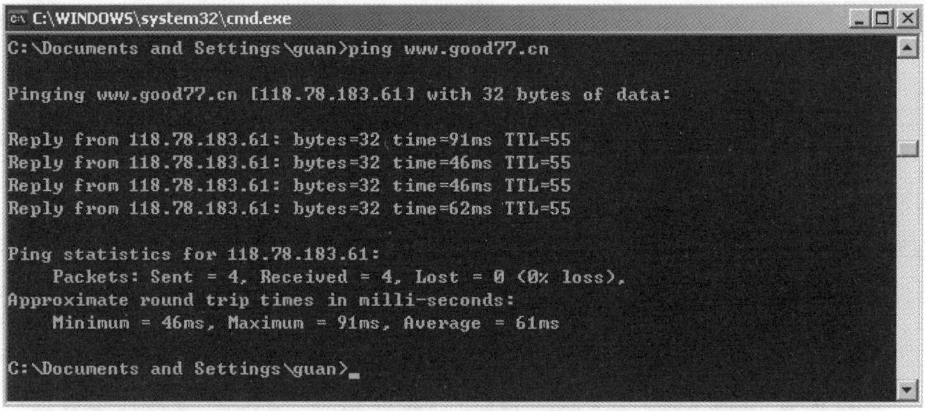

```
C:\WINDOWS\system32\cmd.exe
C:\Documents and Settings\guan>ping www.good77.cn

Pinging www.good77.cn [118.78.183.61] with 32 bytes of data:

Reply from 118.78.183.61: bytes=32 time=91ms TTL=55
Reply from 118.78.183.61: bytes=32 time=46ms TTL=55
Reply from 118.78.183.61: bytes=32 time=46ms TTL=55
Reply from 118.78.183.61: bytes=32 time=62ms TTL=55

Ping statistics for 118.78.183.61:
    Packets: Sent = 4, Received = 4, Lost = 0 (0% loss),
Approximate round trip times in milli-seconds:
    Minimum = 46ms, Maximum = 91ms, Average = 61ms

C:\Documents and Settings\guan>_
```

图 3-11　Ping 结果

3.6 实现 TCP 模块

如果 IP 数据包中有已经封好的 TCP 数据包，那么 IP 将把它们向“上”传送到 TCP 层。TCP 将包排序并进行错误检查，同时实现虚电路间的连接。TCP 数据包中包括序号和确认，所以未按照顺序收到的包可以被排序，而损坏的包可以被重传。

扫码看视频

3.6.1 TCP 模块介绍

TCP 协议的报头结构如图 3-12 所示。

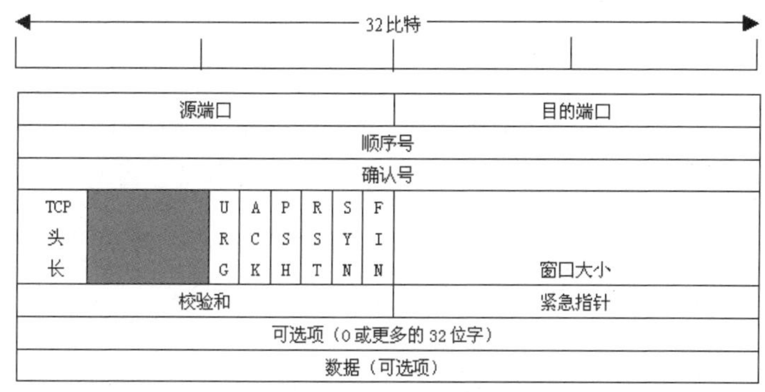

图 3-12 TCP 报头结构

上述结构的具体说明如下所示。

- 源端口、目的端口：16 位长。标识出远端和本地的端口号。
- 顺序号：32 位长。表明了发送的数据报的顺序。
- 确认号：32 位长。希望收到的下一个数据报的序列号。
- TCP 头长：4 位长。表明 TCP 头中包含多少个 32 位字。
- 图中灰色部分：此 6 位未用。
- ACK：ACK 位置 1 表明确认号是合法的。如果 ACK 为 0，那么数据报不包含确认信息，确认字段被省略。
- PSH：表示是带有 PUSH 标志的数据。接收方因此请求数据报一到便可送往应用程序而不必等到缓冲区装满时才传送。
- RST：用于复位由于主机崩溃或其他原因而出现的错误的连接，还可以用于拒绝非法的数据报或拒绝连接请求。

- SYN：用于建立连接。
- FIN：用于释放连接。
- 窗口大小：16 位长。窗口大小字段表示在确认了字节之后还可以发送多少个字节。
- 校验和：16 位长。是为了确保高可靠性而设置的。它校验头部、数据和伪 TCP 头部之和。
- 可选项：0 个或多个 32 位字。包括最大 TCP 载荷，窗口比例、选择重发数据报等选项。
  - 最大 TCP 载荷：允许每台主机设定其能够接受的最大的 TCP 载荷能力。在建立连接期间，双方均声明其最大载荷能力，并选取其中较小的作为标准。如果一台主机未使用该选项，那么其载荷能力缺省设置为 536 字节。
  - 窗口比例：允许发送方和接收方商定一个合适的窗口比例因子。这一因子使滑动窗口最大能够达到 232 字节。
  - 选择重发数据报：这个选项允许接收方请求发送指定的一个或多个数据报。

TCP 将它的信息送到更高层的应用程序，例如 Telnet 的服务程序和客户程序。应用程序轮流将信息送回 TCP 层，TCP 层便将它们向下传送到 IP 层，设备驱动程序和物理介质，最后到接收方。

面向连接的服务(例如 Telnet、FTP、rlogin、X Windows 和 SMTP)需要高度的可靠性，所以它们使用了 TCP。DNS 在某些情况下使用 TCP(发送和接收域名数据库)，但使用 UDP 传送有关单个主机的信息。

因为 TCP 的功能是实现客户端和服务器端的通信处理，所以需要两个 C 语言文件分别实现，一个 C 语言文件用于实现服务器端的功能；另一个 C 语言文件用于实现客户端的功能。

3.6.2 功能分析

在 C 语言项目中，功能分析是指对项目要实现的功能进行详细梳理和描述的过程。在本项目的 TCP 模块中，需要实现如下所示的功能：

(1) 服务器端能够以默认选项启动提供服务功能，默认选项包括服务器端的 IP 或主机名和端口号。

(2) 服务器端能够根据用户指定的选项，提供服务功能，这些选项包括服务器端的 IP 或主机名和端口号。

(3) 如果服务器端以错误选项启动，则提示错误信息，并终止程序。

(4) 客户端连接到服务器端后，可以发送信息到服务器端，也能接收来自服务器端的响应。

(5) 如果客户端不能连接到服务器端，则输出错误信息。

(6) 当客户端以错误选项启动时，会提示错误信息，并终止程序。

3.6.3　模块分析

因为整个项目分为客户端和服务器端，所以具体实现模块也分为这两部分。

1. 服务器端

(1) 初始化模块：用于初始化全局变量，并为全局变量赋值，初始化 Winsock，并加载 Winsock 库。

(2) 功能控制模块：是其他模块的调用函数，实现参数获取、用户帮助和错误处理等。

(3) 循环控制模块：用于控制服务器端的服务次数，如果超过指定次数则停止服务。

(4) 服务模块：为客户提供服务，接收客户端的数据，并发送数据到客户端。

2. 客户端

(1) 初始化模块：用于初始化客户端的 Winsock，并加载 Winsock 库。

(2) 功能控制模块：是其他模块的调用函数，实现参数获取、用户帮助和错误处理等。

(3) 传输控制模块：用于控制整个客户端的数据传输，包括发送和接收。

3.6.4　系统函数

在本项目内部网络系统中，整个项目内的功能函数如下所示。

1. 服务器端

(1) 函数 intial()，用于初始化服务器端的全局变量。

(2) 函数 InitSockets()，用于初始化 Winsock。

(3) 函数 GetArgments()，用于获取用户提供的选项值。

(4) 函数 ErrorPrint()，用于输出错误信息。

(5) 函数 userHelp()：显示用户帮助信息。

(6) 函数 LoopControl()：实现循环控制，当服务器次数在指定范围内时，将接收客户端请求，并创建一个线程为客户端服务。

(7) 函数 Service()：用于服务客户端。

2. 客户端

(1) 函数 InitSockets()：用于初始化 Winsock。

(2) 函数 GetArgment()：用于获取用户提供的选项值。

(3) 函数 ErrorPrint()：用于输出错误信息。

(4) 函数 userHelp()：显示用户帮助信息。

3.6.5 实现服务器端功能

本小节详细讲解 TCP 模块源代码的具体实现过程。

1. 预处理

预处理包括文件导入、头文件加载、定义常量、定义变量等操作。具体代码如下所示：

```
/*导入库文件*/
#pragma comment(lib,"wsock32.lib")
/*加载头文件*/
#include <stdio.h>
#include <winsock2.h>
/*自定义函数原型*/
void initial();
int InitSockets(void);

void GetArgments(int argc, char **argv);
void ErrorPrint(x);
void userHelp();

int LoopControl(SOCKET listenfd, int isMultiTasking);

void Service(LPVOID lpv);

/*定义常量*/
#define MAX_SER 10
/*定义全局变量*/
char *hostName;
unsigned short maxService;
unsigned short  port;
```

2. 初始化模块

初始化模块分为全局变量初始化和 Winsock 初始化两部分，分别通过两个函数来实现：

(1) 函数 initial()，用于初始化全局变量，通过设置 hostName = "127.0.0.1"，说明程序运行时仅限定客户端和服务器在同一台机器上。

(2) 函数 InitSockets(void)，用于初始化 Winsock。

对应的代码如下所示：

```
/*初始化全局变量函数*/
void initial()
{
   hostName = "127.0.0.1";
   maxService = 3;
   port = 9999;
}

/*初始化 Winsocket 函数*/
int InitSockets(void)
{
   WSADATA wsaData;
   WORD sockVersion;
   int err;

   /*设置 Winsock 版本号*/
   sockVersion = MAKEWORD( 2, 2 );
   /*初始化 Winsock*/
   err = WSAStartup( sockVersion, &wsaData );
   /*如果初始化失败*/
   if ( err != 0 )
   {
    printf("Error %d: Winsock not available\n", err);
    return 1;
   }
   return 0;
}
```

3. 功能控制模块

功能控制模块提供了参数获取、错误输出和用户帮助等功能，这些功能分别通过如下函数实现：

(1) 函数 GetArgments()，用于获取用户提供的选项值；

(2) 函数 ErrorPrint()，用于输出错误信息；

(3) 函数 userHelp()，用于输出帮助信息。

对应的实现代码如下所示：

```
/*获取选项函数*/
void GetArgments(int argc, char **argv)
{
   int i;
   for(i=1; i < argc ;i++)
   {
      /*参数的第一个字符若是"-" */
      if (argv[i][0] == '-')
```

```
        {
            /*转换成小写*/
            switch (tolower(argv[i][1]))
            {
                /*若是端口号*/
                case 'p':
                    if (strlen(argv[i]) > 3)
                        port = atoi(&argv[i][3]);
                    break;
                /*若是主机名*/
                case 'h':
                    hostName = &argv[i][3];
                    break;
                /*最多服务次数*/
                case 'n':
                    maxService = atoi(&argv[i][3]);
                    break;
                /*其他情况*/
                default:
                    userHelp();
                    break;
            }
        }
    }
    return;
}

/*错误输出函数*/
void ErrorPrint(x)
{
    printf("Error %d: %s\n", WSAGetLastError(), x);
}

/*用户帮助函数*/
void userHelp()
{
    printf("userHelp:  -h:str -p:int -n:int\n");
    printf("           -h:str  The host name \n");
    printf("                   The default host is 127.0.0.1\n");
    printf("           -p:int  The Port number to use\n");
    printf("                   The default port is 9999\n");
    printf("           -n:int  The number of service,below MAX_SER \n");
    printf("                   The default number is 3\n");
    ExitProcess(-1);
}
```

4. 循环控制模块

循环控制模块的功能是通过函数 LoopControl()来实现的，具体代码如下所示：

```
/*循环控制函数*/
int LoopControl(SOCKET listenfd, int isMultiTasking)
{
   SOCKET acceptfd;
   struct sockaddr_in clientAddr;
   int err;
   int nSize;
   int serverNum = 0;
   HANDLE handles[MAX_SER];
   int myID;

   /*服务次数小于最大服务次数*/
   while (serverNum < maxService)
   {
    nSize = sizeof(clientAddr);
    /*接收客户端请求*/
    acceptfd = accept(listenfd, (struct sockaddr *)
                  &clientAddr, &nSize);
    /*如果接收失败*/
    if (acceptfd == INVALID_SOCKET)
    {
       ErrorPrint("Error: accept failed\n");
       return 1;
    }
    /*接收成功*/
    printf("Accepted connection from client at %s\n",
         inet_ntoa(clientAddr.sin_addr));
    /*如果允许多任务执行*/
    if (isMultiTasking)
    {
       /*创建一个新线程来执行任务，新线程的初始堆栈大小为1000，线程执行函数
       是Service()，传递给Service()的参数为acceptfd*/
       handles[serverNum] = CreateThread(NULL, 1000,
               (LPTHREAD_START_ROUTINE)Service,
               (LPVOID) acceptfd, 0, &myID);

     }
    else
       /*直接调用服务客户端的函数*/
       Service((LPVOID) acceptfd);
    serverNum++;
   }
```

```
    if (isMultiTasking)
    {
        /*在一个线程中等待多个事件，当所有对象都被通知时函数才会返回，并且等待没有时间限制*/
        err = WaitForMultipleObjects(maxService, handles, TRUE, INFINITE);
        printf("Last thread to finish was thread #%d\n", err);

    }
    return 0;
}
```

5. 服务模块

服务模块可以通过函数 Service()实现接收、判断来自客户端的数据，并发送数据到客户端。具体代码如下所示：

```
/*服务函数*/
void Service(LPVOID lpv)
{
    SOCKET acceptfd = (SOCKET) lpv;
    const char *msg = "HELLO CLIENT";
    char response[4096];

    /*用 0 初始化 response[4096]数组*/
    memset(response, 0, sizeof(response));
    /*接收数据，存入 response 中*/
    recv(acceptfd, response, sizeof(response), 0);

    /*如果接收到的数据和预定义的数据不同*/
    if (strcmp(response, "HELLO SERVER"))
    {
        printf("Application:  client not using expected "
            "protocol %s\n", response);
    }
    else
        /*发送服务器端信息到客户端*/
        send (acceptfd, msg, strlen(msg)+1, 0);
    /*关闭套接字*/
    closesocket(acceptfd);
}
```

6. 主函数模块

主函数是整个程序的入口，实现了套接字的创建、绑定、侦听和释放等操作，并且实现了对各个功能函数的调用。具体代码如下所示：

```
/*主函数*/
int main(int argc, char **argv)
```

```
{
    SOCKET listenfd;
    int err;
    struct sockaddr_in serverAddr;
    struct hostent *ptrHost;
    initial();
    GetArgments(argc,argv);
    InitSockets();
    /*创建 TCP 流套接字，在 domain 参数为 PF_INET 的 SOCK_STREAM 套接口中，protocol 参数为 0
    意味着告诉内核选择 IPPRPTP_TCP，这也意味着套接口将使用 TCP/IP 协议*/
    listenfd = socket(PF_INET, SOCK_STREAM, 0);
    /*如果创建套接字失败*/
    if (listenfd == INVALID_SOCKET)
    {
        printf("Error: out of socket resources\n");
        return 1;
    }

    /*如果是 IP 地址*/
    if (atoi(hostName))
    {
        /*将 IP 地址转换成 32 位二进制表示法，返回 32 位二进制的网络字节序*/
        u_long ip_addr = inet_addr(hostName);
        /*根据 IP 地址找到与之匹配的主机名*/
        ptrHost = gethostbyaddr((char *)&ip_addr,
                    sizeof(u_long), AF_INET);
     }
    /*如果是主机名*/
    else
        /*根据主机名获取一个指向 hosten 的指针，该结构中包含了该主机所有的 IP 地址*/
        ptrHost = gethostbyname(hostName);

    /*如果解析失败*/
    if (!ptrHost)
    {
        ErrorPrint("cannot resolve hostname");
        return 1;
    }

    /*设置服务器地址*/
    /*设置地址族为 PF_INET*/
    serverAddr.sin_family = PF_INET;
    /*将一个通配的 Internet 地址转换成无符号长整型的网络字节序数*/
    serverAddr.sin_addr.s_addr = htonl(INADDR_ANY);
    /*将端口号转换成无符号短整型的网络字节序数*/
    serverAddr.sin_port = htons(port);
```

```
    /*将套接字与服务器地址绑定*/
    err = bind(listenfd, (const struct sockaddr *) &serverAddr,
            sizeof(serverAddr));
    /*如果绑定失败*/
    if (err == INVALID_SOCKET)
    {
        ErrorPrint("Error: unable to bind socket\n");
        return 1;
    }

    /*开始侦听,设置等待连接的最大队列长度为 SOMAXCONN，默认值为 5 个*/
    err = listen(listenfd, SOMAXCONN);
    /*如果侦听失败*/
    if (err == INVALID_SOCKET)
    {
        ErrorPrint("Error: listen failed\n");
        return 1;
    }

    LoopControl(listenfd, 1);
    printf("Server is down\n");
    /*释放 Winscoket 初始化时占用的资源*/
    WSACleanup();
    return 0;
}
```

3.6.6 实现客户端功能

1. 预处理

预处理包括文件导入、头文件加载、定义常量、定义变量等操作。具体代码如下所示：

```
/*导入库文件*/
#pragma comment(lib,"wsock32.lib")
/*加载头文件*/
#include <stdio.h>
#include <winsock2.h>

/*自定义函数*/
int InitSockets(void);

void GetArgument(int argc, char **argv);
void ErrorPrint(x);
void userHelp();
```

```
/*定义全局变量*/
unsigned short port;
char *hostName;
```

2. 初始化模块

此处无须对全局变量赋值，只需实现对 Winsock 的初始化，包括初始化套接字版本号和加载 Winsock 库。具体代码如下所示：

```
/*初始化 Winsock 函数*/
int InitSockets(void)
{
   WSADATA wsaData;
   WORD sockVersion;
   int err;

    /*设置 Winsock 版本号*/
   sockVersion = MAKEWORD( 2, 2 );
   /*初始化 Winsock*/
   err = WSAStartup( sockVersion, &wsaData );
   /*如果初始化失败*/
   if ( err != 0 )
    {
    printf("Error %d: Winsock not available\n", err);
    return 1;
   }
   return 0;
}
```

3. 功能控制模块

此模块提供了参数获取、错误输出和用户帮助等功能，这些功能分别通过如下函数实现：

(1) 函数 GetArgments()，用于获取用户提供的选项值；

(2) 函数 ErrorPrint()，用于输出错误信息；

(3) 函数 userHelp()，用于输出帮助信息。

对应的实现代码如下所示：

```
/*获取选项函数*/
void GetArgments(int argc, char **argv)
{
   int i;
   for(i=1; i < argc ;i++)
   {
      /*参数的第一个字符若是“-”*/
      if (argv[i][0] == '-')
```

```
        {
            /*转换成小写*/
            switch (tolower(argv[i][1]))
            {
                /*若是端口号*/
                case 'p':
                    if (strlen(argv[i]) > 3)
                        port = atoi(&argv[i][3]);
                    break;
                /*若是主机名*/
                case 'h':
                    hostName = &argv[i][3];
                    break;
                /*其他情况*/
                default:
                    userHelp();
                    break;
            }
        }
    }
    return;
}

/*错误输出函数*/
void ErrorPrint(x)
{
    printf("Error %d: %s\n", WSAGetLastError(), x);
}

/*用户帮助函数*/
void userHelp()
{
    printf("userHelp:  -h:str -p:int\n");
    printf("           -h:str  The host name \n");
    printf("           -p:int  The Port number to use\n");
    ExitProcess(-1);
}
```

4. 数据传输控制模块

客户端程序会把数据的传入传出部分放在主函数中执行，也就是说此处的数据传输功能是通过主函数实现的。主函数中包括套接字创建、绑定和释放，并实现对服务器连接、数据发送、数据接收等各个模块的调用。具体实现代码如下所示：

```
/*主函数*/
int main(int argc, char **argv)
{
    SOCKET clientfd;
```

```
int err;
struct sockaddr_in serverAddr;
struct hostent *ptrHost;
char response[4096];
char *msg = "HELLO SERVER";
 GetArgments(argc, argv);
if (argc != 3)
 {
  userHelp();
  return 1;
}
 GetArgments(argc,argv);
InitSockets();
 /*创建套接字*/
clientfd = socket(PF_INET, SOCK_STREAM, 0);
 /*如果创建失败*/
if (clientfd == INVALID_SOCKET)
 {
   ErrorPrint("no more socket resources");
     return 1;
 }
 /*根据 IP 地址解析主机名*/
if (atoi(hostName))
 {
   u_long ip_addr = inet_addr(hostName);
   ptrHost = gethostbyaddr((char *)&ip_addr,
      sizeof(u_long), AF_INET);
}
 /*根据主机名解析 IP 地址*/
else
   ptrHost = gethostbyname(hostName);

 /*如果解析失败*/
if (!ptrHost)
 {
   ErrorPrint("cannot resolve hostname");
     return 1;
 }

/*设置服务器端地址选项*/
 serverAddr.sin_family = PF_INET;
memcpy((char *) &(serverAddr.sin_addr),
   ptrHost->h_addr,ptrHost->h_length);
serverAddr.sin_port = htons(port);

 /*连接服务器*/
err = connect(clientfd, (struct sockaddr *) &serverAddr,
```

```
        sizeof(serverAddr));
    /*连接失败*/
    if (err == INVALID_SOCKET)
    {
        ErrorPrint("cannot connect to server");
        return 1;
    }

    /*连接成功后，输出信息*/
    printf("You are connected to the server\n");
    /*发送消息到服务器端*/
    send (clientfd, msg, strlen(msg)+1, 0);
    memset(response, 0, sizeof(response));
    /*接收来自服务器端的消息*/
    recv(clientfd, response, sizeof(response), 0);
    printf("server says %s\n", response);
    /*关闭套接字*/
    closesocket(clientfd);
    /*释放 Winscoket 初始化时占用的资源*/
    WSACleanup();
    return 0;
}
```

至此，客户端和服务器端的代码实现完毕。TCP 系统编译执行后的效果如图 3-13 所示。

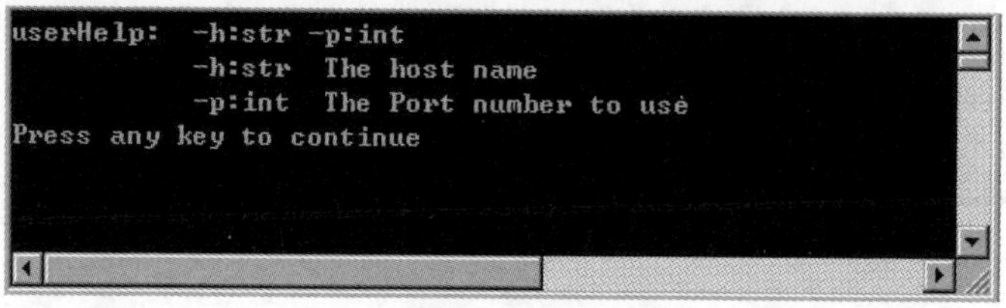

```
userHelp:  -h:str -p:int
           -h:str  The host name
           -p:int  The Port number to use
Press any key to continue
```

图 3-13　执行效果

第 4 章 三江化工薪资管理系统

随着计算机应用的普及，在企事业办公领域，逐步实现了办公自动化。作为企业的“工资发放工作”来说，实现自动化处理是一个必然趋势。本章将通过一个具体实例，来讲解实现一个典型工资管理系统的具体流程。

4.1 背景介绍

扫码看视频

随着我国国民经济建设的蓬勃发展和具有中国特色的社会主义市场经济体制的迅速完善，各个行业都在积极使用现代化的手段，不断改善服务质量，提高工作效率，这些都在很大程度上给企业提出越来越严峻的挑战，对企业体系无论是在行政职能、企业管理水平以及优质服务上都提出更高的要求。建设一个科学高效的信息管理系统是解决这一问题的必由之路。企业内部财务管理是该企业运用现代化技术创造更多更高的经济效益的主要因素之一。工资管理作为企业内部的一种财务管理也是如此，由于企业职工人数较多，每一位职工的实际情况也不尽相同，各项工资条款的发放，如果没有一个完整的管理系统对企业和员工的工作都带来许多的不便。基于以上原因，企业工资管理系统使用电脑安全保存、快速计算、全面统计，实现工资管理的系统化、规范化、自动化。

4.2 项目规划分析

扫码看视频

项目规划亦称“项目设计”，由专业人员对项目发起人拟建项目的全面、详细的规划。系统的需求规划分析是软件开发的第一步。本节将详细讲解实现本章项目规划分析的具体过程。

4.2.1 项目介绍

本章介绍的项目是为“三江化工集团”开发一个薪资管理系统。“三江化工集团”派出的客户代表是 Customer，提出在项目中必须实现如下三个功能：

(1) 信息添加：可以方便添加薪资信息。

(2) 删除信息：可以方便删除薪资信息。

(3) 信息排序：可以对薪资信息进行排序。

项目经理同时宣布他亲自负责这个项目，团队成员有 PrA、PrB 和我。同时产品部派来了 CH 负责和客户代表 Customer 沟通，并将客户需求传递给我们。整个项目团队的具体架构如下所示。

- 项目经理：负责前期功能分析，策划构建系统模块，检查项目进度，质量检查。
- PrA：设计数据结构和规划系统函数。
- PrB：实现输入记录模块、查询记录模块及更新记录模块的编码工作。

- 我：实现主函数模块、统计记录模块、输出记录模块，以及系统调试等工作。
- CH：产品部代表，负责和客户沟通，作为开发部和客户之间的桥梁。

整个团队的职责流程如图 4-1 所示。

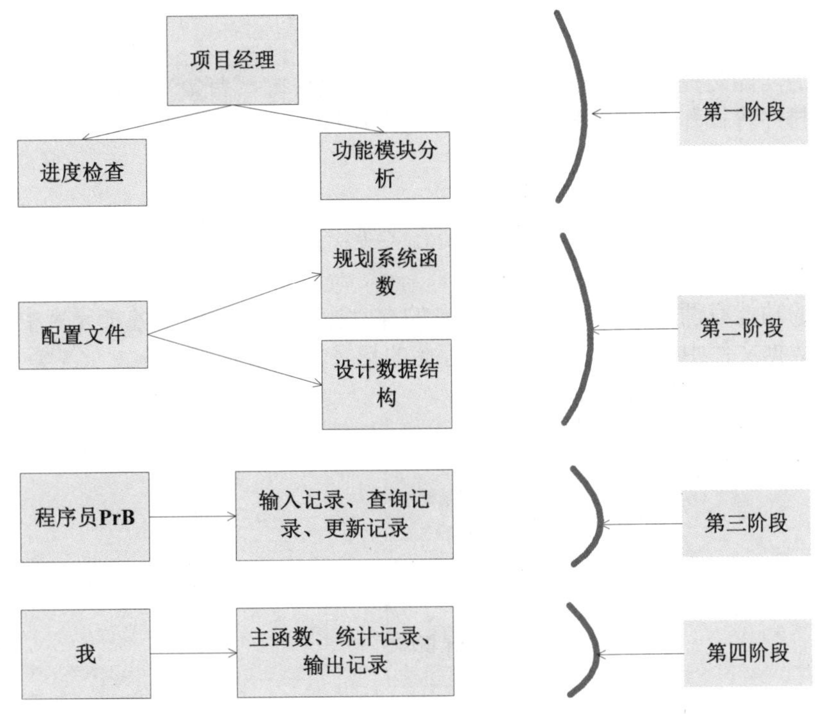

图 4-1　职责流程图

4.2.2　项目目的

本项目的目的是实现薪资系统的办公自动化操作，实现办公无纸化处理；并且通过查询、添加、修改和删除等操作提高工作效率。实现企业的办公自动化管理。

4.2.3　功能模块分析

(1) 输入记录模块

此模块的功能是将数据保存到存储数组中。在本项目中，记录信息可以在以二进制形式存储的数据文件中读入，也可以从键盘中逐个输入记录。记录是由职工的基本信息和工资信息构成的。当从数据文件中读入记录时，是在以记录为单位存储的数据文件中，将记录逐条复制到数组元素中。

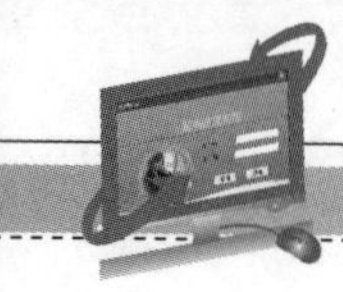

(2) 查询记录模块

此模块的功能是实现在数组中查找满足指定条件的记录信息。在本项目中，我们可以按照员工的编号、姓名在系统中快速查找指定的信息。如果找到相关记录，则以表格的形式打印输出此记录的信息；反之，则返回一个-1 的值，并打印输出“未找到记录”的提示。

(3) 更新记录模块

此模块的功能是完成对记录的维护工作，在本项目中，要分别实现对记录的插入、修改、删除和排序等操作。通常来说，系统完成上述操作之后，需要将修改的数据存入到数据源文件中。

(4) 统计记录模块

此模块的功能是实现对企业员工的工资在各等级人数的统计。

(5) 输出记录模块

此模块的功能有两个：第一，实现记录的存盘操作，将数组中各个元素中存储的记录信息写入到数据文件中；第二，将数组中存储的记录信息以表格的形式在屏幕中打印输出。

上述各个模块的具体结构如图 4-2 所示。

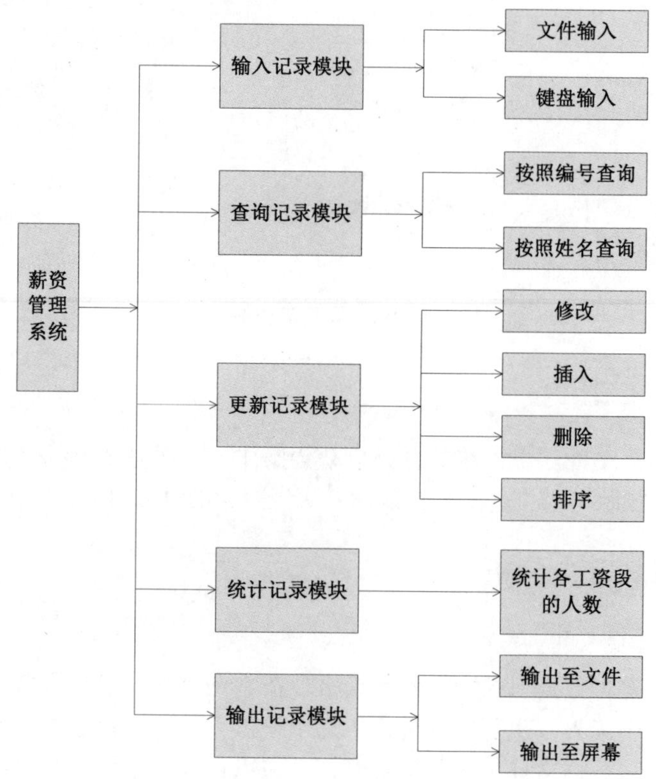

图 4-2　模块结构图

至此，整个项目的第一阶段工作全部完成。项目经理再三提醒要抓紧做好第一阶段和第二阶段的衔接过程，并让 CH 抓紧将我们的规划资料交给 Customer，让他尽快做出答复。同时为了节约时间，让 PrA 开始进行第二阶段，实现数据结构设计和系统函数规划的操作。

4.3 系统设计

系统设计是根据系统分析的结果，运用系统科学的思想和方法，设计出能最大限度满足目标要求的新系统的过程。

扫码看视频

4.3.1 使用数组存储数据

在项目正式编码之前，CH 传递过来客户提出的一个要求：要用尽量简单的代码实现整个项目，这样便于后期维护。原计划用链表来存储数据，但是考虑到代码简单和易于维护的要求，项目经理提出使用数组实现数据存储，将结构体类型作为数组的元素，并用一个文件来存储系统的数据。并设定将文件命名为 charge，保存在 C 盘中，可以使用可读写的方式打开这个文件，如果此文件不存在，则新创建这个文件；当打开此文件成功之后，则从文件中一次读取一条记录，并将读取的记录添加到新建的数组中，然后显示主菜单并进入主循环操作，从而进行按键判断。

4.3.2 设计数据结构

定义结构体 employee，用于保存员工的基本信息和工资信息，具体代码如下所示：

```
/*定义与职工有关的数据结构*/
typedef struct employee      /*标记为 employee*/
{
char num[10];   /*职工编号*/
char name[15];  /*职工姓名*/
float jbgz;     /*基本工资*/
float jj;       /*奖金*/
float kk;       /*扣款*/
float yfgz;     /*应发工资*/
float sk;       /*税款*/
float sfgz;     /*实发工资*/
}ZGGZ;
```

4.3.3 规划项目函数

(1) 函数 printheader()

该函数的功能是，当以表格的形式显示记录时，打印输出表头的信息。

(2) 函数 printdata(ZGGZ pp)

该函数的功能是，以表格的形式打印输出单个元素中记录的信息。

(3) 函数 Disp(ZGGZ tp[],int n)

该函数的功能是，显示 tp 数组中存储的 n 个记录信息。

(4) 函数 stringinput(char *t,int lens,char *notice)

该函数的功能是，实现字符串输入，并进行字符串长度检查，其中参数 t 是用于保存输入的字符串，相当于函数的返回值；参数 notice 用于保存 printf()中输出的提示信息。

(5) 函数 numberinput(char *notice)

该函数的功能是，输入数值型数据，其中参数用于保存 printf()中输出的提示信息，此函数返回用户输入的浮点类型数据值。

(6) 函数 Locate(ZGGZ tp[],int n,char findmess[],char nameornum[])

该函数的功能是，用于定位数组中复合要求的元素，并返回该数组元素的下标值，其中参数 findmess[]用于保存要查找的具体内容，参数 nameornum[]用于保存按照什么字段在数组 tp 中查找。

(7) 函数 Add(ZGGZ tp[],int n)

该函数的功能是，在数组中增加工资记录，并返回数组中的当前记录数。

(8) 函数 Qur(ZGGZ tp[],int n)

该函数的功能是，按照员工的编号或姓名来查询满足条件的记录，并将查询结果显示出来。

(9) 函数 Del(ZGGZ tp[],int n)

该函数的功能是，删除数组中的记录，先找到保存该记录的数组元素的下标值，然后在数组中删除该数组元素。

(10) 函数 Modify(ZGGZ tp[],int n)

该函数的功能是，在数组中修改某条记录。

(11) 函数 Insert(ZGGZ tp[],int n)

该函数的功能是，向数组中插入记录信息，职工编号查询到要插入的数组元素的位置，然后在该编号之后插入一个新数组元素。

(12) 函数 Tongji(ZGGZ tp[],int n)

该函数的功能是，实现统计工作，即统计公司员工的工资在各等级的人数。

(13) 函数 Sort(ZGGZ tp[],int n)

该函数的功能是，在数组中通过冒泡排序法，实现数组按实发工资字段的降序排序(从高到低)。

(14) 函数 Save(ZGGZ tp[],int n)

该函数的功能是，实现数据存盘，如果用户没有专门进行此操作且对数据有修改，则在退出系统时会提示用户存盘。

(15) 主函数 main()

该函数是整个项目的控制部分。

4.4 具体编码

完成了第二阶段的规划工作后，接下来将开始步入本项目的第三阶段工作——具体编码。PrB 根据模块分析和规划好的函数，开始了重要的编码之路。

扫码看视频

4.4.1 预处理

本系统的预处理包括加载头文件，定义结构体、定义常量、定义变量，并分别实现初始化处理。具体代码如下所示：

```
#include "stdio.h"              /*标准输入输出函数库*/
#include "stdlib.h"             /*标准函数库*/
#include "string.h"             /*字符串函数库*/
#include "conio.h"              /*屏幕操作函数库*/
#define HEADER1 "
-------------------------------ZGGZ---------------------------------------- \n"
#define HEADER2 "|  number|  name  |  jbgz  |  jj  |  kk  |  yfgz |  sk  |  sfgz  | \n"
#define HEADER3
"|-------------|--------|--------|------|--------|--------|-------|--------|\n"
#define FORMAT  "|%-8s|%-10s |%8.2f|%8.2f|%8.2f|%8.2f|%8.2f|%8.2f| \n"
#define DATA    p->num,p->name,p->jbgz,p->jj,p->kk,p->yfgz,p->sk,p->sfgz
#define END
"-----------------------------------------------------------------------------\n"
#define N 60
int saveflag=0;                 /*是否需要存盘的标志变量*/
/*定义与职工有关的数据结构*/
typedef struct employee         /*标记为employee*/
{
char num[10];                   /*职工编号*/
char name[15];                  /*职工姓名*/
float jbgz;                     /*基本工资*/
```

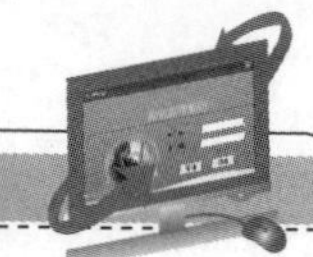


```
float jj;                         /*奖金*/
float kk;                         /*扣款*/
float yfgz;                       /*应发工资*/
float sk;                         /*税款*/
float sfgz;                       /*实发工资*/
}ZGGZ;
```

4.4.2　查找定位模块

当用户进入薪资管理系统后，在对每个记录进行处理之前，需要按照指定的条件找到这条记录，通过函数 Locate(ZGGZ tp[],int n,char findmess[],char nameornum[])实现对记录的定位处理，在项目中可以按照职工编号或职工姓名进行检索。

```
/***************************************************************
作用：用于定位数组中符合要求的记录，并返回保存该记录的数组元素下标值
参数：findmess[]保存要查找的具体内容；nameornum[]保存按什么在数组中查找;
****************************************************************/
int Locate(ZGGZ tp[],int n,char findmess[],char nameornum[])
{
int i=0;
if(strcmp(nameornum,"num")==0) /*按职工编号查询*/
{
  while(i<n)
   {
   if(strcmp(tp[i].num,findmess)==0) /*若找到 findmess 值的职工编号*/
    return i;
    i++;
    }
}
else if(strcmp(nameornum,"name")==0)  /*按职工姓名查询*/
{
  while(i<n)
   {
   if(strcmp(tp[i].name,findmess)==0) /*若找到 findmess 值的姓名*/
    return i;
    i++;
    }
}
return -1; /*若未找到，返回一个整数-1*/
}
```

4.4.3　格式化输入模块

在本书前面的内容中，已经多次使用了 printf 函数和 scanf 函数，这两个函数是最为常用

的输入和输出函数。C 语言程序的目的是实现数据的输入和输出，从而最终实现某个软件的具体功能。例如用户输入某个数据，软件分析后即可输出分析后的结果。在 C 语言程序中，函数 printf 又被称为格式输出函数，其中关键字中的最后一个字母“f”有“格式”(format)之意。printf 函数的功能是按用户指定的格式，把指定的数据显示到显示器屏幕上。函数 printf 是一个标准库函数，它的函数原型在头文件“stdio.h”中。但作为一个特例，不要求在使用 printf 函数之前必须包含 stdio.h 文件。调用函数 printf 的一般格式如下所示。

```
printf("格式控制字符串", 输出表列)
```

(1) “格式控制字符串”用于指定输出格式。格式控制字符串可以由格式字符串和非格式字符串两种字符串组成。

格式字符串是以%开头的字符串，在%后面跟有各种格式字符，目的是说明输出数据的类型、形式、长度、小数位数等。例如：

- “%d”表示按十进制整型输出；
- “%ld”表示按十进制长整型输出；
- “%c”表示按字符型输出等。

非格式字符串在输出时原样输出，在显示中起到提示作用。

(2) “输出表列”给出了各个输出项，要求格式字符串和各输出项在数量和类型上应该一一对应。

在本章的薪资管理系统中，需要设置用户输入的只能是字符型数据或数字型数据，所以分别设置了两个函数来实现上述功能：

(1) 函数 stringinput(char *t,int lens,char *notice)：提示用户输入字符串，并对用户输入的字符串进行长度检查，设置长度小于 lens。

(2) 函数 numberinput(char *notice)：提示用户输入一个浮点型数据，完成对数值的检验后返回该值。

具体实现代码如下所示：

```
/*输入字符串，并进行长度验证(长度<lens)*/
void stringinput(char *t,int lens,char *notice)
{
  char n[255];
  do{
     printf(notice);  /*显示提示信息*/
     scanf("%s",n);  /*输入字符串*/
     if(strlen(n)>lens)
     printf("\n exceed the required length! \n"); /*进行长度校验，超过 lens 值重新输入*/
    }while(strlen(n)>lens);
    strcpy(t,n); /*将输入的字符串拷贝到字符串 t 中*/
```

```
}

/*输入数值，0<=数值)*/
float numberinput(char *notice)
{
  float t=0.00;
   do{
      printf(notice);    /*显示提示信息*/
      scanf("%f",&t);    /*输入如工资等数值型的值*/
      if(t<0) printf("\n score must >=0! \n"); /*进行数值校验*/
   }while(t<0);
   return t;
}
```

4.4.4 增加记录模块

在此模块中会调用函数 Add(ZGGZ tp[],int n)，在数组 tp 中添加员工的记录。如果在刚进入薪资管理系统时数据文件为空，则将从数组的头部开始增加记录；否则会将此记录添加在数组的尾部。具体实现代码如下所示：

```
/*增加职工工资记录*/
int Add(ZGGZ tp[],int n)
{
 char ch,num[10];
 int i,flag=0;
 system("cls");
 Disp(tp,n);   /*先打印出已有的职工工资信息*/

 while(1)      /*一次可输入多条记录，直至输入职工编号为 0 的记录才结束添加操作*/
 {
  while(1)     /*输入职工编号，保证该编号没有被使用，若输入编号为 0，则退出添加记录操作*/
  {
    stringinput(num,10,"input number(press '0'return menu):"); /*格式化输入编号并检验*/
    flag=0;
    if(strcmp(num,"0")==0)  /*输入为 0，则退出添加操作，返回主界面*/
     {return n;}
     i=0;
    while(i<n)  /*查询该编号是否已经存在，若存在则要求重新输入一个未被占用的编号*/
    {
      if(strcmp(tp[i].num,num)==0)
      {
       flag=1;
       break;
       }
      i++;
```

```
  }

 if(flag==1)  /*提示用户是否重新输入*/
    {  getchar();
      printf("==>The number %s is existing,try again?(y/n):",num);
      scanf("%c",&ch);
      if(ch=='y'||ch=='Y')
       continue;
      else
        return n;
    }
 else
    {break;}
 }
 strcpy(tp[n].num,num);  /*将字符串 num 拷贝到 tp[n].num 中*/
 stringinput(tp[n].name,15,"Name:");
 tp[n].jbgz=numberinput("jbgz:");                    /*输入并检验基本工资*/
 tp[n].jj=numberinput("jiangjin:");                  /*输入并检验奖金*/
 tp[n].kk=numberinput("koukuan:");                   /*输入并检验扣款*/
 tp[n].yfgz=tp[n].jbgz+tp[n].jj-tp[n].kk;            /*计算应发工资*/
 tp[n].sk=tp[n].yfgz*0.12;                           /*计算税金，这里取应发工资的 12%*/
 tp[n].sfgz=tp[n].yfgz-tp[n].sk;                     /*计算实发工资*/
 saveflag=1;
 n++;
 }
   return n;
}
```

4.4.5　修改记录模块

实现修改记录操作，需要对数组中目标元素数据域中的值进行修改，具体过程分为如下两个步骤：

(1) 输入要修改职工的编号，然后调用定位函数 Locate(ZGGZ tp[],int n,char findmess[],char nameornum[])在数组中逐一对职工编号字段的值进行比较，直到找到该编号的职工记录为止。

(2) 如果找到该记录，则修改除职工编号之外的字段值，并将修改存盘值标记改为 saveflag 设置为 1，表示已经对记录进行了修改，只是还未保存。

上述功能是通过函数 Modify(ZGGZ tp[],int n)实现的，先按输入的职工编号查询到该记录，然后提示用户修改编号之外的值，并且设置编号不能修改。具体实现代码如下所示：

```
/*修改记录。先按输入的职工编号查询到该记录，然后提示用户修改编号之外的值，编号不能修改*/
void Modify(ZGGZ tp[],int n)
{
```

```
char findmess[20];
int p=0;
if(n<=0)
{ system("cls");
  printf("\n=====>No employee record!\n");
  getchar();
  return ;
}
system("cls");
printf("modify employee recorder");
Disp(tp,n);
stringinput(findmess,10,"input the existing employee number:"); /*输入并检验该编号*/
p=Locate(tp,n,findmess,"num"); /*查询到该数组元素,并返回下标值*/
if(p!=-1) /*若p!=-1,表明已经找到该数组元素*/
{
   printf("Number:%s,\n",tp[p].num);
   printf("Name:%s,",tp[p].name);
   stringinput(tp[p].name,15,"input new name:");

   printf("jbgz:%8.2f,",tp[p].jbgz);
   tp[p].jbgz=numberinput("jbgz:");

   printf("jiangjin:%8.2f,",tp[p].jj);
   tp[p].jj=numberinput("jiangjin:");

   printf("koukuan:%8.2f,",tp[p].kk);
   tp[p].kk=numberinput("koukuan:");

   tp[n].yfgz=tp[n].jbgz+tp[n].jj-tp[n].kk;
   tp[n].sk=tp[n].yfgz*0.12;
   tp[n].sfgz=tp[n].yfgz-tp[n].sk;
   printf("\n=====>modify success!\n");
   getchar();
   Disp(tp,n);
   getchar();
   saveflag=1;
}
else
  {Nofind();
   getchar();
  }
return ;
}
```

4.4.6 删除记录模块

删除记录模块的功能是，删除指定编号或指定名字的职工记录信息，具体实现过程分为如下两步：

(1) 输入要修改的职工编号或姓名，然后调用函数 Locate(ZGGZ tp[],int n,char findmess[],char nameornum[])在数组中逐一对职工编号字段的值进行比较，直到找到该编号的职工记录，并返回指向该记录的数组元素的下标。

(2) 如果找到该记录，则从该记录所在元素的后续元素起，依次前移一个元素位置，并将数组元素个数减去 1。

上述功能是通过函数 Del(ZGGZ tp[],int n)实现的，在具体删除时，会找到保存该记录的数组元素的下标值，然后在数组中删除该数组元素。具体实现代码如下所示：

```
/*删除记录：先找到保存该记录的数组元素的下标值，然后在数组中删除该数组元素*/
int Del(ZGGZ tp[],int n)
{
int sel;
char findmess[20];
int p=0,i=0;
if(n<=0)
{ system("cls");
  printf("\n=====>No employee record!\n");
  getchar();
  return n;
}
system("cls");
Disp(tp,n);
printf("\n    =====>1 Delete by number       =====>2 Delete by name\n");
printf("    please choice[1,2]:");
scanf("%d",&sel);
if(sel==1)
{
  stringinput(findmess,10,"input the existing employee number:");
  p=Locate(tp,n,findmess,"num");
  getchar();
  if(p!=-1)
  {
   for(i=p+1;i<n;i++) /*删除此记录，后面记录向前移*/
   {
    strcpy(tp[i-1].num,tp[i].num);
    strcpy(tp[i-1].name,tp[i].name);
    tp[i-1].jbgz=tp[i].jbgz;
    tp[i-1].jj=tp[i].jj;
    tp[i-1].kk=tp[i].kk;
    tp[i-1].yfgz=tp[i].yfgz;
    tp[i-1].jbgz=tp[i].sk;
    tp[i-1].sfgz=tp[i].sfgz;
    }
```

```
    printf("\n==>delete success!\n");
    n--;
    getchar();
    saveflag=1;
   }
  else
   Nofind();
   getchar();
 }
else if(sel==2) /*先按姓名查询到该记录所在的数组元素的下标值*/
{
  stringinput(findmess,15,"input the existing employee name:");
  p=Locate(tp,n,findmess,"name");
  getchar();
  if(p!=-1)
  {
   for(i=p+1;i<n;i++)   /*删除此记录，后面记录向前移*/
   {
    strcpy(tp[i-1].num,tp[i].num);
    strcpy(tp[i-1].name,tp[i].name);
    tp[i-1].jbgz=tp[i].jbgz;
    tp[i-1].jj=tp[i].jj;
    tp[i-1].kk=tp[i].kk;
    tp[i-1].yfgz=tp[i].yfgz;
    tp[i-1].jbgz=tp[i].sk;
    tp[i-1].sfgz=tp[i].sfgz;
    }
    printf("\n=====>delete success!\n");
    n--;
    getchar();
    saveflag=1;
  }
  else
   Nofind();
   getchar();
}
 return n;
}
```

4.4.7 插入记录模块

在插入记录模块中，能够在指定职工编号的后面位置插入新的记录信息。具体实现流程如下：

(1) 提示用户输入某个职工的编号，这样新的记录将插在这个职工记录之后。

(2) 提示用户输入一条新的记录信息，并将这些信息保存到新结构体类型的数组元素中各个字段中去。

(3) 将该记录插入已经确认位置的职工编号之后。

上述功能是通过函数 Insert(ZGGZ tp[],int n)实现的，具体实现代码如下所示：

```
/*插入记录:按职工编号查询到要插入的数组元素的位置，然后在该编号之后插入一个新数组元素。*/
int Insert(ZGGZ tp[],int n)
{
  char ch,num[10],s[10];      /*s[]保存插入点位置之前的编号,num[]保存输入的新记录的编号*/
  ZGGZ newinfo;
  int flag=0,i=0,kkk=0;
  system("cls");
  Disp(tp,n);
  while(1)
  { stringinput(s,10,"please input insert location  after the Number:");
    flag=0;i=0;
    while(i<n) /*查询该编号是否存在，flag=1 表示该编号存在*/
    {
     if(strcmp(tp[i].num,s)==0)  {kkk=i;flag=1;break;}
     i++;
    }
     if(flag==1)
       break;                    /*若编号存在，则进行插入之前的新记录输入操作*/
    else
    {  getchar();
       printf("\n=====>The number %s is not existing,try again?(y/n):",s);
       scanf("%c",&ch);
       if(ch=='y'||ch=='Y')
        {continue;}
       else
         {return n;}
     }
   }
  /*以下新记录的输入操作与 Add()相同*/

  while(1)
  { stringinput(num,10,"input new employee Number:");
    i=0;flag=0;
    while(i<n)                   /*查询该编号是否存在，flag=1 表示该编号存在*/
     {
      if(strcmp(tp[i].num,num)==0)  {flag=1;break;}
      i++;
     }
      if(flag==1)
      {
       getchar();
       printf("\n=====>Sorry,The number %s is  existing,try again?(y/n):",num);
```

```
        scanf("%c",&ch);
        if(ch=='y'||ch=='Y')
        {continue;}
        else
        {return n;}
      }
      else
       break;
  }

  strcpy(newinfo.num,num);                    /*将字符串 num 拷贝到 newinfo.num 中*/
  stringinput(newinfo.name,15,"Name:");
  newinfo.jbgz=numberinput("jbgz:");          /*输入并检验 jbgz*/
  newinfo.jj=numberinput("jiangjin:");        /*输入并检验 jiangjin*/
  newinfo.kk=numberinput("koukuan:");         /*输入并检验 koukuan*/
  newinfo.yfgz=newinfo.jbgz+newinfo.jj-newinfo.kk;      /*计算 yfgz*/
  newinfo.sk=newinfo.yfgz*0.12;  /*计算 sk*/
  newinfo.sfgz=newinfo.yfgz-newinfo.sk;
  saveflag=1; /*在 main()中有对该全局变量的判断，若为 1,则进行存盘操作*/

 for(i=n-1;i>kkk;i--)                        /*从最后一个组织元素开始往前移一个元素位置*/
 { strcpy(tp[i+1].num,tp[i].num);
   strcpy(tp[i+1].name,tp[i].name);
   tp[i+1].jbgz=tp[i].jbgz;
   tp[i+1].jj=tp[i].jj;
   tp[i+1].kk=tp[i].kk;
   tp[i+1].yfgz=tp[i].yfgz;
   tp[i+1].sk=tp[i].sk;
   tp[i+1].sfgz=tp[i].sfgz;
 }
   strcpy(tp[kkk+1].num,newinfo.num);        /*在 kkk 的元素位置后插入新记录*/
   strcpy(tp[kkk+1].name,newinfo.name);
   tp[kkk+1].jbgz=newinfo.jbgz;
   tp[kkk+1].jj=newinfo.jj;
   tp[kkk+1].kk=newinfo.kk;
   tp[kkk+1].yfgz=newinfo.yfgz;
   tp[kkk+1].sk=newinfo.sk;
   tp[kkk+1].sfgz=newinfo.sfgz;
   n++;
   Disp(tp,n);
   printf("\n\n");
   getchar();
   return n;
}
```

4.4.8 存储记录模块

存储记录模块是通过函数 Save(ZGGZ tp[],int n)实现的，用于存储完成操作后的记录信息。系统会将数组中的数据写入到磁盘中的数据文件，如果用户对数据有修改后但是没有专门进行存盘操作，则在退出之后系统会提示是否存盘。具体实现代码如下所示：

```
/*数据存盘,若用户没有专门进行此操作且对数据有修改，在退出系统时，会提示用户存盘*/
void Save(ZGGZ tp[],int n)
{
FILE* fp;
int i=0;
fp=fopen("c:\\zggz","wb");    /*以只写方式打开二进制文件*/
if(fp==NULL) /*打开文件失败*/
{
 printf("\n=====>open file error!\n");
 getchar();
 return ;
}
for(i=0;i<n;i++)
{
 if(fwrite(&tp[i],sizeof(ZGGZ),1,fp)==1)   /*每次写一条记录或一个结构数组元素至文件*/
 {
  continue;
 }
 else
 {
  break;
 }
}
if(i>0)
{
 getchar();
 printf("\n\n=====>save file complete,total saved's record number is:%d\n",i);
 getchar();
 saveflag=0;
}
else
{
system("cls");
 printf("the current link is empty,no employee record is saved!\n");
 getchar();
 }
fclose(fp); /*关闭此文件*/
}
```

上述代码的结构清晰明了，变量命名规则统一，严格遵循了编码规范。这样，使得每个函数和变量的具体功能一目了然，便于后期的代码维护。

4.4.9 主函数模块

在主函数 main()中，先以可读写的方式打开保存记录信息的数据文件，此文件默认为 charge，如果此文件不存在则创建此文件。当打开成功之后则从文件中一次读取一条记录，并添加到新建的数组中，然后执行显示主菜单进入主循环操作，并进行按键判断。

在进行按键判断时，需要输入 0～8 范围内的数字，其他输入当作错误按键来处理。

(1) 如果输入 0，则继续判断是否对记录进行了更新操作之后实现了存盘操作。如果未存盘，系统会提示用户是否需要进行数据存盘操作。当输入 X 或 Y 时，系统会进行存盘操作。最后系统会退出薪资管理系统的操作。

(2) 如果选择 1，则调用函数 Add()，执行增加记录的操作。

(3) 如果选择 2，则调用函数 Del()，执行删除记录的操作。

(4) 如果选择 3，则调用函数 Modify()，执行修改记录的操作。

(5) 如果选择 4，则调用函数 Insert()，执行插入记录的操作。

(6) 如果选择 5，则调用函数 Tongji()，执行统计记录的操作。

(7) 如果选择 6，则调用函数 Save()，将记录保存到磁盘。

(8) 如果选择 7，则调用函数 Disp()，将记录以表格的形式打印并输出。

当输入 0～7 之外的值，则调用函数 Wrong()，提示错误信息。

由此可见，主函数 main()主要实现了对整个程序的控制功能，并实现对功能函数的调用。具体实现代码如下所示：

```
void main()
{
  ZGGZ gz[N];           /*定义 ZGGZ 结构体*/
  FILE *fp;             /*文件指针*/
  int select;           /*保存选择结果变量*/
  char ch;              /*保存(y,Y,n,N)*/
  int count=0;          /*保存文件中的记录条数(或元素个数)*/

  fp=fopen("C:\\zggz","ab+");
  /*以追加方式打开二进制文件 c:\zggz，可读可写，若此文件不存在，会创建此文件*/
  if(fp==NULL)
  {
    printf("\n=====>can not open file!\n");
    exit(0);
  }

while(!feof(fp))
```

```
{
  if(fread(&gz[count],sizeof(ZGGZ),1,fp)==1) /*一次从文件中读取一条职工工资记录*/
    count++;
}
fclose(fp); /*关闭文件*/
printf("\n==>open file sucess,the total records number is : %d.\n",count);
getchar();
menu();
while(1)
{
  system("cls");
  menu();
  printf("\n             Please Enter your choice(0~9):");    /*显示提示信息*/
  scanf("%d",&select);

 if(select==0)
 {
  if(saveflag==1) /*若对数组的数据有修改且未进行存盘操作，则此标志为 1*/
  { getchar();
    printf("\n==>Whether save the modified record to file?(y/n):");
    scanf("%c",&ch);
    if(ch=='y'||ch=='Y')
      Save(gz,count);
  }
  printf("\n===>thank you for useness!");
  getchar();
  break;
 }

 switch(select)
 {
 case 1:count=Add(gz,count);break;                /*增加职工工资记录*/
 case 2:count=Del(gz,count);break;                /*删除职工工资记录*/
 case 3:Modify(gz,count);break;                   /*修改职工工资记录*/
 case 4:count=Insert(gz,count);break;             /*插入职工工资记录*/
 case 5:Tongji(gz,count);break;                   /*统计职工工资记录*/
 case 6:Save(gz,count);break;                     /*保存职工工资记录*/
 case 7:system("cls");Disp(gz,count);break;       /*显示职工工资记录*/
 default: Wrong();getchar();break;                /*按键有误，必须为数值 0-7*/
 }
 }
}
```

4.4.10　主菜单模块

主菜单即程序运行后首先显示的菜单界面，提示用户选择操作，系统会完成相应的任务。具体实现代码如下所示：

```
void menu()        /*主菜单*/
{
system("cls");     /*调用 DOS 命令，清屏与 clrscr()功能相同*/
textcolor(10);     /*在文本模式中选择新的字符颜色*/
gotoxy(10,5);      /*在文本窗口中设置光标*/
cprintf("                The Employee' Salary Management System \n");
gotoxy(10,8);
cprintf("     ************************Menu********************************\n");
gotoxy(10,9);
cprintf("     *  1 input   record           2 delete record          *\n");
gotoxy(10,10);
cprintf("     *  3 search  record           4 modify record          *\n");
gotoxy(10,11);
cprintf("     *  5 insert  record           6 count  record          *\n");
gotoxy(10,12);
cprintf("     *  7 sort    reord            8 save   record          *\n");
gotoxy(10,13);
cprintf("     *  9 display record           0 quit   system          *\n");
gotoxy(10,14);
cprintf("     ************************************************************\n");
/*cprintf()送格式化输出至文本窗口屏幕中*/
}
```

4.4.11 统计记录模块

本模块通过依次读取数组中元素数据域中实发工资的值进行比较判断，实现工资在各个等级的人数统计。此功能是通过函数 Tongji(ZGGZ tp[],int n)实现的，能够在数组 tp 中实现职工工资的统计处理。具体实现代码如下所示：

```
/*统计公司职工的工资在各等级的人数*/
void Tongji(ZGGZ tp[],int n)
{
int count10000=0,count5000=0,count2000=0,count0=0;
int i=0;
if(n<=0)
{ system("cls");
  printf("\n=====>Not employee record!\n");
  getchar();
  return ;
}
system("cls");
Disp(tp,n);
i=0;
```

```
while(i<n)
{
  if(tp[i].sfgz>=10000) {count10000++;i=i+1;continue;}  /*实发工资>10000*/
  if(tp[i].sfgz>=5000)  {count5000++;i=i+1;continue;}   /*5000<=实发工资<10000*/
  if(tp[i].sfgz>=2000)  {count2000++;i=i+1;continue;}   /*2000<=实发工资<5000*/
  if(tp[i].sfgz<2000)   {count0++;i=i+1;continue;}      /*实发工资<2000*/

}
printf("\n----------------------the TongJi result-----------------------\n");
printf("sfgz>=    10000:%d (ren)\n",count10000);
printf("5000<=sfgz<10000:%d (ren)\n",count5000);
printf("2000<=sfgz< 5000:%d (ren)\n",count2000);
printf("sfgz<     2000:%d (ren)\n",count0);
printf("-------------------------------------------------------------------\n");
printf("\n\npress any key to return");
getchar();
}
```

4.4.12 对处理数组数据的认识

本章的数据处理模块是基于数组实现数据增加、修改和删除操作的。在 C 语言程序中，可以通过链表、结构体、数组和文件来存储数据。在系统中使用了数组结合文件存储的方式，这一组合的优点是简单易用且易操作。但是，C 语言的数组下标是在一个很低的层次上处理的，程序运行时会无法知道一个数组到底有多大，或者一个数组下标是否有效。ANSI/ISOC 标准没有对使用越界下标的行为作出定义，因此，一个越界下标有可能导致如下所示的后果：

- 程序仍能正确运行；
- 程序会异常终止或崩溃；
- 程序能继续运行，但无法得出正确的结果；
- 其他情况。

换句话说，用户不知道程序此后会做出什么反应，这会带来很大的麻烦。然而，尽管 C 语言程序出错时的表现有些可怕，但经过仔细编写和调试的 C 语言程序运行起来是非常快的。

4.5 客户需求有变

至此，整个项目的编码工作已经接近了尾声。此时项目经理和客户代表 Customer 一起检查了项目的进展状况，并观看了几个界面效果。检查完毕，Customer 提出了一个新的要求：希望整个系统使用起来更加方便，更加人性

扫码看视频

化。例如想实现查询功能和排序功能，通过查询功能可以快速检索到需要操作的记录，通过排序功能，可以使记录信息按照工资从高到低的顺序排列显示。

4.5.1 冒泡排序算法

针对客户提出的新需求，项目经理给出了具体的解决方案：结合定位函数 Locate()定义一个查询函数 Qur()，然后使用冒泡排序法实现成绩的降序排序。

冒泡排序(BubbleSort)的基本概念是：依次比较相邻的两个数，将小数放在前面，大数放在后面。即首先比较第 1 个和第 2 个数，将小数放前，大数放后。然后比较第 2 个数和第 3 个数，将小数放前，大数放后，如此继续，直至比较最后两个数，将小数放前，大数放后。重复以上过程，仍从第一对数开始比较(因为可能由于第 2 个数和第 3 个数的交换，使得第 1 个数不再小于第 2 个数)，将小数放前，大数放后，一直比较到最大数前的一对相邻数，将小数放前，大数放后，第二趟结束，在倒数第二个数中得到一个新的最大数。如此下去，直至最终完成排序。由于在排序过程中总是小数往前放，大数往后放，相当于气泡往上升，所以称作冒泡排序。

4.5.2 查询记录模块

在本模块中，主要实现在数组中按照职工的编号或职工的姓名来查找满足某个条件的记录信息。在查询函数 Qur(ZGGZ tp[],int n)中，为了遵循模块化编程的原则，将在数组中进行记录定位操作作为一个单独的函数 Locate(ZGGZ tp[],int n,char findmess[],char nameornum[])，其中参数 findmess[]用于保存要查找的内容，nameornum[]用于保存要查找的字段，如果找到该记录，则返回指向该记录的数组元素的下标；反之，返回-1 的值。

在函数 Qur(ZGGZ tp[],int n)中，实现在数组 tp 中查询某职工工资记录的信息。执行后，系统会提示选择查询字段，即可以选择按照编号查询还是按照姓名查询。如果记录存在就以表格样式打印输出，具体实现代码如下所示：

```
/*按职工编号或姓名，查询记录*/
void Qur(ZGGZ tp[],int n)
{
int select; /*1:按编号查，2：按姓名查，其他：返回主界面(菜单)*/
char searchinput[20]; /*保存用户输入的查询内容*/
int p=0;
if(n<=0) /*若数组为空*/
{
  system("cls");
  printf("\n=====>No employee record!\n");
  getchar();
```

```
  return;
}
system("cls");
printf("\n     =====>1 Search by number  =====>2 Search by name\n");
printf("     please choice[1,2]:");
scanf("%d",&select);
if(select==1)   /*按编号查询*/
 {

  stringinput(searchinput,10,"input the existing employee number:");
  p=Locate(tp,n,searchinput,"num");/*在数组 tp 中查找编号为 searchinput 值的元素，并返回
该数组元素的下标值*/
  if(p!=-1) /*若找到该记录*/
  {
   printheader();
   printdata(tp[p]);
   printf(END);
   printf("press any key to return");
   getchar();
  }
  else
   Nofind();
   getchar();
}
else if(select==2) /*按姓名查询*/
{
  stringinput(searchinput,15,"input the existing employee name:");
  p=Locate(tp,n,searchinput,"name");
  if(p!=-1)
  {
   printheader();
   printdata(tp[p]);
   printf(END);
   printf("press any key to return");
   getchar();
  }
  else
   Nofind();
   getchar();
}
else
  Wrong();
  getchar();

}
```

4.5.3 排序显示模块

本模块通过函数 Sort(ZGGZ tp[],int n)，根据冒泡降序将数组中按照实发工资字段的降序顺序进行排列，并打印输出结果。具体实现代码如下所示：

```
/*利用冒泡排序法实现数组的按实发工资字段的降序排序，从高到低*/
void Sort(ZGGZ tp[],int n)
{
int i=0,j=0,flag=0;
ZGGZ newinfo;
if(n<=0)
{ system("cls");
  printf("\n=====>Not employee record!\n");
  getchar();
  return ;
}
system("cls");
Disp(tp,n);  /*显示排序前的所有记录*/
for(i=0;i<n;i++)
{
  flag=0;
  for(j=0;j<n-1;j++)
   if((tp[j].sfgz<tp[j+1].sfgz))
    { flag=1;
      strcpy(newinfo.num,tp[j].num);     /*利用结构变量 newinfo 实现数组元素的交换*/
      strcpy(newinfo.name,tp[j].name);
      newinfo.jbgz=tp[j].jbgz;
      newinfo.jj=tp[j].jj;
      newinfo.kk=tp[j].kk;
      newinfo.yfgz=tp[j].yfgz;
      newinfo.sk=tp[j].sk;
      newinfo.sfgz=tp[j].sfgz;

      strcpy(tp[j].num,tp[j+1].num);
      strcpy(tp[j].name,tp[j+1].name);
      tp[j].jbgz=tp[j+1].jbgz;
      tp[j].jj=tp[j+1].jj;
      tp[j].kk=tp[j+1].kk;
      tp[j].yfgz=tp[j+1].yfgz;
      tp[j].sk=tp[j+1].sk;
      tp[j].sfgz=tp[j+1].sfgz;

      strcpy(tp[j+1].num,newinfo.num);
      strcpy(tp[j+1].name,newinfo.name);
      tp[j+1].jbgz=newinfo.jbgz;
      tp[j+1].jj=newinfo.jj;
```

```
     tp[j+1].kk=newinfo.kk;
     tp[j+1].yfgz=newinfo.yfgz;
     tp[j+1].sk=newinfo.sk;
     tp[j+1].sfgz=newinfo.sfgz;
    }
   if(flag==0) break;/*若标记 flag=0，意味着没有交换了，排序已经完成*/
   }
     Disp(tp,n);  /*显示排序后的所有记录*/
     saveflag=1;
     printf("\n    =====>sort complete!\n");

}
```

4.5.4　工作调整

上面编写了两个函数，接下来需要把这两个函数和整个项目相关联，即在主函数中设置调用按键，添加对函数 Qur()和函数 Qur(ZGGZ tp[],int n)的调用。调整后的按键值如下：

(1) 如果输入 0，则继续判断是否对记录进行了更新操作之后实现了存盘操作。如果未存盘，系统会提示用户是否需要进行数据存盘操作。当输入 X 或 Y 时，系统会进行存盘操作。最后系统会退出薪资管理系统的操作。

(2) 如果选择 1，则调用函数 Add()，执行增加记录的操作。

(3) 如果选择 2，则调用函数 Del()，执行删除记录的操作。

(4) 如果选择 3，则调用函数 Qur()，执行查询记录的操作。

(5) 如果选择 4，则调用函数 Modify()，执行修改记录的操作。

(6) 如果选择 5，则调用函数 Insert()，执行插入记录的操作。

(7) 如果选择 6，则调用函数 Tongji()，执行统计记录的操作。

(8) 如果选择 7，则调用函数 Sort()，实现按照工资高低的降序排列。

(9) 如果选择 8，则调用函数 Save()，将记录保存到磁盘。

(10) 如果选择 9，则调用函数 Disp()，将记录以表格的形式打印并输出。

当输入 0～9 之外的值，则调用函数 Wrong()，提示错误信息。

此时，主函数 main()也得随之调整，调整后的代码如下所示：

```
void main()
{
  ZGGZ gz[N];            /*定义 ZGGZ 结构体*/
  FILE *fp;              /*文件指针*/
  int select;            /*保存选择结果变量*/
  char ch;               /*保存(y,Y,n,N)*/
  int count=0;           /*保存文件中的记录条数(或元素个数)*/
```

```
fp=fopen("C:\\zggz","ab+");
/*以追加方式打开二进制文件 c:\zggz，可读可写，若此文件不存在，会创建此文件*/
if(fp==NULL)
{
 printf("\n=====>can not open file!\n");
 exit(0);
}

while(!feof(fp))
{
  if(fread(&gz[count],sizeof(ZGGZ),1,fp)==1)   /*一次从文件中读取一条职工工资记录*/
    count++;
}
fclose(fp); /*关闭文件*/
printf("\n==>open file sucess,the total records number is : %d.\n",count);
getchar();
menu();
while(1)
{
  system("cls");
  menu();
  printf("\n              Please Enter your choice(0~9):");    /*显示提示信息*/
  scanf("%d",&select);

 if(select==0)
 {
  if(saveflag==1)    /*若对数组的数据有修改且未进行存盘操作，则此标志为 1*/
  { getchar();
    printf("\n==>Whether save the modified record to file?(y/n):");
    scanf("%c",&ch);
    if(ch=='y'||ch=='Y')
      Save(gz,count);
  }
  printf("\n===>thank you for useness!");
  getchar();
  break;
 }

 switch(select)
 {
 case 1:count=Add(gz,count);break;                /*增加职工工资记录*/
 case 2:count=Del(gz,count);break;                /*删除职工工资记录*/
 case 3:Qur(gz,count);break;                      /*查询职工工资记录*/
 case 4:Modify(gz,count);break;                   /*修改职工工资记录*/
 case 5:count=Insert(gz,count);break;             /*插入职工工资记录*/
 case 6:Tongji(gz,count);break;                   /*统计职工工资记录*/
 case 7:Sort(gz,count);break;                     /*排序职工工资记录*/
```

```
   case 8:Save(gz,count);break;               /*保存职工工资记录*/
   case 9:system("cls");Disp(gz,count);break;  /*显示职工工资记录*/
   default: Wrong();getchar();break;           /*按键有误，必须为数值 0-9*/
  }
 }
}
```

4.6 项目测试

扫码看视频

最后的测试工作由我来完成，我将项目程序命名为“charge.c”，使用 Visual Studio.NET 进行调试。测试之后，在 Visual Studio.NET 中提示如下错误：

```
error LNK2001: unresolved external symbol _gotoxy
```

造成上述错误的原因是，Visual Studio.NET 中没有提供 clrscr()、gotoxy()等库函数。难道在 Visual Studio.NET 中就不能测试这个项目吗？当然可以，但前提是需要添加一些库函数代码，这样太影响项目进度。因此，本项目使用 Turbo C++来测试，执行后将显示默认的菜单项，如图 4-4 所示。

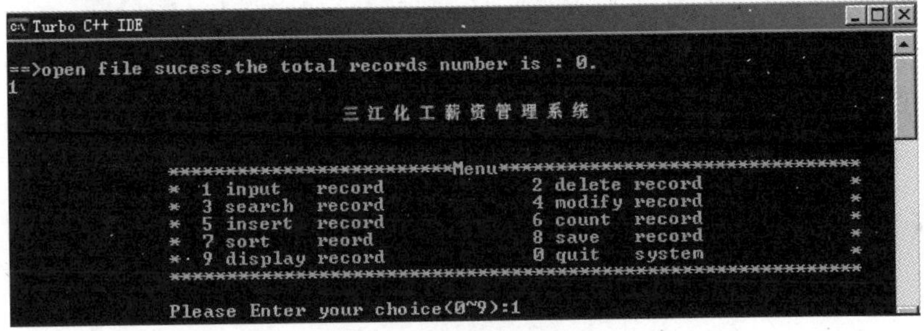

图 4-3　主菜单界面

按下按键 1，开始添加记录，根据提示可以添加新的记录信息，如图 4-4 所示。

按下按键 9，可以显示当前系统中的记录信息，以表格样式显示，如图 4-5 所示。

按下按键 2，进入删除界面，如图 4-6 所示可以删除职工编号为“9”的记录信息。即先选择按照编号删除，然后输入编号。

按下按键 3，进入查找界面，如图 4-7 所示按照职工名字查找了名为“CC”的记录信息。

按下按键 4，进入修改界面，如图 4-8 所示修改了编号为“001”职工的记录信息。

按下按键 5，进入插入界面，可以添加新的职工记录信息。如图 4-9 所示，在编号为“002”之后添加了一条新信息。

按下按键 6，进入统计界面，可以显示系统的统计结果，如图 4-10 所示。

```
Turbo C++ IDE

                         三江化工薪资管理系统

          ************************Menu*******************************
          *  1 input   record              2 delete record          *
          *  3 search  record              4 modify record          *
          *  5 insert  record              6 count  record          *
          *  7 sort    reord               8 save   record          *
          *  9 display record              0 quit   system          *
          ***********************************************************

          Please Enter your choice(0~9):1

=====>Not employee record!

input number(press '0'return menu):001
Name:aa
jbgz:1300
jiangjin:800
koukuan:45
input number(press '0'return menu):002
Name:bb
jbgz:1500
jiangjin:600
koukuan:23
input number(press '0'return menu):003
Name:cc
jbgz:1200
jiangjin:300
koukuan:46
input number(press '0'return menu):_
```

图 4-4　添加记录

```
Turbo C++ IDE
          ************************Menu*******************************
          *  1 input   record              2 delete record          *
          *  3 search  record              4 modify record          *
          *  5 insert  record              6 count  record          *
          *  7 sort    reord               8 save   record          *
          *  9 display record              0 quit   system          *
          ***********************************************************

          Please Enter your choice(0~9):9

=====>Not employee record!
----------------------------------ZGGZ--------------------------------------
| number|  name  |  jbgz   |   jj   |   kk   |  yfgz   |   sk   |  sfgz   |
|001    |aa      | 1300.00 | 800.00 |  45.00 | 2055.00 | 246.60 | 1808.40 |
|002    |bb      | 1500.00 | 600.00 |  23.00 | 2077.00 | 249.24 | 1827.76 |
|003    |cc      | 1200.00 | 300.00 |  46.00 | 1454.00 | 174.48 | 1279.52 |
|9      |dd      | 1200.00 |  12.00 |  12.00 | 1200.00 | 144.00 | 1056.00 |
```

图 4-5　表格显示记录

```
Turbo C++ IDE
----------------------------------ZGGZ--------------------------------------
| number|  name  |  jbgz   |   jj   |   kk   |  yfgz   |   sk   |  sfgz   |
|001    |aa      | 1300.00 | 800.00 |  45.00 | 2055.00 | 246.60 | 1808.40 |
|002    |bb      | 1500.00 | 600.00 |  23.00 | 2077.00 | 249.24 | 1827.76 |
|003    |cc      | 1200.00 | 300.00 |  46.00 | 1454.00 | 174.48 | 1279.52 |
|9      |dd      | 1200.00 |  12.00 |  12.00 | 1200.00 | 144.00 | 1056.00 |
2ame:cc
jbgz:1200
    =====>1 Delete by number        =====>2 Delete by name
    please choice[1,2]:1
input the existing employee number:9
Name:dd
==>delete success!
```

图 4-6　删除记录

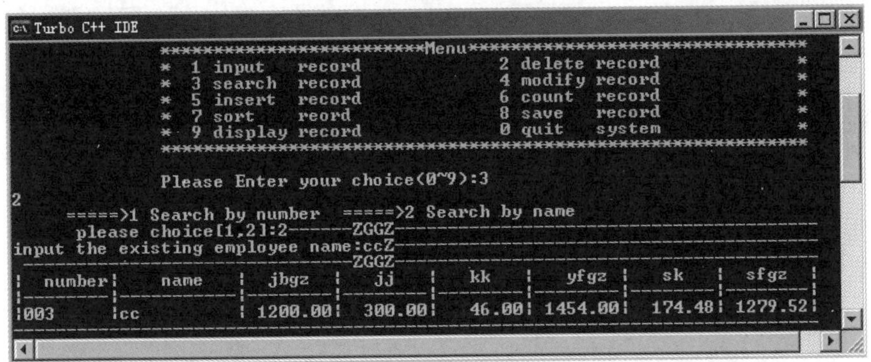

图 4-7　查找记录信息

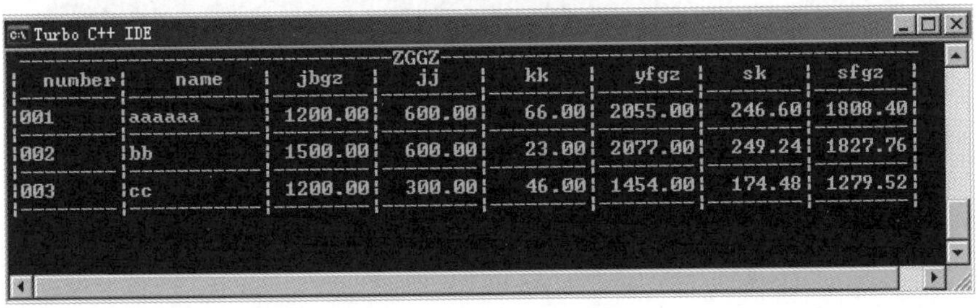

ZGGZ

number	name	jbgz	jj	kk	yfgz	sk	sfgz
001	aaaaaa	1200.00	600.00	66.00	2055.00	246.60	1808.40
002	bb	1500.00	600.00	23.00	2077.00	249.24	1827.76
003	cc	1200.00	300.00	46.00	1454.00	174.48	1279.52

图 4-8　修改记录信息

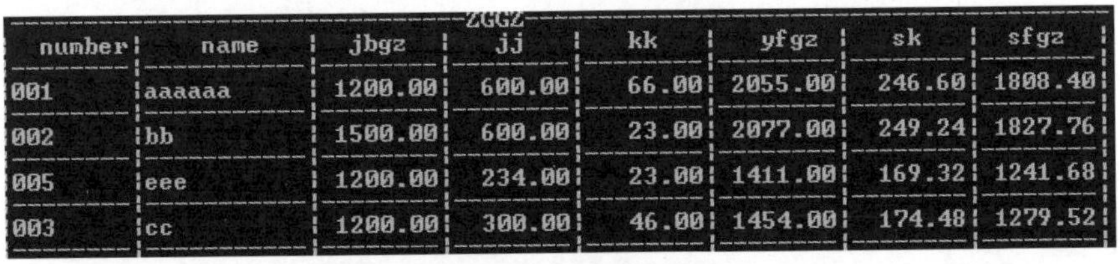

ZGGZ

number	name	jbgz	jj	kk	yfgz	sk	sfgz
001	aaaaaa	1200.00	600.00	66.00	2055.00	246.60	1808.40
002	bb	1500.00	600.00	23.00	2077.00	249.24	1827.76
005	eee	1200.00	234.00	23.00	1411.00	169.32	1241.68
003	cc	1200.00	300.00	46.00	1454.00	174.48	1279.52

图 4-9　添加记录信息

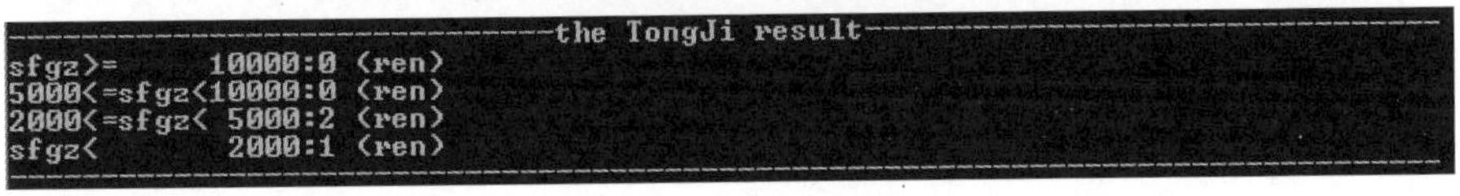

```
------------------------the TongJi result------------------------
sfgz>=      10000:0 (ren)
5000<=sfgz<10000:0 (ren)
2000<=sfgz< 5000:2 (ren)
sfgz<        2000:1 (ren)
```

图 4-10　统计信息

按下按键 7，进入排序界面，实现按照实发工资高低的降序排列，如图 4-11 所示。

按下按键 8，进入保存界面，并输出提示信息，如图 4-12 所示。

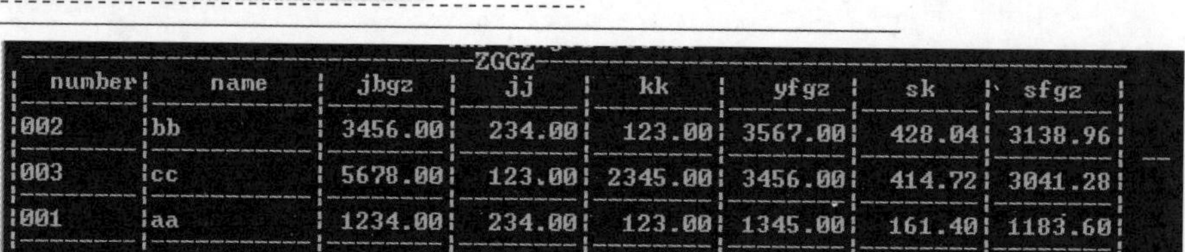

ZGGZ

number	name	jbgz	jj	kk	yfgz	sk	sfgz
002	bb	3456.00	234.00	123.00	3567.00	428.04	3138.96
003	cc	5678.00	123.00	2345.00	3456.00	414.72	3041.28
001	aa	1234.00	234.00	123.00	1345.00	161.40	1183.60

图 4-11　排序信息

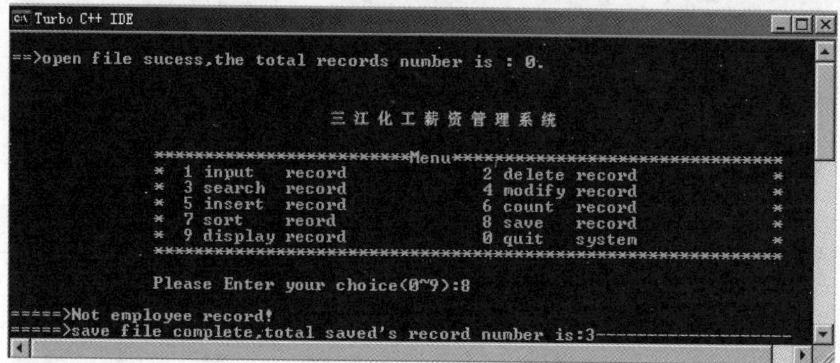

图 4-12　保存信息

第5章 启明星绘图板系统

Windows 系统自带的画图板简单灵巧，深得用户的喜爱。为此，也出现了很多利用 C、C++、Java 等编程语言开发的模仿 Windows 的画图板。本章通过 C 语言开发一个绘图板系统，该绘图板具有画图、调整图形大小与方位、保存与打开文件等基本功能。

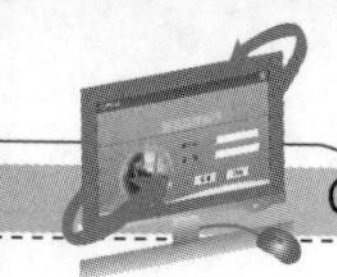

5.1 绘图板系统介绍

扫码看视频

在当今数字化时代，图形绘制和图像处理成为计算机科学中不可或缺的一部分。在这个背景下，启明星绘图板系统应运而生，旨在为用户提供一款强大而直观的图形绘制工具。该绘图板系统以实现用户友好的界面和丰富的绘图功能为目标，为用户提供创意无限的艺术空间。

启明星绘图板系统是一个基于C语言的DOS平台的绘图软件，致力于为用户提供简便、灵活且功能丰富的图形绘制体验。该系统旨在通过直观的用户界面和多样的绘图工具，满足用户对于图形创作和编辑的多样需求。

本项目的出发点是为用户提供一种简单而强大的绘图工具，以满足用户在图形设计和创作方面的需求。通过在DOS平台上实现这一项目，我们旨在让用户在低资源环境中也能轻松享受到高质量的绘图体验。项目将通过细致的规划、精心的设计和严格的调试过程，确保用户能够在启明星绘图板系统中轻松实现他们的创意想法。

5.2 项目介绍

扫码看视频

本项目的客户是一家培训公司，计划开发一个绘图板系统供学员使用。项目经理DP亲自负责这个项目，团队成员有PrA、PrB和我、产品部的CH和SEC。

客户代表FLower是这家培训公司的老总，Flower提出了两点要求：

(1) 实现基本的直线、矩形、圆形等绘图处理；

(2) 能够将绘制的图形保存。

本项目的开发团队介绍如下所示。

- 项目经理DP：负责前期功能分析，总体设计，检查工作。
- PrA：数据结构设计，规划系统所需要的函数。
- PrB：负责预处理模块、功能控制模块、保存加载模块、鼠标控制模块的编码工作。
- 我：主函数模块、图形绘制模块的编码工作。
- CH：产品部代表，负责和客户沟通，作为开发部和客户之间的桥梁。
- SEC：配合CH和客户交流，并将客户需求整理成书面材料，交给开发人员。

整个团队的职责流程如图5-1所示。

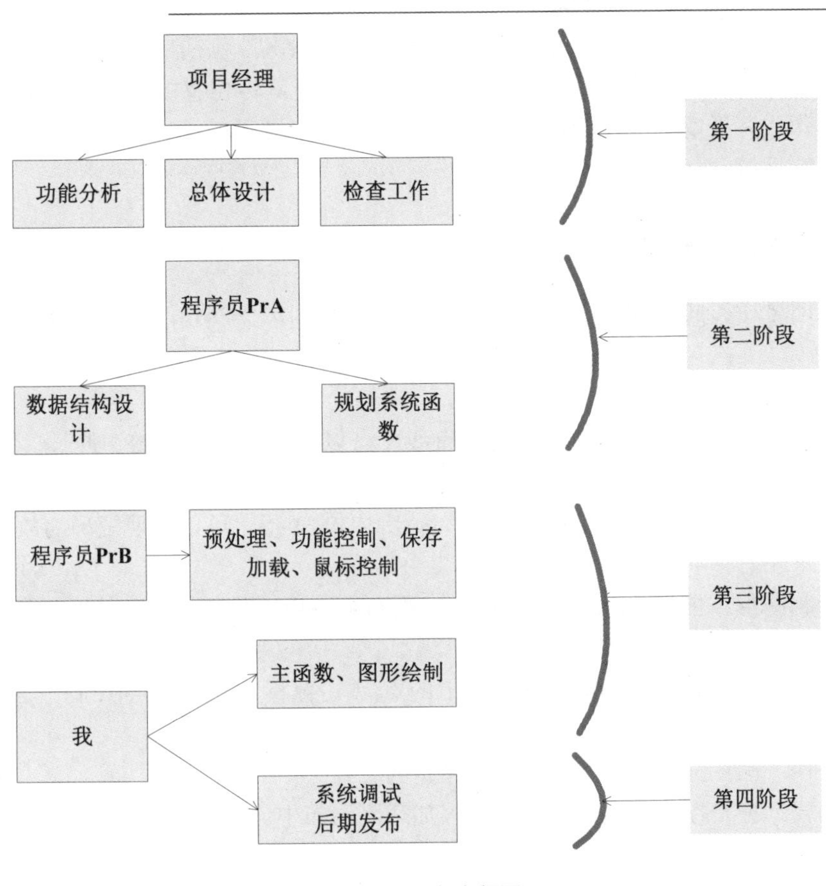

图 5-1 职责流程图

5.3 项目规划分析

在具体编码工作之前，需要进行项目规划分析方面的工作，为后期的编码工作打好基础。

扫码看视频

5.3.1 绘图板的核心技术

本项目用 C 语言完成一个 Windows 应用程序的开发——绘图板，该绘图板能实现基本的图形操作功能。本项目旨在通过介绍绘图板的实现过程，涉及了鼠标编程原理、文件操作原理和图形操作原理等。

要完成本项目，程序员需要掌握将像素写入文件以及从文件中读取像素的基本技能。

此外，对于鼠标编程，需要深入了解基本的鼠标编程知识，包括鼠标功能中断操作的相关入口参数和出口参数的含义，寄存器的正确设置，以及鼠标位置的获取和设置、鼠标按键的获取等操作。并了解直线、矩形、圆和 Bezier 曲线等图形的绘制原理、旋转原理、移动原理和缩放原理等。

5.3.2　功能描述

本项目用 C 语言编程实现的绘图板，具有基本的图形绘制功能、文件处理功能及用户帮助功能。

(1) 图形绘制功能

- 绘制直线：能够绘制任意角度的直线，可以实现直线的旋转、伸长、缩短和上下左右移动。
- 绘制矩形：能够绘制任意大小(画布范围内)的矩形，可以实现矩形的放大、缩小和上下左右移动。
- 绘制圆形：能够绘制任意半径大小(画布范围内)的圆形，可以实现圆形的放大和缩小。
- 绘制 Bezier 曲线：能够根据屏幕上的点(单击鼠标后产生的点)绘制出 Bezier 曲线。

(2) 文件处理功能

- 保存：保存画布中的所有图形到指定的文件。
- 加载：打开指定的文件，将其内容加载到画布中。

(3) 用户帮助功能

显示用户使用指南，包括各种图形的绘制方法和操作方法等。

5.3.3　总体设计

1. 系统模块图

本系统包括图形绘制模块、鼠标控制模块、功能控制模块和保存加载模块这 4 个模块。具体结构如图 5-2 所示。

(1) 图形绘制模块。该模块包括图形的绘制和操作功能，主要有绘制直线、移动直线、缩放和旋转直线；绘制矩形、移动和缩放矩形；绘制和缩放圆形；绘制 Bezier 曲线。

(2) 鼠标控制模块。该模块主要实现鼠标状态的获取、鼠标位置的设置，以及鼠标的绘制等。

(3) 功能控制模块。该模块实现的功能包括输出中文、填充像素和显示用户帮助。

(4) 保存加载模块。该模块将像素保存到指定文件和从指定文件中读取像素到画布。

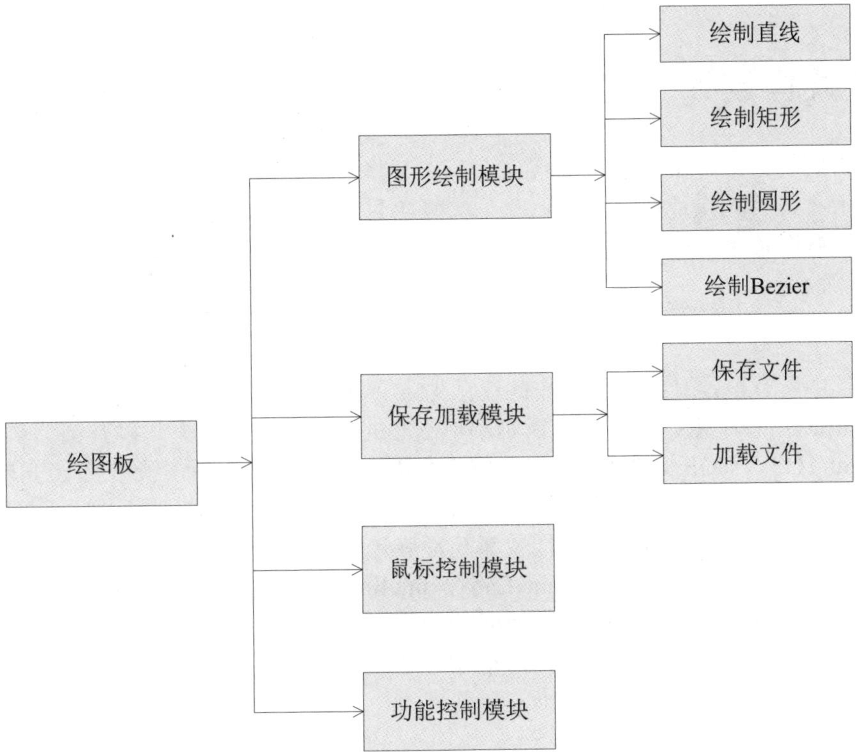

绘图板
图形绘制模块
绘制直线
绘制矩形
绘制圆形
绘制Bezier
保存加载模块
保存文件
加载文件
鼠标控制模块
功能控制模块

图 5-2　系统模块结构

2. 图形绘制流程

鼠标单击“直线”按钮，程序将调用函数 DrawLine()进行直线的绘制。程序首先捕获鼠标，当用户单击鼠标左键时，开始画直线，直到松开左键。直线绘制完成后，可以从键盘输入指令，对所画直线进行调整。程序获得键值，SPACE 键能够旋转直线，每次顺时针旋转 30°；UP、DOWN、LEFT 或 RIGHT 键能够向相应的方向移动直线；PAGEUP 键能够伸长直线；PAGEDOWN 键能够缩短直线；ESC 键则结束对直线的调整。结束调整操作后，可以继续画直线，也可以右击结束直线的绘制。

矩形、圆形、Bezier 曲线的绘制和操作流程，与直线的绘制和操作流程类似，实现原理也类似。

至此，整个项目的第一阶段完成。在 Windows 系统自带的绘图板中，任何绘图都离不开直线、正方形、矩形、圆和曲线等。只要实现了这几个形状的绘制，整个绘图工作的地基就打牢了，后续只需继续美化和升级即可。

5.4 架构设计

前面讲解了第一阶段工作的实现情况。本节将详细讲解项目架构设计阶段的实现流程，首先设计数据结构，然后规划项目中需要的函数，为后面的编码工作做好准备。

扫码看视频

5.4.1 设计数据结构

在项目中没有自定义结构体，在此仅预先定义几个全局变量：

- int Rx，Ry，R：分别表示所画圆形圆心的横坐标、纵坐标，以及圆的半径。
- int TOPx，TOPy，BOTTOMx，BOTTOMy：分别表示所画矩形的左上角的横坐标、纵坐标，以及右下角的横坐标、纵坐标。
- int Centx，Centy：表示直线或者矩形旋转中心点的横坐标和纵坐标。
- int lineStartx，lineStarty，lineEndx，lineEndy：分别表示直线起点的横坐标、纵坐标，以及终点的横坐标、纵坐标。
- int linePoint_x[20]，linePoint_y[20]：这两个数组用于在画 Bezier 曲线时存储所选点的横坐标和纵坐标。

注意：此处为什么选择使用结构体？

利用结构体可以进行点坐标的存储。在 C 语言程序中使用结构体后，对坐标系很容易实现和扩充。例如在下面的代码中，x、y 分别表示点的横坐标和纵坐标。这就创建了一个简单的结构体！

```
struct POINT{
        Int x;
        Int y;
};
```

5.4.2 规划系统函数

(1) outChinese()

函数原型：void outChinese(char*mat, int x, int y, int color)

函数 outChinese()能够根据点阵信息显示中文。其中 mat 为字模指针，matisize 为点阵大小，x 和 y 表示起始坐标，color 表示显示的颜色。

(2) fill()

函数原型：void fill(int startx, int starty, int endx, int endy, int color)

函数 fill()用于以指定的颜色填充指定的区域。其中 startx、starty 表示填充区域的左上角横、纵坐标，endx、endy 表示填充区域的右下角的横、纵坐标，color 表示填充的颜色。该函数调用系统画图函数 putpixel()来实现。

(3) showHelp()

函数原型：void showHelp()

函数 showHelp()用于显示用户使用指南。用户使用指南包括各种图形的绘制方法和调整方法等。

(4) save()

函数原型：void save()

函数 save()用于保存画布中的图形。用户首先输入保存文件的文件名，然后将画布中的像素写入文件，保存文件是以“.dat”结尾的。保存完毕将提示用户。

(5) 函数 load()

函数原型：void load()

函数 load()用于打开已有的图形。用户首先输入打开文件的文件名，然后将文件中的像素输入到画布中。打开完毕将提示用户。如果打开过程中出现错误(如没有找到指定的文件等)，就会显示错误信息。

(6) mouseStatus()

函数原型：int mouseStatus(int*x, int*y)

函数 mouseStatus()用于获取鼠标的状态，包括鼠标指针所处的横坐标、纵坐标，以及鼠标的按键情况。鼠标功能中断 INI 33H 的入口参数 AH 为 03H，出口参数 BH 表示鼠标按键状态，位 0 为 1 表示按下左键，位 1 为 1 表示按下右键，位 2 为 1 表示按下中键；CX 表示水平位置，DX 表示垂直位置。函数中传递的指针参数 x、y 分别用来接收鼠标指针的水平位置和垂直位置。

(7) setMousePos()

函数原型：int setMosePos(int x, int y)

函数 setMousePos()用来设置鼠标的位置。x、y 分别表示预设置的横坐标和纵坐标。这里中断的入口参数 AH 为 1，分别把 x 和 y 赋给寄存器 CX 和 DX。

(8) DrawMouse()

函数原型：voidDrawMouse(float x, float y)

函数 DrawMouse()用于绘制鼠标。x、y 分别表示鼠标指针所处的位置。

(9) DrawLine()

函数原型：void DrawLine()

函数 DrawLine()用于绘制直线。单击鼠标左键，捕获鼠标指针位置，并以此为起点开始画直线，拖动鼠标，松开鼠标结束绘制。然后可以通过键盘来调整直线的位置、大小等。

(10) DrawRectangle()

函数原型：void DrawRectangle()

函数 DrawRectangle()用于绘制矩形。其绘制方法与直线的绘制方法一致。

(11) LineToCircle()

函数原型：void LineToCircle(int x0, int y0, int r)

函数 LineToCircle()的功能是用直线法生成圆。x0、y0 表示圆心，r 表示半径。直线法生成圆的相关知识读者可查阅图形学资料。

(12) DrawCircle()

函数原型：void DrawCircle()

函数 DrawCircle()实现画圆功能，该函数是调用 LineToCircle()函数来实现的。

(13) factorial()

函数原型：void factorial(int n)

函数 factorial()用于计算阶乘，n 表示需要求阶乘的函数。求阶乘的方法很多，本程序中使用的是比较原始的方法，即从 n 依次乘到 1，也可以用递归来实现，读者可以自行设计。

(14) berFunction()

函数原型：float berFunction(int I, int n, double t)

函数 berFunction()用于计算伯恩斯坦基函数，该函数调用了阶乘函数 factorial()。

(15) DrawBezier()

函数原型：void DrawBezier()

函数 DrawBezier()用于绘制 Bezier 曲线，该函数调用了 berFunction()函数。Bezier 曲线的绘制涉及数学知识，读者可查阅相关资料。

5.5 具体编码

本章前面内容已经完成了前面两个阶段的工作，接下来项目进入第三阶段的具体编码工作。现在资料充足，既有功能分析策划书，也有函数规划和全局变量。有了这些资料，整个编码思路就变得十分清晰了。

扫码看视频

5.5.1 实现预处理模块

在预处理模块中，主要实现文件的加载、常量的定义和全局变量的定义，以及点阵字模的定义等功能。具体实现代码如下所示：

```
#include <graphics.h>
#include <stdlib.h>
#include <conio.h>
#include <stdio.h>
#include <dos.h>
#include <bios.h>
#include <math.h>
#include <alloc.h>

/*定义常量*/
/*向上翻页移键*/
#define PAGEUP 0x4900
/*向下翻页移键*/
#define PAGEDOWN 0x5100
/*Escape 键*/
#define ESC 0x011b
/*左移键*/
#define LEFT 0x4b00
/*右移键*/
#define RIGHT 0x4d00
/*下移键*/
#define DOWN 0x5000
/*上移键*/
#define UP 0x4800
/*空格键*/
#define SPACE 0x3920

#define  NO_PRESSED    0
#define  LEFT_PRESSED  1
#define  RIGHT_PRESSED 2
#define  pi           3.1415926

/*定义全局变量*/
int Rx,Ry,R;
int TOPx,TOPy,BOTTOMx,BOTTOMy;
int Centx,Centy;
int lineStartx,lineStarty,lineEndx,lineEndy;
int linePoint_x[20],linePoint_y[20];


/*这里的字模数组均由“点阵字模工具”生成，用户可以用自己需要的点阵信息来
替换示例中的字模信息，注意字模大小要一致，否则显示会出问题。*/
char zhi16K[]={
/* 以下是 '直' 的 16 点阵楷体_GB2312 字模，32 byte */
  0x01,0x00,0x01,0x00,0x01,0xF0,0x1E,0x00,
  0x02,0x00,0x07,0xC0,0x08,0x40,0x0F,0x40,
  0x08,0x40,0x0F,0x40,0x08,0x40,0x0F,0x40,
```

```
  0x08,0x40,0x0F,0xFC,0x70,0x00,0x00,0x00,
};

char xian16K[]={
/* 以下是 '线' 的 16 点阵楷体_GB2312 字模，32 byte */
  0x00,0x80,0x00,0x90,0x08,0x88,0x10,0x80,
  0x24,0xF0,0x45,0x80,0x78,0xB0,0x11,0xC0,
  0x2C,0x88,0x70,0x50,0x04,0x60,0x18,0xA4,
  0x63,0x14,0x00,0x0C,0x00,0x04,0x00,0x00,
};

char ju16K[]={
/* 以下是 '矩' 的 16 点阵楷体_GB2312 字模，32 byte */
  0x00,0x00,0x08,0x00,0x08,0x78,0x10,0x80,
  0x1E,0x80,0x28,0xF8,0x48,0x88,0x0E,0x88,
  0xF8,0xF0,0x08,0x80,0x14,0x80,0x12,0x9E,
  0x20,0xE0,0x40,0x00,0x00,0x00,0x00,0x00,
};

char xing16K[]={
/* 以下是 '形' 的 16 点阵楷体_GB2312 字模，32 byte */
  0x00,0x00,0x07,0x88,0x3A,0x08,0x12,0x10,
  0x12,0x20,0x17,0x48,0xFA,0x10,0x12,0x20,
  0x12,0xC8,0x12,0x08,0x22,0x10,0x42,0x20,
  0x00,0x40,0x00,0x80,0x03,0x00,0x00,0x00,
};

char yuan16K[]={
/* 以下是 '圆' 的 16 点阵楷体_GB2312 字模，32 byte */
  0x00,0xF8,0x3F,0x08,0x23,0x88,0x24,0x88,
  0x27,0x08,0x21,0xC8,0x2E,0x48,0x29,0x48,
  0x29,0x48,0x22,0x88,0x24,0x48,0x28,0x08,
  0x3F,0xE8,0x00,0x10,0x00,0x00,0x00,0x00,
};

char qing16K[]={
/* 以下是 '清' 的 16 点阵楷体_GB2312 字模，32 byte */
  0x00,0x80,0x00,0xE0,0x33,0x80,0x10,0xE0,
  0x03,0x80,0x40,0xFC,0x2F,0x00,0x01,0xE0,
  0x12,0x20,0x13,0xA0,0x22,0x20,0x63,0xA0,
  0x42,0x20,0x02,0x60,0x00,0x20,0x00,0x00,
};

char ping16K[]={
/* 以下是 '屏' 的 16 点阵楷体_GB2312 字模，32 byte */
  0x00,0xF0,0x0F,0x30,0x08,0x60,0x0F,0x80,
  0x0A,0x20,0x09,0x40,0x08,0xF8,0x17,0x20,
```

```
 0x11,0x3E,0x2F,0xE0,0x21,0x20,0x42,0x20,
 0x82,0x20,0x04,0x20,0x08,0x20,0x00,0x00,
};

char bao16K[]={
/* 以下是 '保' 的 16 点阵楷体_GB2312 字模，32 byte */
 0x00,0x00,0x09,0xF0,0x0A,0x10,0x12,0x10,
 0x13,0xE0,0x30,0x80,0x50,0xFC,0x9F,0x80,
 0x11,0xC0,0x12,0xA0,0x14,0x98,0x18,0x8E,
 0x10,0x80,0x10,0x80,0x00,0x00,0x00,0x00,
};

char cun16K[]={
/* 以下是 '存' 的 16 点阵楷体_GB2312 字模，32 byte */
 0x01,0x00,0x01,0x00,0x01,0xF0,0x1E,0x00,
 0x02,0x70,0x05,0x90,0x08,0x20,0x08,0x40,
 0x18,0x7E,0x2B,0xA0,0xC8,0x20,0x08,0x20,
 0x08,0x20,0x08,0xA0,0x00,0x40,0x00,0x00,
};

char jia16K[]={
/* 以下是 '加' 的 16 点阵楷体_GB2312 字模，32 byte */
 0x00,0x00,0x08,0x00,0x08,0x00,0x08,0x00,
 0x0F,0x00,0x79,0x3C,0x09,0x44,0x11,0x44,
 0x11,0x44,0x22,0x44,0x22,0x78,0x4A,0x00,
 0x84,0x00,0x00,0x00,0x00,0x00,0x00,0x00,
};

char zai16K[]={
/* 以下是 '载' 的 16 点阵楷体_GB2312 字模，32 byte */
 0x00,0x80,0x08,0xA0,0x08,0x90,0x0E,0x80,
 0x38,0xF0,0x0F,0x80,0x78,0x50,0x0E,0x50,
 0x34,0x20,0x1E,0x20,0x34,0x50,0x0E,0x92,
 0x75,0x0A,0x04,0x06,0x04,0x02,0x00,0x00,
};

char bang16K[]={
/* 以下是 '帮' 的 16 点阵楷体_GB2312 字模，32 byte */
 0x04,0x00,0x07,0x38,0x1C,0x48,0x06,0x50,
 0x1C,0x50,0x07,0x48,0x78,0x58,0x11,0x40,
 0x21,0xF0,0x4F,0x10,0x09,0x10,0x09,0x50,
 0x09,0x20,0x01,0x00,0x01,0x00,0x00,0x00,
};


char zhu16K[]={
/* 以下是 '助' 的 16 点阵楷体_GB2312 字模，32 byte */
```

```
  0x00,0x00,0x00,0x20,0x0C,0x20,0x34,0x20,
  0x24,0x20,0x34,0x38,0x25,0xC8,0x34,0x48,
  0x24,0x48,0x26,0x88,0x38,0x88,0xE1,0x28,
  0x02,0x10,0x04,0x00,0x00,0x00,0x00,0x00,
};

/*自定义函数*/
void outChinese(char *mat,int matsize,int x,int y,int color);
void fill(int startx,int starty,int endx,int endy,int color);
void showHelp();

void save();
void load();

int mouseStatus(int* x,int* y);
int setMousePos(int x, int y);
void DrawMouse(float x,float y);

void DrawLine();
void DrawRectangle();
void LineToCircle(int x0,int y0,int r);
void DrawCircle();
long factorial(int n);
float berFunction(int i,int n,double t);
void DrawBezier();
```

5.5.2 使用“点阵字模工具”生成字模数组

在 5.5.1 节的编码过程中，预编译中的字模数组是用“点阵字模工具”生成的，读者完全可以用自己需要的点阵信息来替换示例中的字模信息，只要字模大小一致即可，否则显示会出问题。汉字的点阵字模是从点阵字库文件中提取出来的。例如常用的 16×16 点阵 HZK16 文件，12×12 点阵 HZK12 文件等，这些文件包括 GB 2312 字符集中的所有汉字。只要弄清汉字点阵在字库文件中的格式，就可以按照自己的意愿去显示汉字。

下面以 HZK16 文件为例，分析取得汉字点阵字模的方法。

HZK16 文件是按照 GB 2312-80 标准，也就是通常所说的国标码或区位码的标准排列的。国标码分为 94 个区(Section)，每个区 94 个位(Position)，所以也称为区位码。其中 01～09 区为符号、数字区，16～87 区为汉字区，10～15 区、88～94 区是空白区域。

如何取得汉字的区位码呢？在计算机处理汉字和 ASCII 字符时，使每个 ASCII 字符占用 1 个字节，而一个汉字占用两个字节，其值称为汉字的内码。其中第一个字节的值为区号加上 32(20H)，第二个字节的值为位号加上 32(20H)。为了与 ASCII 字符区别开，表示汉字的两个字节的最高位都是 1，也就是两个字节的值又都加上了 128(80H)。这样，通过汉字的内码，就可以计算出汉字的区位码。

具体算式如下：

```
qh=c1-32-128=c1-160 wh=c2-32-128=c2-160
```

或

```
qh=c1-0xa0 wh=c2-0xa0
```

其中 qh 和 wh 为汉字的区号和位号，c1 和 c2 为汉字的第一字节和第二字节。根据区号和位号可以得到汉字字模在文件中的位置：

```
location=(94*(qh—1)+(wh—1))*一个点阵字模的字节数。
```

那么一个点阵字模究竟占用多少字节数呢？我们来分析一下汉字字模的具体排列方式，例如图 5-3 中显示的“汉”字使用 16×16 点阵实现。

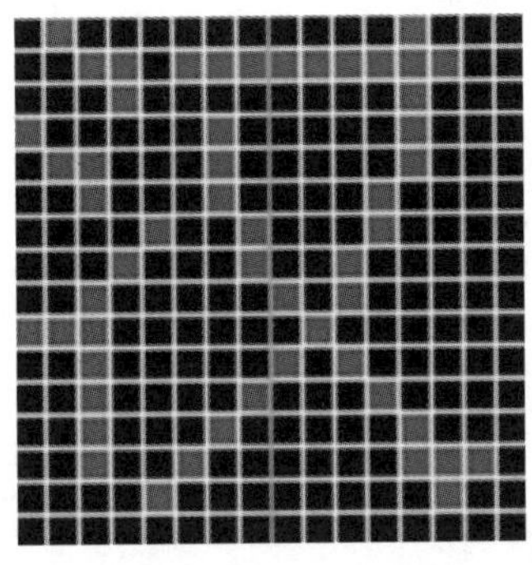

图 5-3　使用 16×16 点阵实现

字模中每一点使用一个二进制位(Bit)表示，如果是 1，则说明此处有点；如果是 0，则说明此处无点。这样，一个 16×16 点阵的汉字总共需要 16*16/8=32 个字节表示。字模的表示顺序为：先从左到右，再从上到下，也就是先画第一行左上方的 8 个点，再画右上方的 8 个点，然后是第二行左边 8 个点，右边 8 个点，依此类推，画满 16×16 个点。

对于其他点阵字库文件，同样使用类似的方法进行显示。例如 HZK12，但是 HZK12 文件的格式有些特别，如果将它的字模当作 12*12 位计算，根本无法正常显示汉字。因为字库设计者为了使用的方便，字模每行的位数均补齐为 8 的整数倍，即该字库的位长度是 16*12，每个字模大小为 24 字节，虽然每行都多出了 4 位，但这 4 位都是 0(不显示)，并不影响显示效果。另外，UCDOS 下的 HZK24S(宋体)、HZK24K(楷体)或 HZK24H(黑体)这些打印字库文件，每个字模占用 24*24/8=72 字节，这类大字模汉字库为了打印方便，将字模都倒放，所以在显示时要注意把横纵方向颠倒过来。清楚了如何得到汉字的点阵字模，就可以在程序中随意的显示汉字了。

“点阵字模工具”的网络资料比比皆是，读者可以利用这些资料加深学习，真正掌握字模数组的精髓。

5.5.3 实现功能控制模块

功能控制模块是根据点阵信息显示中文功能、填充屏幕功能和显示用户指南功能，分别由函数 outChinese()、fill()和 showHelp()来实现。具体说明如下：

(1) void outChinese(char*mat,int matsize,int x,int y,int color)，根据定义的点阵字模数组显示中文。

(2) void fill(int startx,int starty,int endx,int endy,int color)，在指定的区域用指定的颜色来填充。

(3) void showHelp()，显示用户使用指南，包括直线、矩形、圆形和 Bezier 曲线的绘制方法。

具体实现代码如下所示：

```
/*根据点阵信息显示中文函数*/
void outChinese(char *mat,int matsize,int x,int y,int color)
/*依次：字模指针、点阵大小、起始坐标(x,y)、颜色*/
{
 int i, j, k, n;
 n = (matsize - 1) / 8 + 1;
 for(j = 0; j < matsize; j++)
   for(i = 0; i < n; i++)
     for(k = 0;k < 8; k++)
       if(mat[j * n + i] & (0x80 >> k))
         /*测试为 1 的位则显示*/
         putpixel(x + i * 8 + k, y + j, color);
}

/*填充函数*/
void fill(int startx,int starty,int endx,int endy,int color)
{
   int i,j;
       for(i=startx;i<=endx;i++)
           for(j=starty;j<=endy;j++)
           /*在指定位置以指定颜色画一像素*/
           putpixel(i,j,color);

}

/*显示用户帮助函数*/
void showHelp()
```

```
{
   setcolor(14);
   outtextxy(45,50,"Line:");
   setcolor(WHITE);
   outtextxy(45,50,"     1 Press left button to start until to line end.");
   outtextxy(45,65,"     2 Use UP,DOWN,LEFT,RIGHT keys to move it.");
   outtextxy(45,80,"     3 Use PAGEUP key to enlarge it, and PAGEDOWN key to shrink it.");
   outtextxy(45,95,"     4 Use SPACE key to rotate it.");

   setcolor(14);
   outtextxy(45,120,"Rectangle:");
   setcolor(WHITE);
   outtextxy(45,120,"     1 Press left button to start until to right corner.");
   outtextxy(45,135,"     2 Use UP,DOWN,LEFT,RIGHT keys to move it.");
   outtextxy(45,150,"     3 Use PAGEUP key to enlarge it, and PAGEDOWN key to shrink it.");

   setcolor(14);
   outtextxy(45,170,"Circle:");
   setcolor(WHITE);
   outtextxy(45,170,"     1 Press left button to start until to end.");
   outtextxy(45,185,"     2 Use PAGEUP key to enlarge it, and PAGEDOWN key to shrink it.");

   setcolor(14);
   outtextxy(45,205,"Bezier:");
   setcolor(WHITE);
   outtextxy(45,205,"       Press left button to start, and right button to end.");

   outtextxy(45,230,"Press ESC key to stop the operation function.");
   outtextxy(45,245,"Press right button to end the drawing works.");
   outtextxy(45,260,"Press any key to continue......");
   getch();
   fill(40,40,625,270,0);
}
```

5.5.4 实现保存加载模块

此模块的功能是保存和加载，分别由函数 save() 和 load()来实现，具体说明如下：

(1) void save()，保存画布中的像素到指定文件。

(2) void load()，将指定文件中的像素加载到画布中。

具体实现代码如下所示：

```
/*保存函数*/
void save()
{
   int i,j;
```

```
    FILE *fp;
    char fileName[20];

    fill(0,447,630,477,2);
    gotoxy(1,25);
    printf("\n\n\n\n  Input the file name[.dat]:");
    scanf("%s",fileName);
    fill(0,447,630,477,2);

    /*以读写的方式打开文件*/
    if((fp=fopen(fileName,"w+"))==NULL)
    {
        outtextxy(260,455,"Failed to open file!");
        exit(0);
    }
    outtextxy(280,455,"saving...");

    /*保存像素到文件*/
    for(i=5;i<630;i++)
        for(j=30;j<=445;j++)
            fputc(getpixel(i,j),fp);
    fclose(fp);

    fill(0,447,630,477,2);
    outtextxy(260,455,"save over!");
}

/*打开函数*/
void load()
{
    int i,j;
    char fileName[20];
    FILE *fp;

    fill(0,447,630,477,2);
    gotoxy(1,25);
    printf("\n\n\n\n  Input the file name[.dat]:");
    scanf("%s",fileName);

    /*打开指定的文件*/
    if((fp=fopen(fileName,"r+"))!=NULL)
    {
        fill(0,447,630,477,2);
        outtextxy(280,455,"loading...");

        /*从文件中读出像素*/
        for(i=5;i<630;i++)
```

```
        for(j=30;j<=445;j++)
            putpixel(i,j,fgetc(fp));
    fill(0,447,630,477,2);
    outtextxy(280,455,"loading over !");
  }
  /*打开失败*/
  else
  {
    fill(0,447,630,477,2);
    outtextxy(260,455,"Failed to open file!");

  }
  fclose(fp);
}
```

5.5.5 实现鼠标控制模块

鼠标控制模块的功能是实现对鼠标的操作，包括鼠标状态的获取、鼠标位置的设置和绘制鼠标，这几个功能分别由函数 mouseStatus()、setMousePos()和 drawMouse()来实现。具体说明如下：

(1) int mouseStatus(int* x, int* y)，获取鼠标的位置，包括水平位置和垂直位置，以及鼠标的按键情况(左键、右键和没有按键)。

(2) int setMousePos(int x , int y)，设置鼠标的位置，将鼠标指针设置在(x,y)表示的坐标位置。

(3) void DrawMouse(float x,float y)，绘制鼠标。

具体实现代码如下所示：

```
/*获取鼠标状态函数*/
int mouseStatus(int* x,int* y)
{
   /*定义两个寄存器变量，分别存储入口参数和出口参数*/
   union REGS inregs,outregs;
   int status;
   status=NO_PRESSED;

   /*入口参数 AH=3，读取鼠标位置及其按钮状态*/
   inregs.x.ax=3;
   int86(0x33,&inregs,&outregs);
   /*CX 表示水平位置，DX 表示垂直位置*/
   *x=outregs.x.cx;
   *y=outregs.x.dx;

   /*BX 表示按键状态*/
```

```
    if(outregs.x.bx&1)
        status=LEFT_PRESSED;
    else if(outregs.x.bx&2)
        status=RIGHT_PRESSED;
    return (status);
}

/*设置鼠标指针位置函数*/
int setMousePos(int x,int y)
{
    union REGS inregs,outregs;

    /*入口参数AH=4，设置鼠标指针位置*/
    inregs.x.ax=4;
    inregs.x.cx=x;
    inregs.x.dx=y;
    int86(0x33,&inregs,&outregs);
}

/*绘制鼠标函数*/
void DrawMouse(float x,float y)
{
    line(x,y,x+5,y+15);
    line(x,y,x+15,y+5);
    line(x+5,y+15,x+15,y+5);
    line(x+11,y+9,x+21,y+19);
    line(x+9,y+11,x+19,y+21);
    line(x+22,y+19,x+20,y+21);
}
```

5.5.6 图形绘制模块

Turbo C 提供了非常丰富的图形函数，所有图形函数的原型均在 graphics.h 中，在里面实现了图形模式的初始化、独立图形程序的建立、基本图形功能、图形窗口以及图形模式下的文本输出等函数。

1. 初始化图形模式

在 DOS 窗口绘制图形之前，需要先了解初始化图形模式的具体原理。众所周知，不同显示器的适配器有不同的图形分辨率。即使是同一显示器的适配器，在不同模式下也有不同的分辨率。因此在屏幕作图之前，必须根据显示器的适配器种类将显示器设置为某种图形模式，在未设置图形模式之前，计算机系统默认屏幕为文本模式(80 列, 25 行字符模式)，此时所有图形函数均不能工作。设置屏幕为图形模式，可用下列图形初始化函数：

```
void far initgraph(int far *gdriver, int far *gmode, char *path);
```

其中，gdriver 和 gmode 分别表示图形驱动器和模式，path 是指图形驱动程序所在的目录路径。有关图形驱动器、图形模式的符号常数及对应的分辨率信息如表 5-1 所示。

表 5-1　图形驱动器、模式的符号常数及数值

适配器 Driver	模式 Mode	分辨率	颜色数	页　数	标识符
CGA	0	320*200	4	1	CGAC0
	1	320*200	4	1	CGAC1
	2	320*200	4	1	CGAC2
	3	320*200	4	1	CGAC3
	4	640*200	2	1	CGAHI
MCGA	0	320*200	4	1	MCGA0
	1	320*200	4	1	MCGA1
	2	320*200	4	1	MCGA2
	3	320*200	4	1	MCGA3
	4	640*200	2	1	MCGAMED
	5	640*480	2	1	MCGAHI
EGA	0	640*200	16	4	EGAL0
	1	640*350	16	2	EGAHI
EGA64	0	640*200	16	1	EGA64L0
	1	640*350	4	1	EGA64HI
EGAMON0	0	640*350	2	1	EGAMON0HI
IBM8514	0	640*480	256		IBM8514L0
	1	1024*768	256		IBM8514HI
VGA	0	640*200	16	2	VGAL0
	1	640*350	16	2	VGAMED
	2	640*480	16	1	VGAHI
HREC	72	640*348	2	1	HRECMONOHI
ATT400	0	320*200	4	1	ATT400C0
	1	320*200	4	1	ATT400C1
	2	320*200	4	1	ATT400C2
	3	320*200	4	1	ATT400C3
	4	640*200	2	1	ATT400MED
	5	640*400	2	1	ATT400HI
PC3270	0	720*350	2	1	PC3270HI

2. 实现图形绘制模块

图形绘制模块是整个项目的核心，主要包括绘制直线、绘制矩形、绘制圆形和绘制Bezier 曲线。

(1) 绘制直线

绘制直线是由函数 DrawLine()实现的，该函数实现了直线的绘制、调整(包括移动、旋转和缩放)功能。具体实现代码如下所示：

```
/*绘制直线函数*/
void DrawLine()
{
   int x0,y0,x1,y1;
   int last_x=0,last_y=0;
   int endFlag=0;
   int key;
   int temStartx,temStarty,temEndx,temEndy;
   int increment_x,increment_y,angle;

   DrawMouse(last_x,last_y);
   while(1)
   {
        /*右键结束画直线*/
        while((mouseStatus(&x1,&y1)==RIGHT_PRESSED))
            endFlag=1;
        if(endFlag==1)
            break;
        /*鼠标移动，没有单击，仅仅画移动的鼠标*/
        while(mouseStatus(&x1,&y1) == NO_PRESSED)
        {
            if(last_x!=x1||last_y!=y1)
            {
               DrawMouse(last_x,last_y);
               DrawMouse(x1,y1);
               last_x=x1;
               last_y=y1;
            }
        }
        /*单击左键后，开始画直线*/
        if(mouseStatus(&x0,&y0)==LEFT_PRESSED)
        {
            DrawMouse(last_x,last_y);
            line(x0,y0,x1,y1);
            last_x=x1;
            last_y=y1;
            /*拉动过程中，画直线和鼠标*/
            while(mouseStatus(&x1, &y1)==LEFT_PRESSED)
```

```
{
    if(last_x!=x1||last_y!=y1)
    {
        line(x0,y0,last_x,last_y);
        line(x0,y0,x1,y1);
        last_x=x1;
        last_y=y1;
    }
}
/*松开左键后，绘制直线完成，记录直线的起始位置*/
lineStartx=x0;
lineStarty=y0;
lineEndx=x1;
lineEndy=y1;

while(1)
{
    /*从键盘获取键值，开始操作(移动、放大、缩小、旋转)直线*/
    key=bioskey(0);
    /*ESC 键，退出操作*/
    if(key==ESC)
        break;

    /*旋转*/
    if(key==SPACE)
    {
        /*计算旋转中心*/
        /*如果直线是倾斜的*/
        if((lineStarty!=lineEndy)&& (lineStartx!=lineEndx))
        {
            Centx=(lineEndx-lineStartx)/2+lineStartx;
            Centy=(lineEndy-lineStarty)/2+lineStarty;
        }

        /*如果直线是竖直的*/
        if(lineStarty==lineEndy)
        {
            Centx=(lineEndx-lineStartx)/2+lineStartx;
            Centy=lineStarty;
        }

        /*如果直线是水平的*/
        if(lineStartx==lineEndx)
        {
            Centx=lineStartx;
            Centy=(lineEndy-lineStarty)/2+lineStarty;
        }
```

```
            temStartx=lineStartx;
            temStarty=lineStarty;
            temEndx=lineEndx;
            temEndy=lineEndy;

            /*旋转不能超过边界*/
            if(lineStartx>=10 && lineStarty>=40 && lineEndx <=620 && lineEndy <=445)
            {
                /*清除原有的直线*/
                setwritemode(XOR_PUT);
                line(lineStartx,lineStarty,lineEndx,lineEndy);

                /*计算旋转 30 度后的起点坐标*/
                lineStartx=(temStartx-Centx)*cos(pi/6)-(temStarty-Centy)*
                           sin(pi/6)+Centx;
                lineEndx=(temEndx-Centx)*cos(pi/6)-(temEndy-Centy)*
                         sin(pi/6)+Centx;

                /*计算旋转 30 度后的终点坐标*/
                lineStarty=(temStartx-Centx)*sin(pi/6)+(temStarty-Centy)*
                           cos(pi/6)+Centy;
                lineEndy=(temEndx-Centx)*sin(pi/6)+(temEndy-Centy)*
                         cos(pi/6)+Centy;

                temStartx=lineStartx;
                temStarty=lineStarty;
                temEndx=lineEndx;
                temEndy=lineEndy;

                /*绘制旋转后的直线*/
                line(lineStartx,lineStarty,lineEndx,lineEndy);
            }
        }
        /*左移直线*/
        if(key==LEFT)
        {
            if(lineStartx>=10 && lineStarty>=40 && lineEndx <=620 && lineEndy <=445)
            {
                setwritemode(XOR_PUT);
                line(lineStartx,lineStarty,lineEndx,lineEndy);
                /*起始的横坐标减小*/
                lineStartx-=5;
                lineEndx-=5;
                line(lineStartx,lineStarty,lineEndx,lineEndy);
            }
        }
```

```
/*右移直线*/
if(key==RIGHT)
{
    if(lineStartx>=10 && lineStarty>=40 && lineEndx <=620 && lineEndy <=445)
    {
        setwritemode(XOR_PUT);
        line(lineStartx,lineStarty,lineEndx,lineEndy);
        /*起始的横坐标增加*/
        lineStartx+=5;
        lineEndx+=5;
        line(lineStartx,lineStarty,lineEndx,lineEndy);
    }
}

/*下移直线*/
if(key==DOWN)
{
    if(lineStartx>=10 && lineStarty>=40 && lineEndx <=620 && lineEndy <=445)
    {
        setwritemode(XOR_PUT);
        line(lineStartx,lineStarty,lineEndx,lineEndy);
        /*起始的纵坐标增加*/
        lineStarty+=5;
        lineEndy+=5;
        line(lineStartx,lineStarty,lineEndx,lineEndy);
    }
}

/*上移直线*/
if(key==UP)
{
    if(lineStartx>=10 && lineStarty>=40 && lineEndx <=620 && lineEndy <=445)
    {
        setwritemode(XOR_PUT);
        line(lineStartx,lineStarty,lineEndx,lineEndy);
        /*起始的纵坐标减小*/
        lineStarty-=5;
        lineEndy-=5;
        line(lineStartx,lineStarty,lineEndx,lineEndy);
    }
}
/*放大直线*/
if(key==PAGEUP)
{
    if(lineStartx>=10 && lineStarty>=40 && lineEndx <=620 && lineEndy <=445)
    {
```

```
            setwritemode(XOR_PUT);
            line(lineStartx,lineStarty,lineEndx,lineEndy);

            /*如果直线是倾斜的*/
            if((lineStarty!=lineEndy)&& (lineStartx!=lineEndx))
            {
                /*计算直线的倾角*/
                angle=atan((fabs(lineEndy-lineStarty))/
                      (fabs(lineEndx-lineStartx)));
                /*计算水平增量*/
                increment_x=cos(angle)*2;
                /*计算垂直增量*/
                increment_y=sin(angle)*2;

                /*计算放大后的起始坐标*/
                if(lineStartx<lineEndx)
                {
                    lineStartx-=increment_x;
                    lineStarty-=increment_y;
                    lineEndx+=increment_x;
                    lineEndy+=increment_y;
                }
                if(lineStartx>lineEndx)
                {
                    lineEndx-=increment_x;
                    lineEndy-=increment_y;
                    lineStartx+=increment_x;
                    lineStarty+=increment_y;
                }
            }
            /*如果直线是竖直的*/
            if(lineStarty==lineEndy)
            {
                lineStartx-=5;
                lineEndx+=5;
            }
            /*如果直线是水平的*/
            if(lineStartx==lineEndx)
            {
                lineStarty-=5;
                lineEndy+=5;
            }
            line(lineStartx,lineStarty,lineEndx,lineEndy);
        }
    }
    /*缩小直线*/
    if(key==PAGEDOWN)
```

```
{
    if(lineStartx>=10 && lineStarty>=40 && lineEndx <=620 && lineEndy <=445)
    {
        setwritemode(XOR_PUT);
        line(lineStartx,lineStarty,lineEndx,lineEndy);
        /*如果直线是倾斜的*/
        if((lineStarty!=lineEndy)&& (lineStartx!=lineEndx))
        {
            /*计算直线的倾角*/
            angle=atan((fabs(lineEndy-lineStarty))/
                (fabs(lineEndx-lineStartx)));
            /*计算水平减少量*/
            increment_x=cos(angle)*2;
            /*计算垂直减少量*/
            increment_y=sin(angle)*2;
            /*计算缩小后的起始坐标*/
            if(lineStartx<lineEndx)
            {
                lineStartx+=increment_x;
                lineStarty+=increment_y;
                lineEndx-=increment_x;
                lineEndy-=increment_y;
            }
            if(lineStartx>lineEndx)
            {
                lineEndx+=increment_x;
                lineEndy+=increment_y;
                lineStartx-=increment_x;
                lineStarty-=increment_y;
            }
        }

        /*如果直线是竖直的*/
        if(lineStarty==lineEndy)
        {
            lineStartx+=5;
            lineEndx-=5;
        }

        /*如果直线是水平的*/
        if(lineStartx==lineEndx)
        {
            lineStarty+=5;
            lineEndy-=5;
        }
        line(lineStartx,lineStarty,lineEndx,lineEndy);
    }
```

```
                }
            }
            DrawMouse(x1,y1);
        }
    }
    DrawMouse(last_x,last_y);
}
```

由此可见，不但可以绘制直线，而且可以对直线进行上移、下移、左移、右移处理。

(2) 绘制矩形

绘制矩形是由DrawRectangle()函数来实现的，该函数实现了矩形的绘制、调整(包括移动和缩放)功能。其实现原理和绘制、调整方法与直线的实现原理和绘制、调整方法基本一致，具体实现代码如下所示：

```
/*绘制矩形函数*/
void DrawRectangle()
{
    int x0,y0,x1,y1;
    int last_x=0,last_y=0;
    int endFlag=0;
    int key;

    DrawMouse(last_x,last_y);
    while(1)
    {
        /*单击右键，结束绘制矩形*/
        while((mouseStatus(&x1,&y1)==RIGHT_PRESSED))
            endFlag=1;
        if(endFlag==1)
            break;

        /*移动鼠标，仅仅绘制鼠标即可*/
        while(mouseStatus(&x1,&y1) == NO_PRESSED)
        {
            if(last_x!=x1||last_y!=y1)
            {
                DrawMouse(last_x,last_y);
                DrawMouse(x1,y1);
                last_x=x1;
                last_y=y1;
            }
        }

        /*单击左键开始绘制矩形*/
        if(mouseStatus(&x0,&y0)==LEFT_PRESSED)
        {
```

```
        DrawMouse(last_x,last_y);
        rectangle(x0,y0,x1,y1);
        last_x=x1;
        last_y=y1;

        /*按着鼠标左键不动，绘制矩形*/
        while(mouseStatus(&x1,&y1)==LEFT_PRESSED)
        {
            if(last_x!=x1||last_y!=y1)
            {
                rectangle(x0,y0,last_x,last_y);
                rectangle(x0,y0,x1,y1);
                last_x=x1;
                last_y=y1;
            }
        }

        /*绘制结束后，记录左上角和右下角的坐标*/
        TOPx=x0;
        TOPy=y0;
        BOTTOMx=x1;
        BOTTOMy=y1;

        while(1)
        {
            key=bioskey(0);
            if(key==ESC)
                break;

            /*放大矩形*/
            if(key==PAGEUP)
            {
                if(TOPx>=10 && TOPy>=40 && BOTTOMx <=620 &&BOTTOMy <=445)
                {
                    /*清除原有的直线*/
                    setwritemode(XOR_PUT);
                    rectangle(TOPx,TOPy,BOTTOMx,BOTTOMy);
                    /*左上角坐标减小*/
                    TOPx-=5;
                    TOPy-=5;
                    /*右下角坐标增加*/
                    BOTTOMx+=5;
                    BOTTOMy+=5;
                    /*绘制放大后的矩形*/
                    rectangle(TOPx,TOPy,BOTTOMx,BOTTOMy);
                }
            }
```

```
/*缩小矩形*/
 if(key==PAGEDOWN)
 {
     if(TOPx>=10 && TOPy>=40 && BOTTOMx <=620 &&BOTTOMy <=445)
     {
         setwritemode(XOR_PUT);
         rectangle(TOPx,TOPy,BOTTOMx,BOTTOMy);
         /*左上角坐标增加*/
         TOPx+=5;
         TOPy+=5;
         /*右下角坐标减小*/
         BOTTOMx-=5;
         BOTTOMy-=5;
         /*绘制缩小后的矩形*/
         rectangle(TOPx,TOPy,BOTTOMx,BOTTOMy);
     }
 }

 /*左移矩形*/
 if(key==LEFT)
 {
     if(TOPx>=10 && TOPy>=40 && BOTTOMx <=620 &&BOTTOMy <=445)
     {
         setwritemode(XOR_PUT);
         rectangle(TOPx,TOPy,BOTTOMx,BOTTOMy);
         /*横坐标减小*/
         TOPx-=5;
         BOTTOMx-=5;
         rectangle(TOPx,TOPy,BOTTOMx,BOTTOMy);
     }
 }

 /*右移矩形*/
 if(key==RIGHT)
 {
     if(TOPx>=10 && TOPy>=40 && BOTTOMx <=620 &&BOTTOMy <=445)
     {
         setwritemode(XOR_PUT);
         rectangle(TOPx,TOPy,BOTTOMx,BOTTOMy);
         /*横坐标增加*/
         TOPx+=5;
         BOTTOMx+=5;
         rectangle(TOPx,TOPy,BOTTOMx,BOTTOMy);
     }
 }

 /*下移矩形*/
```

```
            if(key==DOWN)
            {
                if(TOPx>=10 && TOPy>=40 && BOTTOMx <=620 &&BOTTOMy <=445)
                {
                    setwritemode(XOR_PUT);
                    rectangle(TOPx,TOPy,BOTTOMx,BOTTOMy);
                    /*纵坐标增加*/
                    TOPy+=5;
                    BOTTOMy+=5;
                    rectangle(TOPx,TOPy,BOTTOMx,BOTTOMy);
                }
            }

            /*上移矩形*/
            if(key==UP)
            {
                if(TOPx>=10 && TOPy>=40 && BOTTOMx <=620 &&BOTTOMy <=445)
                {
                    setwritemode(XOR_PUT);
                    rectangle(TOPx,TOPy,BOTTOMx,BOTTOMy);
                    /*纵坐标减小*/
                    TOPy-=5;
                    BOTTOMy-=5;
                    rectangle(TOPx,TOPy,BOTTOMx,BOTTOMy);
                }
            }
        }
        DrawMouse(x1,y1);
    }
  }
  DrawMouse(last_x,last_y);
}
```

(3) 绘制圆形

圆形的绘制功能通过如下两个函数实现：

- 直线生成圆函数 LineToCircle()；
- 画橡皮筋圆函数 DrawCircle()。

函数 LineToCircle()是为实现画橡皮筋圆(即圆随着鼠标的移动而不断扩大或者缩小)而编写的。圆形的绘制步骤和直线绘制步骤类似，具体实现代码如下所示：

```
/*用直线法生成圆*/
void LineToCircle(int x0,int y0,int r)
{
  int angle;
  int x1,y1,x2,y2;

  angle=0;
```

```
    x1=r*cos(angle*pi/180);
    y1=r*sin(angle*pi/180);

    while(angle<45)
    {
       angle+=5;
       x2=r*cos(angle*pi/180);
       y2=r*sin(angle*pi/180);
       while(x2==x1)
         x2++;
       while(y2==y1)
         y2++;
       line(x0+x1,y0+y1,x0+x2,y0+y2);
       line(x0-x1,y0+y1,x0-x2,y0+y2);
       line(x0+x1,y0-y1,x0+x2,y0-y2);
       line(x0-x1,y0-y1,x0-x2,y0-y2);
       line(x0+y1,y0-x1,x0+y2,y0-x2);
       line(x0+y1,y0+x1,x0+y2,y0+x2);
       line(x0-y1,y0-x1,x0-y2,y0-x2);
       line(x0-y1,y0+x1,x0-y2,y0+x2);
       x1=x2+1;
       y1=y2+1;
    }
}

/*绘制圆函数*/
void DrawCircle()
{
   int x0,y0,x1,y1,r,oldr;
   int last_x,last_y;
   int endFlag;
   int key;

   last_x=0;
   last_y=0;
   endFlag=0;

   DrawMouse(last_x,last_y);
   while(1)
   {
        /*单击右键，绘制圆结束*/
        while((mouseStatus(&x1,& y1)==RIGHT_PRESSED))
        {
            endFlag=1;
        }
        if(endFlag==1)
            break;
```

```
/*移动鼠标，仅绘制鼠标即可*/
while(mouseStatus(&x1,&y1) == NO_PRESSED)
{
    if(last_x!=x1||last_y!=y1)
    {
        DrawMouse(last_x,last_y);
        DrawMouse(x1,y1);
        last_x=x1;
        last_y=y1;
    }
}

/*单击左键，开始绘制圆*/
if(mouseStatus(&x0,&y0)==LEFT_PRESSED)
{
    /*计算半径*/
    r=sqrt((x0-x1)*(x0-x1)+(y0-y1)*(y0-y1));
    DrawMouse(last_x,last_y);
    LineToCircle(x0,y0,r);
    last_x=x1;
    last_y=y1;
    oldr=r;

    /*按住鼠标左键不动，拖动鼠标绘制圆*/
    while(mouseStatus(&x1,&y1)==LEFT_PRESSED)
    {
        if(last_x!=x1||last_y!=y1)
        {
            r=sqrt((x0-x1)*(x0-x1)+(y0-y1)*(y0-y1));
            LineToCircle(x0,y0,oldr);
            LineToCircle(x0,y0,r);
            last_x=x1;
            last_y=y1;
            oldr=r;
        }
    }
    /*绘制结束后，记录圆的圆心和半径*/
    Rx=x0;
    Ry=y0;
    R=r;

  while(1)
  {
    key=bioskey(0);
    if(key==ESC)
      break;
```

```
/*放大圆*/
if(key==PAGEUP)
    {
        if(Rx-R>10 && Ry-R>40 && Rx+R<620 && Ry+R<445)
        {
            /*如果半径和初始状态一样大，则保留原来的圆*/
            if(R==r)
            {
                setcolor(WHITE);
                R+=10;
                circle(Rx,Ry,R);
            }
            else
            {
                setcolor(BLACK);
                /*用背景色画圆，覆盖原有的*/
                circle(Rx,Ry,R);
                /*增加半径*/
                R+=10;
                setcolor(WHITE);
                /*绘制新圆*/
                circle(Rx,Ry,R);
            }
        }
    }
/*缩小圆*/
if(key==PAGEDOWN)
    {
        if(Rx-R>10 && Ry-R>40 && Rx+R<620 && Ry+R<445)
        {
            /*如果半径和初始状态一样大，则保留原来的圆*/
            if(R==r)
            {
                setcolor(WHITE);
                R-=10;
                circle(Rx,Ry,R);
            }
            else
            {
                setcolor(BLACK);
                /*用背景色画圆，覆盖原有的*/
                circle(Rx,Ry,R);
                setcolor(WHITE);
                /*减小半径*/
                R-=10;
                circle(Rx,Ry,R);
            }
```

```
                    }
                }
            }
            DrawMouse(x1,y1);
        }
    }
    DrawMouse(last_x,last_y);
}
```

(4) 绘制 Bezier 曲线

Bezier 曲线的生成涉及数学计算，此功能需要由 3 个函数来实现，分别是求阶乘函数、伯恩斯坦基函数和 Bezier 曲线绘制函数，具体说明如下：

- long factorial(int n)，计算阶乘。
- float berFunction(int i,int n,doublet)，计算伯恩斯坦基函数。
- void DrawBezier()，Bezier 曲线绘制函数。

具体实现代码如下所示：

```
/*求阶乘函数*/
long factorial(int n)
{
    long s=1;
    if(n==0)
        return 1;

    while(n>0)
    {
        s*=n;
        n--;
    }
    return s;
}

/*伯恩斯坦基函数*/
float berFunction(int i,int n,double t)
{
    if(i==0&&t==0||t==1&&i==n)
        return  1;
    else if(t==0||t==1)
        return 0;
    return  factorial(n)/(factorial(i)*factorial(n-i))*pow(t,i)*pow(1-t,n-i);

}

/*绘制 Bezier 曲线函数*/
void DrawBezier()
```

```
{
    int x,y,x0,y0,x1,y1;
    float j,t,dt;
    int i,n;
    int endFlag=0;
    int last_x=0,last_y=0;
    n=0;

    DrawMouse(last_x,last_y);
    while(mouseStatus(&x1,&y1)==LEFT_PRESSED);
    while(1)
    {
            while((mouseStatus(&x1,&y1)==RIGHT_PRESSED))
                endFlag=1;
            if(endFlag==1)
                break;
            /*如果有两个以上的点，则将其连接，即画直线*/
            if(n>1)
              line(linePoint_x[n-1],linePoint_y[n-1],linePoint_x[n-2],linePoint_y[n-2]);

            /*移动鼠标*/
            while(mouseStatus(&x1,&y1) == NO_PRESSED)
            {
                if(last_x!=x1||last_y!=y1)
                {
                    DrawMouse(last_x,last_y);
                    DrawMouse(x1,y1);
                    last_x=x1;
                    last_y=y1;
                }
            }
            /*单击左键时，绘制点*/
            while(mouseStatus(&x0,&y0)==LEFT_PRESSED);
            putpixel(x0,y0,14);
            /*记录每次鼠标左键单击的点坐标*/
            linePoint_x[n]=x0;
            linePoint_y[n]=y0;
            n++;
     }
     DrawMouse(x1,y1);
     dt=1.0/10;
     setwritemode(0);
     for(j=0;j<=10;j+=0.5)
     {
       t=j*dt;
       x=0;
       y=0;
```

```
        i=0;
        while(i<n-1)
        {
            x+=berFunction(i,n-2,t)*linePoint_x[i];
            y+=berFunction(i,n-2,t)*linePoint_y[i];
            i++;
        }
        if(j==0)
           moveto(x,y);

        lineto(x,y);

      }
      setwritemode(1);
}
```

5.5.7 主函数模块

主函数 main()实现对整个项目程序的控制。首先进行屏幕的初始化，进入图形界面，进行按钮绘制、中文输出等操作，然后对用户单击的按钮进行捕获，并调用相应的函数进行处理。具体实现代码如下所示：

```
void main()
{
    int gdriver,gmode;
    int x0,y0,x1,y1;
    int last_x,last_y;
    int i;

    x0=250;
    y0=250;
    gdriver=DETECT;
    while( 1)
    {
        initgraph(&gdriver,&gmode,"");
        setbkcolor(0);
        setcolor(14);
        /*绘制画布*/
        rectangle(5,30,630,445);
        setfillstyle(1,2);
        /*填充画布以外的颜色，画布仍呈背景色*/
        floodfill(10,10,14);

        /*绘制按钮框*/
        for(i=0;i<=7;i++)
```

```
    {
        setcolor(RED);
        line(60*i+1,2,60*i+1,25);
        line(60*i+1,2,60*i+55,2);
        setcolor(RED);
        line(60*i+1,25,60*i+55,25);
        line(60*i+55,2,60*i+55,25);
    }

    setcolor(RED);
    line(0,446,639,446);
    line(0,478,639,478);

    setcolor(8);
    /*绘制退出按钮框*/
    rectangle(570,2,625,25);
    setfillstyle(1,RED);
    floodfill(620,5,8);
    setcolor(WHITE);
    outtextxy(585,10,"EXIT");

    /*显示“直线”*/
    outChinese(zhi16K, 16, 10,6, WHITE);
    outChinese(xian16K, 16, 28,6, WHITE);

    /*显示“矩形”*/
    outChinese(ju16K, 16, 70,6, WHITE);
    outChinese(xing16K, 16, 88,6, WHITE);

    /*显示“圆形”*/
    outChinese(yuan16K, 16, 130,6, WHITE);
    outChinese(xing16K, 16, 148,6, WHITE);

    outtextxy(185,10,"Bezier");

    /*显示“清屏”*/
    outChinese(qing16K, 16, 250,6, WHITE);
    outChinese(ping16K, 16, 268,6, WHITE);

    /*显示“保存”*/
    outChinese(bao16K, 16, 310,6, WHITE);
    outChinese(cun16K, 16, 328,6, WHITE);

    /*显示“加载”*/
    outChinese(jia16K, 16, 370,6, WHITE);
    outChinese(zai16K, 16, 388,6, WHITE);
```

```
    /*显示“帮助”*/
    outChinese(bang16K, 16, 430,6, WHITE);
    outChinese(zhu16K, 16, 448,6, WHITE);

    setMousePos(x0,y0);
    setwritemode(1);
    DrawMouse(x0,y0);

    last_x=x0;
    last_y=y0;
    while(!((mouseStatus(&x1,&y1)==NO_PRESSED) && x1>240 &&x1<295&&y1>1&&y1<25))
    {
        /*单击退出按钮*/
        if((mouseStatus(&x1,&y1)==NO_PRESSED) && x1>570 &&x1<625&&y1>1&&y1<25)
            exit(0);
        /*鼠标移动*/
        while(mouseStatus(&x1,&y1) == NO_PRESSED||y1>25)
        {
            if(last_x!=x1 && last_y!=y1)
            {
                DrawMouse(last_x,last_y);
                DrawMouse(x1,y1);
                last_x=x1;
                last_y=y1;
            }
        }

        DrawMouse(last_x,last_y);
        /*在按钮框中单击左键后*/
        while(mouseStatus(&x1,&y1)==LEFT_PRESSED);
        /*绘制直线*/
        if(x1>0 && x1<60 && y1>1 && y1<25)
        {
            setwritemode(0);
            setcolor(8);
            /*呈凹陷状态*/
            line(1,2,1,25);
            line(1,2,55,2);
            setcolor(15);
            line(1,25,55,25);
            line(55,2,55,25);
            setwritemode(1);

            DrawLine();

            setwritemode(0);
            setcolor(RED);
```

```
        /*还原成初始状态*/
        rectangle(1,2,55,25);
        setcolor(15);
        setwritemode(1);

        DrawMouse(last_x,last_y);
    }

    /*绘制矩形*/
    if(x1>60 && x1<115 && y1>1 && y1<25)
    {
        setwritemode(0);
        setcolor(8);
        line(61,2,61,25);
        line(61,2,115,2);
        setcolor(15);
        line(61,25,115,25);
        line(115,2,115,25);
        setwritemode(1);

        DrawRectangle();

        setwritemode(0);
        setcolor(RED);
        rectangle(61,2,115,25);
        setcolor(15);
        setwritemode(1);

        DrawMouse(last_x,last_y);
    }

    /*绘制圆形*/
    if(x1>120 && x1<175 && y1>1 && y1<25)
    {
        setwritemode(0);
        setcolor(8);
        line(121,2,121,25);
        line(121,2,175,2);
        setcolor(15);
        line(121,25,175,25);
        line(175,2,175,25);
        setwritemode(1);

        DrawCircle();

        setwritemode(0);
        setcolor(RED);
        rectangle(121,2,175,25);
```

```
        setcolor(15);
        setwritemode(1);

        DrawMouse(last_x,last_y);
    }

    /*绘制 Bezier 曲线*/
    if(x1>180 && x1<235 && y1>1 && y1<25)
    {
        setwritemode(0);
        setcolor(8);
        line(181,2,181,25);
        line(181,2,235,2);
        setcolor(15);
        line(181,25,235,25);
        line(235,2,235,25);
        setwritemode(1);

        DrawBezier();

        setwritemode(0);
        setcolor(RED);
        rectangle(181,2,235,25);
        setcolor(15);
        setwritemode(1);
        DrawMouse(last_x,last_y);
    }

    /*保存文件*/
    if(x1>300 && x1<355 && y1>1 && y1<25)
    {
        setwritemode(0);
        setcolor(8);
        line(301,2,301,25);
        line(301,2,355,2);
        setcolor(15);
        line(301,25,355,25);
        line(355,2,355,25);
        setwritemode(1);

        save();

        setwritemode(0);
        setcolor(RED);
        rectangle(301,2,355,25);
        setcolor(15);
        setwritemode(1);
        DrawMouse(last_x,last_y);
    }
```

```
        /*加载已有的文件*/
        if(x1>360 && x1<415 && y1>1 && y1<25)
        {
            setwritemode(0);
            setcolor(8);
            line(361,2,361,25);
            line(361,2,415,2);
            setcolor(15);
            line(361,25,415,25);
            line(415,2,415,25);
            setwritemode(1);

            load();

            setwritemode(0);
            setcolor(RED);
            rectangle(361,2,415,25);
            setcolor(15);
            setwritemode(1);
            DrawMouse(last_x,last_y);
        }

        /*显示用户帮助*/
        if(x1>420 && x1<475 && y1>1 && y1<25)
        {
            setwritemode(0);
            setcolor(8);
            line(421,2,421,25);
            line(421,2,475,2);
            setcolor(15);
            line(421,25,475,25);
            line(475,2,475,25);
            setwritemode(1);

            showHelp();

            setwritemode(0);
            setcolor(RED);
            rectangle(421,2,475,25);
            setcolor(15);
            setwritemode(1);
            DrawMouse(last_x,last_y);
        }

    }
    closegraph();
  }
}
```

5.6　项目测试

扫码看视频

整个项目基于了图形绘制，所以不能用 Visual C++6.0 或 DEV-C++等工具来实现，而只能用 Turbo C 来实现。但是对于用户来说，在虚拟 DOS 界面中展示项目很不方便。需要找一种简单而方便的方法，希望能够在 Windows 环境下实现整个操作。笔者的解决方案是使用第三方工具——DOSBox，它可以完全满足我的要求，其运行后界面如图 5-4 所示。

```
DOSBox 0.72, Cpu Cycles:     3000, Frameskip  0, Program:   DOSBOX

Welcome to DOSBox v0.72

For a short introduction for new users type: INTRO
For supported shell commands type: HELP

If you want more speed, try ctrl-F8 and ctrl-F12.
To activate the keymapper ctrl-F1.
For more information read the README file in the DOSBox directory.

HAVE FUN!
The DOSBox Team

Z:\>SET BLASTER=A220 I7 D1 H5 T6

Z:\>SET ULTRASND=240,3,3,5,5

Z:\>SET ULTRADIR=C:\ULTRASND

Z:\>_
```

图 5-4　DOSBox 运行效果

开始测试项目，系统主界面的显示效果如图 5-5 所示。

图 5-5　系统主页效果图

运行后鼠标指针停留在程序初始化时指定的位置，图中显示了各种绘图按钮、保存、加载按钮，以及退出按钮，单击绘图按钮则会进行相应的绘图工作。例如，图 5-6 显示了绘制矩形的效果。

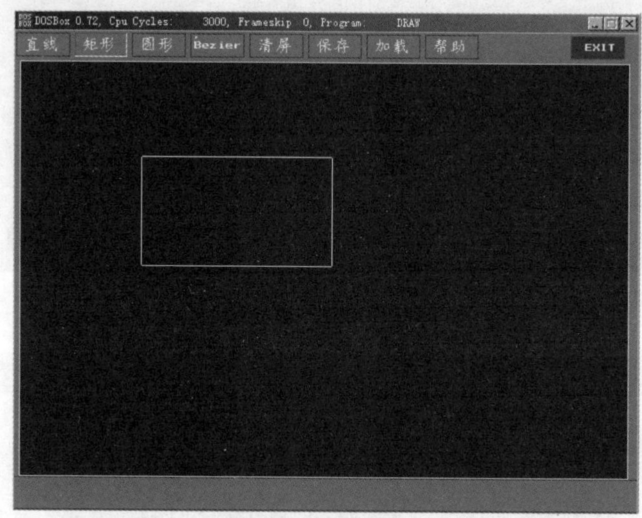

图 5-6　绘制矩形效果

第6章 智能图书馆管理系统

为了适应读者对图书的需求，同时又大大减轻图书馆工作人员的工作量，全面提高图书馆的管理效率及服务质量，各类小型图书馆，以及各类大中专院校、中小学校、企事业单位的图书馆和资料室实现现代化综合管理是大势所趋。本章讲解使用C语言编写一个图书管理系统的具体实现过程。

6.1　背景介绍

扫码看视频

图书是人类不可缺少的精神食粮，尤其对于渴求知识的学生们来说，更为重要。然而，面对日益增长的图书借阅要求，使用传统的借阅方式不仅时间长，也给用户带来了许多不便，管理员对图书、期刊的管理也存在着效率低、保密性差等问题，时间一长，将产生大量的文件和数据，再加上图书数量增加，不但会需要较多的管理员，而且也使工作变得越来越繁重。

随着信息技术的飞速发展，我们正步入一个高度信息化的时代，计算机在全球范围内的普及程度不断加深，它的作用也越来越大，因此，开发一个界面设计人性化，易于操作的图书借阅管理系统，以实现业务流程自动化变得十分重要。

MIS(Management Information System，管理信息系统)是一个以人为主导，利用计算机硬件、软件、网络通信设备以及其他办公设备，进行信息的收集、传输、加工、储存、更新和维护，以战略竞优、提高效益和效率为目的，支持高层决策、中层控制、基层运作的集成化的人机系统。图书借阅管理系统是一个典型的管理信息系统，其主要任务是利用计算机的存储容量大、保密性好等优点实现对大量图书信息的管理和图书的借阅管理。MIS 系统主要用于管理需要的记录，并对记录数据进行相关处理。例如，可以利用 MIS 系统管理用户的借阅信息，并将信息及时反馈给管理人员，使其了解当前用户借阅是否超期等状况，并对其进行相应的管理操作。

图书借阅管理系统是从广义的管理入手，严格遵守系统的效能，是一个结构复杂、功能强大的管理信息系统。该系统提高了图书管理的方便性、实用性、安全性、准确性，可以很有效地管理图书信息，提高用户借阅图书的效率，并能随时添加、修改、删除借阅信息，以便提供全面、科学、有效的信息服务。

6.2　项目规划分析

项目规划分析是软件开发的第一步，本节简要介绍本项目的规划分析工作。

扫码看视频

6.2.1　项目介绍

本项目的客户 Hobby 是一家小型书店的老板，近来发现图书市场低迷，想通过租书来提高盈利。为此想开发一个图书智能管理系统，实现对租书业务的综合管理。客户 Hobby 提出了如下两点要求：

(1) 能够对系统内的图书信息进行管理维护；

(2) 能够实现图书的借阅操作。

这是笔者和同学联合完成的一个兼职项目，具体责任分工如下所示。

- 老同学：负责前期功能分析，策划构建系统模块，规划系统函数。
- 我：负责整个项目的编码工作和后期的调试。

整个团队的职责流程如图 6-1 所示。

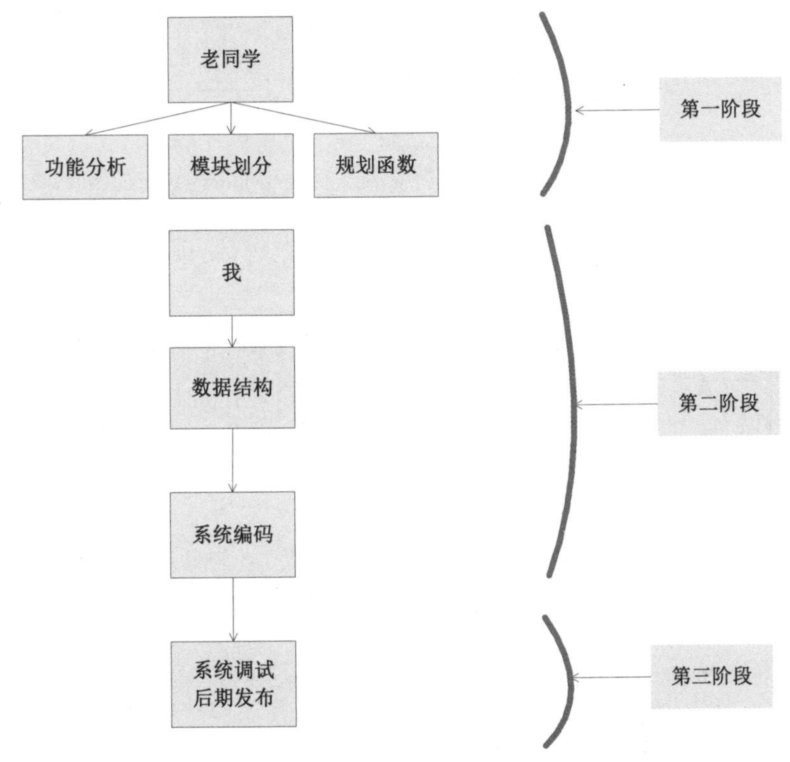

图 6-1 职责流程图

6.2.2 功能分析

本软件以 C 语言为开发工具，针对图书馆的业务范围及工作特点，设计了读者管理、图书管理、借阅管理、系统运行维护等 4 个子系统，可以全面实现对图书馆采购、编目、检索、统计和流通等业务的计算机管理，使图书馆管理水平和业务水平跃上一个新的台阶。本系统是根据实际情况和具体内容，按照一定的要求，科学、合理地进行系统分析、设计，具体包括菜单设计、数据输入、查询、删除、修改等设计，满足经济性、灵活性、系统性及可靠性的要求。

6.2.3 模块分析

图书智能管理系统项目的模块结构如图 6-2 所示。

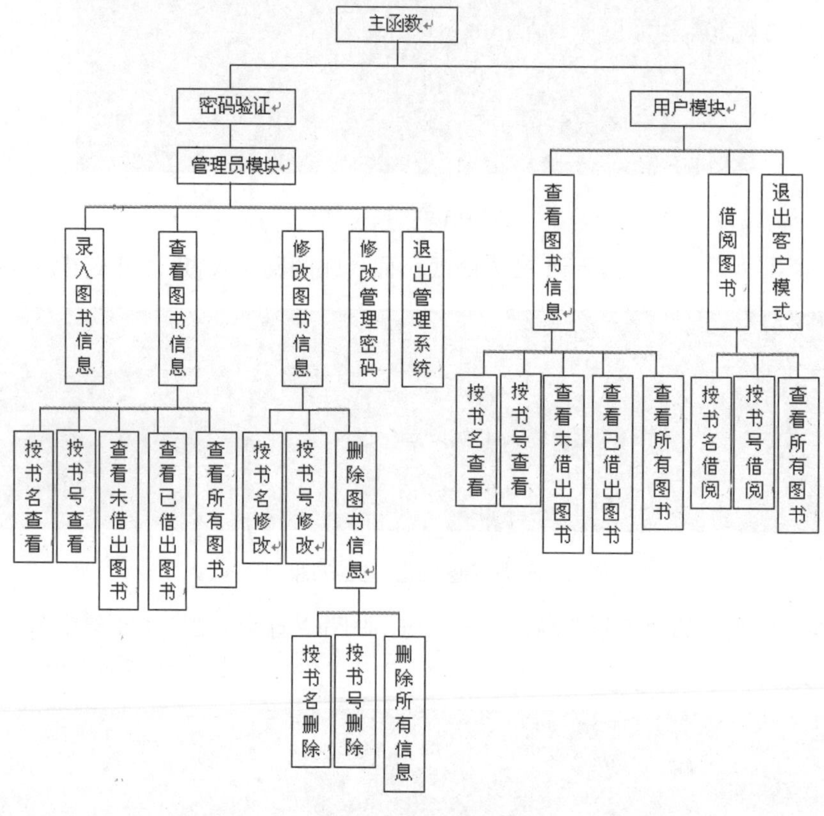

图 6-2 模块结构图

6.3 规划系统函数

系统函数是整个项目的灵魂，项目中的功能都是通过函数实现的。所以本阶段的工作十分重要，需要预先仔细分析并规划，为后面的工作打好基础。

扫码看视频

6.3.1 根据模块化设计和低耦合思想规划系统函数

在软件系统中，耦合是指软件系统结构中各模块间相互联系紧密程度的一种度量。模块之间联系越紧密，其耦合性就越强，模块的独立性则越差。模块间耦合高低取决于模块间接口的复杂性、调用的方式及传递的信息。为了实现本系统的低耦合性，在规划系统函数时，特意设置一个函数只实现一个功能。例如在查看图书模块中，完全可以在同一个函数中实现查看所有图书、按照书名查看、按照图书编号查看的功能，通过 else 分支语句进行判断并分别处理。但是这样做会提高耦合性，当后期需要升级某一个功能时，整个函数的改动量会比较大。为了遵循模块化设计和低耦合思想，特意一个函数只实现一个功能。在本系统中，各个函数之间的接口十分明显，那就是某一本图书的标识，例如图书编码、图书名。只要获取了某本图书的名字或编号，则这本图书的详细信息便可以调用显示出来。

6.3.2 系统函数

1. 密码验证

(1) 函数原型：int mimayanzheng()

(2) 功能：利用 strcmp()字符串比较函数与实现初始化的密码进行对比。与密码相同则进入管理员模式。

(3) 其 N-S 流程图如图 6-3 所示。

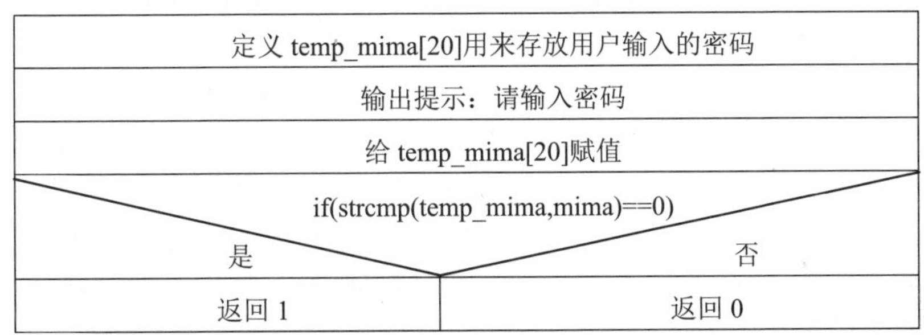

图 6-3 N-S 流程图

(4) 说明：当密码不正确时，直接返回欢迎界面(主菜单)。

2. 录入信息

(1) 函数原型：void xinxi()

(2) 功能：利用 printf()提示信息，函数 scanf()对图书信息进行录入。

(3) 其 N-S 流程图如图 6-4 所示。

(4) 说明：当密码不正确时，直接返回欢迎界面(主菜单)。

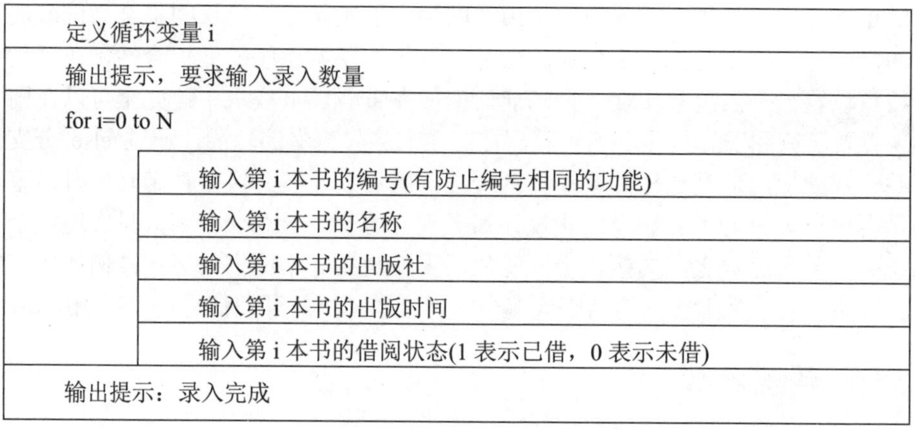

<table>
<tr><td colspan="2">定义循环变量 i</td></tr>
<tr><td colspan="2">输出提示，要求输入录入数量</td></tr>
<tr><td colspan="2">for i=0 to N</td></tr>
<tr><td rowspan="5"></td><td>输入第 i 本书的编号(有防止编号相同的功能)</td></tr>
<tr><td>输入第 i 本书的名称</td></tr>
<tr><td>输入第 i 本书的出版社</td></tr>
<tr><td>输入第 i 本书的出版时间</td></tr>
<tr><td>输入第 i 本书的借阅状态(1 表示已借，0 表示未借)</td></tr>
<tr><td colspan="2">输出提示：录入完成</td></tr>
</table>

图 6-4　N-S 流程图

3. 按书号查看图书信息

(1) 函数原型：void showbook_num()

(2) 功能：利用 printf()提示信息，函数 scanf()输入要查找的图书号并利用循环进行查找该图书。如果找到则输出该图书的信息，反之则提示“不存在该书”。

(3) 参数及类型：无。

(4) 其 N-S 流程图如图 6-5 所示。

4. 查看所有已借图书信息

(1) 函数原型：yijieyue()

(2) 功能：利用循环和函数 printf()来实现信息的输出。

(3) 参数及类型：无。

5. 查看所有未借图书信息

(1) 函数原型：weijieyue()

(2) 功能：利用循环和函数 printf()来实现信息的输出。

(3) 参数及类型：无。

6. 按书名借阅图书

(1) 函数原型：jie_name()

(2) 功能：利用循环和函数 printf()来实现信息的输出，函数 strcmp()实现查找图书。

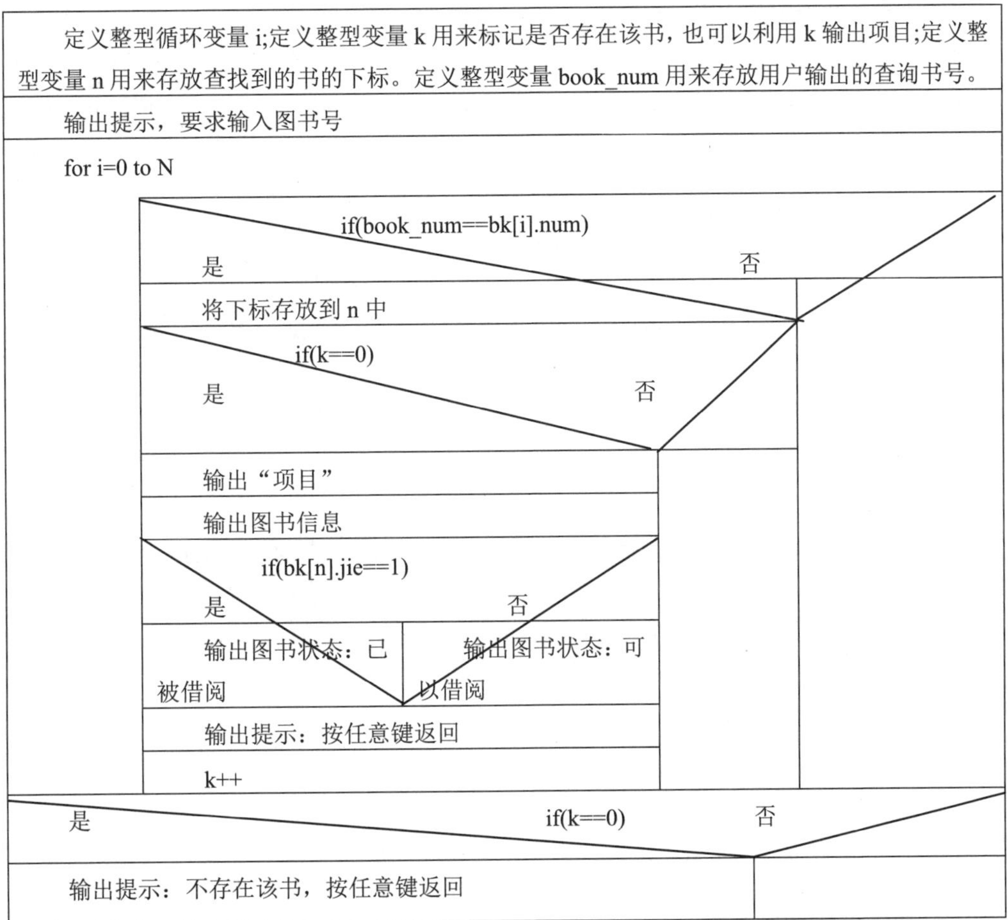

图 6-5　N-S 流程图

7. 按书号借阅图书

(1) 函数原型：jie_num()

(2) 功能：利用循环和函数 printf()来实现信息的输出，利用循环实现查找图书。

8. 按书名进行查找并修改信息

(1) 函数原型：xiugai_name()

(2) 功能：利用循环和函数 printf()来实现信息的输出，利用循环找到要修改图书，并覆盖原值进行修改。

(3) 参数及类型：无。

9. 按书号进行查找并修改信息

(1) 函数原型：xiugai_num()

(2) 功能：利用循环和函数 printf()来实现信息的输出，利用循环找到要修改图书，并覆盖原值进行修改。

(3) 参数及类型：无。

10. 删除所有图书

(1) 函数原型：dele_all()

(2) 功能：利用循环和函数 printf()来实现信息的输出。将长度 N 赋值为零时所有信息都会被删除。

(3) 参数及类型：无。

11. 按书名删除图书信息

(1) 函数原型：dele_name()

(2) 功能：利用循环和函数 printf()来实现信息的输出。利用函数 strcmp()对图书信息进行查找。将查找到的图书信息的下标记录，并将其后面的元素向前移动一个元素，这样就实现了删除单个图书信息。

(3) 参数及类型：无。

12. 按书号删除图书信息

(1) 函数原型：dele_num()

(2) 功能：利用循环和函数 printf()来实现信息的输出。利用函数 strcmp()对图书信息进行查找。将查找到的图书信息的下标记录，并将其后面的元素向前移动一个元素，这样就实现了删除单个图书信息。

(3) 参数及类型：无。

13. 主函数

(1) 函数原型 main()

(2) 功能：调用各个模块实现各项功能。

(3) 参数及类型：无。

6.4 具体编码

从本节开始步入项目的第二阶段，现在规划资料充足，既有功能分析策划书，也有模块结构图和规划的系统函数。有了这些资料，整个编码思路就十分清晰了，只需参照规划函数即可轻松实现。

扫码看视频

6.4.1 定义结构体

在本模块中首先预处理引入相关文件，然后定义图书结构体 book。具体实现代码如下所示：

```
#include"stdio.h"
#include"conio.h"
#include"string.h"
#include"stdlib.h"
int N;
char mima[20]="mm";
/**********定义图书结构体类型 book*******/
struct book
{
    long num;
    char name[20];
    char publish[20];/*出版社*/
    struct time
    {
        int day;
        int month;
        int year;
    }t;
    int jie;/*借阅*/
}bk[20];
```

通过上面的编码工作，可以意识到了结构体的重要作用。结构体是整个项目的基础，所需要的数据信息都要定义在结构体中。整个图书只显示数量、名字、出版社、时间和是否借阅这几个数据，设计结构体时，只需要将这几个数据包含进去即可。对于结构体来说，只要理解了结构体的内存分配问题，结构体就掌握得差不多了。具体来说要掌握以下几个原则：

(1) 结构体每个成员相对于结构体首地址的偏移量(offset)都是(这个)成员大小的整数倍，如有需要编译器会在成员之间加上填充字节(internal adding)。例如有以下一个结构体：

```
    struct ex {
            int i;
            char t;
            int n;
}
```

第 1 个成员偏移量为 0，是 int 型成员大小 4(假设这台机器的整型长度占 4 个字节)的整数倍。

第 2 个成员 t 为 char 型，大小为 1，首先假设在成员 i 和 t 之间没有填充字节，由于 i

是整型，占 4 个字节，那么在没有填充之前，第 2 个成员 t 相对于结构体的偏移量为 4，它是 t 成员大小 1 的 4 倍，符合此条件，所以系统在给结构体第 2 个成员分配内存时，不会在 i 和 t 之间填充字节以到达对齐的目的。

当分配结构体第 3 个成员 n 时，首先发现是一个整型数据，大小为 4，没有填充之前，n 相对于结构体首地址偏移量为：前面 2 个成员+填充字节=5，所以当系统发现 5 不是 4(成员大小)的整数倍时，会在成员 t 之后(或者说 n 之前)填充 3 个字节，以使 n 的偏移量到达 8 而成为 4 的整数倍。这样这个结构体占用内存情况暂时为 4+1+3+4。

(2) 结构体的总大小为结构体最宽基本类型成员大小的整数倍，如有需要编译器会在最末一个成员之后加上填充字节(trailing padding)。

上面的结构体内存分配以后还要看是否满足此条件，假设在最末一个成员之后不需填充字节数，那么这个结构体的大小为 12。而 ex 结构体中最宽基本类型成员为 int，大小为 4，12 为 4 的整数倍，所以无须再在最末一个成员之后加上填充字节了，所以 sizeof(ex)=12。

如果一个结构体如下所示：

```
struct ex1{
            int i;
            char t;
            int n;
            char add;
    }
```

那么 sizeof(ex1) =16；原因就是在最后一个成员之后填充了 3 个字节。

(3) 结构体变量的首地址能够被其最宽基本类型成员的大小所整除。

(4) 对于结构体成员属性中包含结构体变量的复合型结构体，在确定最宽基本类型成员时，应当包括复合类型成员的子成员。但在确定复合类型成员的偏移位置时，则是将复合类型作为整体看待。

(5) 结构体的大小，等于最后一个成员的偏移量，加上其大小，再加上末尾的填充字节数目，即：

```
sizeof( struct ) = offsetof( last item ) + sizeof( last item ) + sizeof( trailing padding )
```

在 C/C++中已经提供了宏 offsetof 来计算成员的偏移量。注意包含头文件：C 是 <stddef.h>，C++ 是 <cstddef>。

6.4.2 建立图书信息库

本功能通过方法 xinxi()实现保存添加的图书的信息，包括图书的编号、数量、书名、出版社、出版时间等信息。具体实现代码如下所示：

```
/********建立图书信息库********/
void xinxi()
{
   int i;
   system("CLS");
   printf("\t\t         =====================        \n");
   printf("\t\t              录入图书信息             \n");
   printf("\t\t         =====================        \n\n");
   printf("\t\t请输入您要录入的数量:");
   scanf("%d",&N);
   for(i=0;i<N;i++)
   {
      printf("\t\t请输入第%d本书的编号:",i+1);
      scanf("%d",&bk[i].num);
      printf("\t\t请输入第%d本书的名称:",i+1);
      scanf("%s",bk[i].name);
      printf("\t\t请输入第%d本书的出版社:",i+1);
      scanf("%s",bk[i].publish);
      printf("\t\t请输入第%d本书的出版时间(用逗号隔开):",i+1);
      scanf("%d,%d,%d",&bk[i].t.year,&bk[i].t.month,&bk[i].t.day);
      printf("\t\t该书是否已经被借阅,已被借阅输入'1', 未被借阅输入'0':");
      scanf("%d",&bk[i].jie);
      printf("----------------------------------------------------------\n");
   }
   system("CLS");
   printf("\t\t         =====================        \n");
   printf("\t\t              信息录入完成             \n");
   printf("\t\t         =====================        \n");
   printf("\n\t\t              按任意键继续...\n");
}
```

6.4.3 主菜单和密码处理

本功能是由函数 mymainmenu()、mimayanzheng()和 xiugaimima()实现的，具体说明如下：

- 函数 mymainmenu()：显示系统执行后的初始菜单界面；
- 函数 mimayanzheng()：设置系统的管理员密码；
- 函数 xiugaimima()：实现密码修改。

具体实现代码如下所示：

```
/******主菜单******/
int mymainmenu()
{
   int x;
```

```
    printf("\n\n\n\n");
   printf("\t\t|------------------------------------------------------------|\n");
   printf("\t\t|                                                  |\n");
   printf("\t\t|       ======================             |\n");
   printf("\t\t|        欢迎光临智能图书馆管理系统        |\n");
   printf("\t\t|       ======================             |\n");
   printf("\t\t|                                          |\n");
   printf("\t\t|           1.管理员模式                   |\n");
   printf("\t\t|           2.客户模式                     |\n");
   printf("\t\t|           3.退出系统                     |\n");
   printf("\t\t|------------------------------------------------------------|\n");
   printf("\n\t\t 请输入您的选择:");
   scanf("%d",&x);
   return x;
}
/**************管理员密码验证*****************/
int mimayanzheng()
{
    char temp_mima[20];/*用来存放用户输入的密码*/
   printf("\n");
   printf("\t\t         ======================          \n");
   printf("\t\t            欢迎使用管理员模式            \n");
   printf("\t\t         ======================          \n");
   printf("\n");
   printf("\t\t         请输入密码:");
   scanf("%s",temp_mima);
    if(strcmp(temp_mima,mima)==0)/*比较密码*/
        return 1;
    else
        return 0;
}
/**************修改密码***********/
void xiugaimima()
{
    char temp_mima[20],temp1[20],temp2[20];/* temp_mima[20]用来存放用户输入的密码,
temp1[20],temp2[20]分别用来存放用户输入的两次修改的密码*/
printf("\n");
   printf("\t\t         ======================          \n");
   printf("\t\t                 修改密码                 \n");
   printf("\t\t         ======================          \n");
   printf("\n");
    printf("\t\t          请输入原始密码:");
    scanf("\t\t%s",temp_mima);
   while(1)
   {
    if(strcmp(temp_mima,mima)==0)/*比较密码*/
    {
```

```
        printf("\t请输入新密码:");
        scanf("%s",temp1);
        printf("\t请再输入一次:");
        scanf("%s",temp2);
        if(strcmp(temp1,temp2)==0)/*如果输入的两次新密码都相同*/
        {
            printf("\t修改密码成功!!请记牢密码,任意键返回...");
            strcpy(mima,temp1);
            getch();break;
        }
        else
        {
            printf("\t输入两次密码不相同，修改失败!任意键返回...");
            getch();
            break;
        }
    }
    else
    {
        printf("\t密码错误!您不能进行密码修改!任意键返回...");
        getch();
        break;
    }
  }
}
```

6.4.4 系统模式

整个系统分为管理员模式和普通用户模式，分别通过方法 adm()和 peo()来实现，具体说明如下：

- 方法 adm()：显示管理员模式的菜单界面；
- 方法 peo()：显示普通用户模式的菜单界面。

具体实现代码如下所示：

```
/**************管理员模式****************/
int adm()
{
   int x;
    printf("\n\n\n\n");
   printf("\t\t|------------------------------------------------------------|\n");
   printf("\t\t|                                        |\n");
   printf("\t\t|       ======================       |\n");
   printf("\t\t|              管理员模式              |\n");
   printf("\t\t|       ======================       |\n");
```

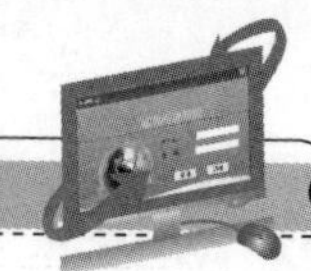


```
    printf("\t\t|                                              |\n");
    printf("\t\t|          1.录入图书信息                      |\n");
    printf("\t\t|          2.查看图书信息                      |\n");
    printf("\t\t|          3.修改图书信息                      |\n");
    printf("\t\t|          4.修改管理密码                      |\n");
    printf("\t\t|          5.退出系统                          |\n");
    printf("\t\t|----------------------------------------------|\n");
    printf("\n\t\t 请输入您的选择:");
    scanf("%d",&x);
    return x;
}
/******************客户模式********************/
int peo()
{
    int x;
     printf("\n\n\n\n");
    printf("\t\t|----------------------------------------------|\n");
    printf("\t\t|                                              |\n");
    printf("\t\t|       =======================                |\n");
    printf("\t\t|              欢迎光临                        |\n");
    printf("\t\t|       =======================                |\n");
    printf("\t\t|                                              |\n");
    printf("\t\t|          1.查看图书信息                      |\n");
    printf("\t\t|          2.借阅图书                          |\n");
    printf("\t\t|          3.退出系统                          |\n");
    printf("\t\t|----------------------------------------------|\n");
    printf("\n\t\t 请输入您的选择:");
    scanf("%d",&x);
    return x;
}
```

6.4.5 查看图书模块

查看图书模块的功能是浏览系统内的图书信息，分别由如下方法实现：

- 方法 show_all_book()：查看系统内的所有图书；
- 方法 showbook_name()：按照书名来查看系统图书；
- 方法 showbook_num()：按照图书编号来查看系统图书；
- 方法 yijieyue()：用于显示全部已借阅的图书；
- 方法 weijieyue()：用于显示全部未借阅的图书；
- 方法 show()：是查看图书的主菜单，在此菜单内用户可以选择上述几种查看方式。

具体实现代码如下所示：

```
/*********查看所有图书*******/
void show_all_book()
{
    int i;
    if(bk[0].num==0&&bk[0].t.year==0||N==0)/*当bk[0].num，bk[0].t.year，结构体数组
等值同时为零时表示无图书信息*/
        printf("\t数据不存在，请先录入数据!\n\t\t按任意键返回...");
    else
    {
        printf("\t编号    图书名称      出版社          出版时间      状态\n");
        for(i=0;i<N;i++)
        {
            printf("\t%-7d %-8s %-12s   %4d年%2d月%2d日 ",bk[i].num,bk[i].name,
                    bk[i].publish,bk[i].t.year,bk[i].t.month,bk[i].t.day);
            if(bk[i].jie==0)
                printf("未借阅\n");
            else
                printf("已借阅\n");
        }
    }
}
/*********按书名查看********/
void showbook_name()
{
   int i,k=0,n;/*k用来标记是否存在该书*/
   char book_name[20];
   printf("\t\t        =====================        \n");
   printf("\t\t                 按书名查看          \n");
   printf("\t\t        =====================        \n");
   printf("\n\t\t请输入您要查看的图书名称:");
   scanf("%s",book_name);
   for(i=0;i<N;i++)
      if(strcmp(book_name,bk[i].name)==0)
        {
            n=i;
            if(k==0)/* "项目"只输出一次*/
               printf("\t编号    图书名称      出版社          出版时间      状态\n");
        printf("\t%-7d %-8s %12s   %4d年%2d月%2d日 ",bk[n].num,bk[n].name,
                bk[n].publish,bk[n].t.year,bk[n].t.month,bk[n].t.day);
          if(bk[n].jie==1)
            printf("已被借阅\n");
        else
            printf("可以借阅\n");
             printf("按任意键返回...");
            k++; /*k值不为零则表示找到图书*/
        }
        if(k==0)  /*k值为零则表示未找到图书*/
```

```
            printf("\t 不存在该书!按任意键返回...");
}
/*********按书号查看********/
void showbook_num()
{
   int n,book_num,i,k=0;/*k 用来标记是否存在该书*/
   printf("\t\t        ====================        \n");
   printf("\t\t                 按书号查看                \n");
   printf("\t\t        ====================        \n");
   printf("\n\t\t 请输入您要查看的图书编号:");
   scanf("%d",&book_num);
   for(i=0;i<N;i++)
      if(book_num==bk[i].num)
        {
            n=i;
            if(k==0)/*项目只输出一次*/
               printf("\t 编号     图书名称      出版社          出版时间      状态\n");
         printf("\t%-7d %-8s %12s   %4d 年%2d 月%2d 日 ",bk[n].num,bk[n].name,
                bk[n].publish,bk[n].t.year,bk[n].t.month,bk[n].t.day);
           if(bk[n].jie==1)
            printf("已被借阅\n");
         else
            printf("可以借阅\n");
            k++;
            printf("\t 按任意键返回...");
        }
    if(k==0) /*k 为零则表示未找到图书*/
        printf("\t 不存在该书!按任意键返回...");
}

/********显示全部已借阅的图书**********/
void yijieyue()
{
   int i,k=0;
    if(bk[0].num==0&&bk[0].t.year==0||N==0)
        printf("\t 数据不存在，请先录入数据!\n\t\t 按任意键返回...");
    else
    {
       for(i=0;i<N;i++)
            if(bk[i].jie==1)
            {
                if(k==0)
                printf("\t 编号     图书名称      出版社          出版时间      \n");
                printf("\t%-7d %-8s %12s %4d 年%2d 月%2d 日 \n",bk[i].num,bk[i].name,
                       bk[i].publish,bk[i].t.year,bk[i].t.month,bk[i].t.day);
            k++;
            }
```

```
        if(k==0)
              printf("\n\t\t 目前没有任何书借出。按任意键继续...");
    }
}
/********显示全部未借阅的图书********/
void weijieyue()
{
   int i,k=0;
    if(bk[0].num==0&&bk[0].t.year==0||N==0)
        printf("\t 数据不存在，请先录入数据!\n\t\t 按任意键返回...");
    else
    {
       for(i=0;i<N;i++)
            if(bk[i].jie==0)
            {
                if(k==0)
                printf("\t 编号    图书名称     出版社          出版时间       \n");
                printf("\t%-7d %-8s %12s  %4d年%2d月%2d日 \n",bk[i].num,bk[i].name,
                       bk[i].publish,bk[i].t.year,bk[i].t.month,bk[i].t.day);
               k++;
            }
            if(k==0)
          printf("\n\t 很遗憾! 目前所有的书都被借出了。按任意键继续...");
    }
}
/*****查看图书菜单******/
void show()
{
   int x;
    do
    {
        system("cls");
        printf("\n\n\n\n");
     printf("\t\t|-------------------------------------------------------|\n");
     printf("\t\t|                                           |\n");
     printf("\t\t|            =====================          |\n");
     printf("\t\t|                查看图书信息               |\n");
     printf("\t\t|            =====================          |\n");
     printf("\t\t|                                           |\n");
     printf("\t\t|              1.按书名查找                 |\n");
     printf("\t\t|              2.按书号查找                 |\n");
     printf("\t\t|              3.查看所有未借阅图书         |\n");
     printf("\t\t|              4.查看所有已借阅图书         |\n");
     printf("\t\t|              5.查看所有图书               |\n");
     printf("\t\t|              6.返回主菜单                 |\n");
     printf("\t\t|-------------------------------------------------------|\n");
     printf("\n\t\t 请输入您的选择:");
```

```
        scanf("%d",&x);
        switch(x)
        {
            case 1:system("cls");showbook_name();getch();break;      /*按书名查看*/
            case 2:system("cls");showbook_num();getch();break;       /*按书号查看*/
            case 3:system("cls");weijieyue();getch();break;          /*查看未借阅图书*/
            case 4:system("cls");yijieyue();getch();break;           /*查看已借阅图书*/
            case 5:system("cls");show_all_book();getch();break;      /*查看所有图书*/
        }
    }while(x!=6);
}
```

6.4.6 借阅处理模块

借阅模块可以用一个函数来实现，在这个函数中要分别判断如下所示的信息：

- 该读者的编号是否已经存在。如果不存在，则提示错误。
- 该读者的借阅书是否已满(即最多只能借 1 本书)。如果是，则提醒该用户先去还书。
- 输出的书号对应的书是否存在。如果不存在，则提醒读者不存在此书。
- 借书过程完成后，则对读者信息中的借书信息写上所借书号，并修改库存量。

对于还书管理模块来说，可以用一个函数来判断如下所示的信息：

- 该读者的姓名是否已经存在。如果不存在，则提示错误。
- 该读者是否已经借阅此书。如果没有，则提示错误。
- 还书过程完成后，则对读者信息中的借书信息清零，并修改库存量。

根据上述原理，本系统借阅处理模块的功能是实现图书借阅处理，分别由如下方法实现：

- 方法 jie_name()：实现按书名借阅；
- 方法 jie_num()：实现按书号借阅；
- 方法 jieyue()：是图书借阅的主菜单，在此菜单内用户可以选择对应的借阅方式。

具体实现代码如下所示：

```
/*********按书名借阅*******/
void jie_name()
{
    char jy[2],name[20];/*jy 用来表示是否确定借阅*/
    int i,book_xb,k=0;/*k 用来标记是否存在该书*/
    printf("\t\t        ======================        \n");
   printf("\t\t                  按书名借阅                \n");
   printf("\t\t        ======================        \n");
    while(1)
    {
   printf("\n\t\t 请输入书名:");
   scanf("%s",name);
```

```
    for(i=0;i<N;i++)
        if(strcmp(bk[i].name,name)==0&&bk[i].jie!=1)/*找到图书并确认图书没有被借出,
            记录图书下标*/
            {
                book_xb=i;
                 k++;
            }
      if(k==0)
      {
          printf("\t 不存在该书,或该书已经借出!请正确输入图书名称!\n\t\t 按任意键返回...");
          getch();
        break;
      }
      if(k==1)
          printf("\t 编号     图书名称       出版社          出版时间       状态\n");
   printf("\t%-7d %-8s %12s   %4d年%2d月%2d日 ",bk[book_xb].num,bk[book_xb].name,
bk[book_xb].publish,bk[book_xb].t.year,bk[book_xb].t.month,bk[book_xb].t.day);
   if(bk[book_xb].jie==1)
        printf("已被借阅\n");
   else
       {
          printf("可以借阅\n\t 是否借阅?(是:'y',否:'n'):");
          scanf("%s",jy);
          if(strcmp(jy,"n")==0)
          {
               printf("\t 借阅取消,按任意键返回....");
               getch();
               break;
          }
          else if(strcmp(jy,"y")==0)
          {
               printf("\t 借阅成功!按任意键返回...");
                   bk[book_xb].jie=1;
               getch();
               break;
          }
          else
          {
               printf("\t 输入有错!按任意键重新输入...");
                   getch();
               break;
          }
          }
     }
}
/*********按书号借阅*******/
void jie_num()
```

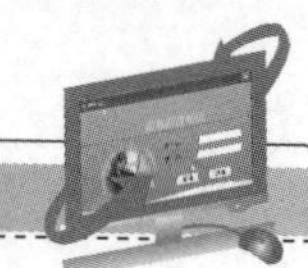


```
{
    long i,k=0,book_xb,book_num;/*k 用来标记是否存在该书*/
    char jy[2];/*jy 用来表示是否确定借阅*/
    printf("\t\t        ======================       \n");
   printf("\t\t                 按书号借阅                \n");
   printf("\t\t        ======================       \n");
   while(1)
    {
   printf("\n\t\t 请输入书号:");
   scanf("%d",&book_num);
   for(i=0;i<N;i++)
       if(bk[i].num==book_num&&bk[i].jie!=1)
         {
             book_xb=i;
             k++;
         }
       if(k==0)
         {
             printf("\t 不存在该书，或该书已经借出!请正确输入图书名称!\n\t\t 按任意键返回...");
             getch();
          break;
         }
    printf("\t 编号     图书名称      出版社          出版时间       状态\n");
   printf("\t%-7d %-8s %12s   %4d 年%2d 月%2d 日 ",bk[book_xb].num,bk[book_xb].name,
bk[book_xb].publish,bk[book_xb].t.year,bk[book_xb].t.month,bk[book_xb].t.day);
   if(bk[book_xb].jie==1)
      printf("已被借阅\n");
   else
   {
      printf("可以借阅\n\t 是否借阅? (是: 'y', 否: 'n'): ");
      scanf("%s",jy);
      if(strcmp(jy,"n")==0)
      {
          printf("\t 借阅取消，按任意键返回....");
          getch();
          break;
      }
      else if(strcmp(jy,"y")==0)
      {
          printf("\t 借阅成功! 按任意键返回...");
          bk[book_xb].jie=1;
          getch();
          break;
      }
      else
      {
          printf("\t 输入有错! 按任意键重新输入...");
```

```
            getch();
          break;
      }
   }
    }
}
/*********借阅图书********/
void jieyue()
{
   int x;
   do
   {
   system("cls");
    printf("\n\n\n\n");
   printf("\t\t|---------------------------------------------------------|\n");
   printf("\t\t|          =====================        |\n");
   printf("\t\t|                借阅图书               |\n");
   printf("\t\t|          =====================        |\n");
   printf("\t\t|                                       |\n");
   printf("\t\t|            1.按书名借阅               |\n");
   printf("\t\t|            2.按书号借阅               |\n");
   printf("\t\t|            3.查看所有图书             |\n");
   printf("\t\t|            4.返回主菜单               |\n");
   printf("\t\t|---------------------------------------------------------|\n");
   printf("\t\t请输入您的选择:");
   scanf("%d",&x);
   switch(x)
   {
      case 1:system("CLS");jie_name();getch();break;           /*按书名借阅*/
      case 2:system("CLS");jie_num();getch();break;            /*按书号借阅*/
        case 3:system("cls");show_all_book();getch();break;    /*查看所有图书*/
   }
   }while(x!=4);
}
/***************按书名进行查找并修改信息*************/
void xiugai_name()
{
    int i,book_xb,k=0;/*book_xb用来记录下标,k用来判断是否找到该书*/
    char temp[20];/*temp[20]用来存放用户输入的查找的书名*/
    while(1)
    {
        system("cls");
        printf("\n");
    printf("\t\t|          =====================        |\n");
    printf("\t\t|              按书名进行修改           |\n");
    printf("\t\t|          =====================        |\n");
```

```
        printf("\t\t 请输入您准备修改的图书的名称,输入'exit'退出:");
    scanf("%s",temp);
        if(strcmp(temp,"exit")==0)
        break;
        else
        {
            for(i=0;i<N;i++)
           if(strcmp(temp,bk[i].name)==0)
            {
                book_xb=i;
               printf("\t 该书的信息为:\n");
               printf("\t 编号    图书名称     出版社        出版时间     状态\n");
            printf("\t%-7d %-8s %12s   %4d 年%2d 月%2d 日 ",bk[book_xb].num,
                  bk[book_xb].name,bk[book_xb].publish,bk[book_xb].t.year,
                  bk[book_xb].t.month, bk[book_xb].t.day);
                if(bk[book_xb].jie==1)
               printf("已被借阅\n");
            else
               printf("可以借阅\n");
                k++;
                printf("\t\t 现在请输入新信息:\n");
                printf("\t\t 请输入本书的编号:");
            scanf("%d",&bk[book_xb].num);
            printf("\t\t 请输入本书的名称:");
            scanf("%s",bk[book_xb].name);
            printf("\t\t 请输入本书的出版社:");
            scanf("%s",bk[book_xb].publish);
            printf("\t\t 请输入本书的出版时间(用逗号隔开):");
            scanf("%d,%d,%d",&bk[book_xb].t.year,&bk[book_xb].t.month,
                 &bk[book_xb].t.day);
            printf("\t\t 该书是否已经被借阅,已被借阅输入'1',未被借阅输入'0':");
            scanf("%d",&bk[book_xb].jie);
         }
            if(k==0)
            {
                printf("\t 您输入的书名不存在!按任意键继续...");
                getch();
                continue;
            }
            printf("\t 恭喜!信息修改成功!任意键返回...");getch();break;
        }
    }
}
```

6.4.7　查找和修改

查找和修改模块的功能是实现对图书的快速查询，并修改图书信息，分别由如下方法实现：

- 方法 xiugai_name()：实现按书名进行查找并修改信息；
- 方法 xiugai_num()：实现按书号进行查找并修改信息；
- 方法 xiugai()：修改系统内的图书信息。

具体实现代码如下所示：

```
/***************按书名进行查找并修改信息*************/
void xiugai_name()
{
    int i,book_xb,k=0;/*book_xb 用来记录下标,k 用来判断是否找到该书*/
    char temp[20];/*temp[20]用来存放用户输入的查找的书名*/
    while(1)
    {
        system("cls");
        printf("\n");
    printf("\t\t|        ======================        |\n");
    printf("\t\t|              按书名进行修改              |\n");
    printf("\t\t|        ======================        |\n");
        printf("\t\t 请输入您准备修改的图书的名称,输入'exit'退出:");
    scanf("%s",temp);
        if(strcmp(temp,"exit")==0)
        break;
        else
        {
            for(i=0;i<N;i++)
          if(strcmp(temp,bk[i].name)==0)
            {
                book_xb=i;
              printf("\t 该书的信息为:\n");
              printf("\t 编号    图书名称    出版社        出版时间    状态\n");
            printf("\t%-7d %-8s %12s   %4d 年%2d 月%2d 日 ",bk[book_xb].num,
                  bk[book_xb].name,bk[book_xb].publish,bk[book_xb].t.year,
                  bk[book_xb].t.month, bk[book_xb].t.day);
                if(bk[book_xb].jie==1)
              printf("已被借阅\n");
            else
              printf("可以借阅\n");
               k++;
               printf("\t\t 现在请输入新信息:\n");
               printf("\t\t 请输入本书的编号:");
```

```
            scanf("%d",&bk[book_xb].num);
            printf("\t\t 请输入本书的名称:");
            scanf("%s",bk[book_xb].name);
            printf("\t\t 请输入本书的出版社:");
            scanf("%s",bk[book_xb].publish);
            printf("\t\t 请输入本书的出版时间(用逗号隔开):");
            scanf("%d,%d,%d",&bk[book_xb].t.year,&bk[book_xb].t.month,
                &bk[book_xb].t.day);
            printf("\t\t 该书是否已经被借阅,已被借阅输入'1', 未被借阅输入'0':");
            scanf("%d",&bk[book_xb].jie);
        }
            if(k==0)
            {
                printf("\t 您输入的书名不存在!按任意键继续...");
                getch();
                continue;
            }
            printf("\t 恭喜!信息修改成功!任意键返回...");getch();break;
        }
    }
}
/***************按书号进行查找并修改信息*************/
void xiugai_num()
{
    int i,book_xb,k=0;/*book_xb 用来记录下标,k 用来判断是否找到该书*/
    long temp;/*temp 用来存放用户输入的查找的书号*/
    do
    {
        system("cls");
    printf("\n");
   printf("\t\t|        ======================        |\n");
   printf("\t\t|              按书号进行修改            |\n");
   printf("\t\t|        ======================        |\n");
    printf("\t\t 请输入您准备修改的图书号,输入'0'退出:");
   scanf("%ld",&temp);
    if(temp==0)  break;
    else
    {
        for(i=0;i<N;i++)
            if(temp==bk[i].num)
            {
                book_xb=i;
               printf("\t 该书的信息为:\n");
               printf("\t 编号   图书名称     出版社        出版时间     状态\n");
           printf("\t%-7d %-8s %12s  %4d 年%2d 月%2d 日 ",bk[book_xb].num,
               bk[book_xb].name,bk[book_xb].publish,bk[book_xb].t.year,
               bk[book_xb].t.month, bk[book_xb].t.day);
```

```
            k++;
            if(bk[book_xb].jie==1)
           printf("已被借阅\n");
        else
           printf("可以借阅\n");
            printf("现在请输入新信息:\n");
            printf("\t\t 请输入本书的编号:");
        scanf("%d",&bk[book_xb].num);
        printf("\t\t 请输入本书的名称:");
        scanf("%s",bk[book_xb].name);
        printf("\t\t 请输入本书的出版社:");
        scanf("%s",bk[book_xb].publish);
        printf("\t\t 请输入本书的出版时间(用逗号隔开):");
        scanf("%d,%d,%d",&bk[book_xb].t.year,&bk[book_xb].t.month,
              &bk[book_xb].t.day);
        printf("\t\t 该书是否已经被借阅,已被借阅输入'1', 未被借阅输入'0':");
        scanf("%d",&bk[book_xb].jie);
      }
        if(k==0)
        {
            printf("\t 您输入的书名不存在!按任意键继续...");
            getch();continue;
        }
        printf("\t 恭喜!信息修改成功!任意键返回...");getch();break;
    }
    }while(temp!=0);
}
/***************修改图书**************/
void xiugai()
{
   int x;
   do
   {
       system("cls");
       printf("\n\n\n\n");
       printf("\t\t|-----------------------------------------------------|\n");
       printf("\t\t|          ======================          |\n");
       printf("\t\t|                修改图书信息               |\n");
       printf("\t\t|          ======================          |\n");
       printf("\t\t|                                         |\n");
       printf("\t\t|              1.按书名查找                 |\n");
       printf("\t\t|              2.按书号查找                 |\n");
       printf("\t\t|              3.删除图书                   |\n");
       printf("\t\t|              4.返回主菜单                 |\n");
       printf("\t\t|-----------------------------------------------------|\n");
       printf("\t\t 请输入您的选择:");
       scanf("%d",&x);
```

```
        switch(x)
        {
            case 1:system("CLS");xiugai_name();break;  /*按书名查找并修改信息*/
            case 2:system("CLS");xiugai_num();break;   /*按书号查找并修改信息*/
            case 3:system("cls");dele();break;
        }
    }while(x!=4);
}
```

在上述代码中，函数 showbook_name()的功能是利用 printf()提示信息，函数 scanf()输入要查找的图书名称并利用循环进行查找该图书。如果找到则输出该图书的信息，反之则提示“不存在该书”。

6.4.8 删除信息

删除信息模块的功能是删除系统内的图书信息，分别由如下方法实现：

- ❑ 方法 dele_all()：删除所有的图书信息；
- ❑ 方法 dele_name()：删除指定书名的图书；
- ❑ 方法 dele_num()：按书号查找并删除；

具体实现代码如下所示：

```
/**************删除所有图书***********/
void dele_all()
{
    char queren[4];
    printf("\t继续操作会删除所有信息，是否继续?'y'继续，'n'撤销...");
    scanf("%s",queren);
    if(strcmp(queren,"y")==0)
    {
        N=0;
        printf("\t删除成功!\n");
    }
    else
    {
        printf("\t操作被用户取消!任意键返回...");
        getch();
    }
}
/*****************按书名删除************/
void dele_name()
{
    int i,book_xb,k=0;/*book_xb用来存放图书下标，k用标记是否找到书*/
    char queren[4],temp_name[20];/*queren[2]用来存放'是否'确认删除,temp_name[20]用
来存放查找时输入的图书名称*/
```

```
    printf("\t 输入你要删除图书的名称,输入'0'退出:");
    scanf("%s",temp_name);
    if(strcmp(temp_name,"0")!=0)
    {
    for(i=0;i<N;i++)
       if(strcmp(temp_name,bk[i].name)==0)
       {
            book_xb=i;
            printf("\t 该书的信息为:\n");
            printf("\t 编号     图书名称      出版社          出版时间      状态\n");
          printf("\t%-7d %-8s %12s   %4d 年%2d 月%2d 日 ",bk[book_xb].num,
                 bk[book_xb].name,bk[book_xb].publish,bk[book_xb].t.year,
                 bk[book_xb].t.month, bk[book_xb].t.day);
           if(bk[i].jie==0)
                printf("未借阅\n");
            else
                printf("已借阅\n");
            k++;
            printf("\t 是否要删除该书?是'y',否'n'");
            scanf("%s",queren);
            if(strcmp(queren,"y")==0)
            {
                if(book_xb==N-1)
                    N--;
                else
                {
                    for(i=0;i<N;i++)
                    bk[book_xb+i]=bk[book_xb+i+1];
                    N--;
                }
              printf("\t 删除成功!\n");
          }
          else
            printf("\t 操作被用户取消!任意键返回...");
      }
     if(k==0)
         printf("\t 未找到该书,请核实以后再操作!,按任意键返回....");getch();
   }
}
/***************按书号查找并删除***********/
void dele_num()
{
    int i,book_xb,k=0,temp_num;/*book_xb 用来存放图书下标, k 用标记是否找到书,temp_num
用来存放查找时输入的图书名称*/
    char queren[4];/*queren[2]用来存放'是否'确认删除*/
    while(1)
    {
```

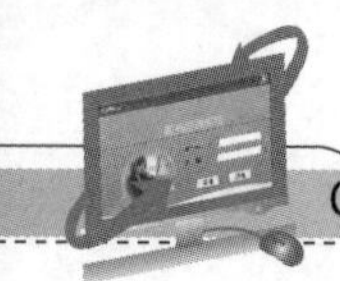


```
    printf("\t 输入你要删除图书的书号,输入'0'退出:");
    scanf("%d",&temp_num);
    if(temp_num==0)
        break;
    else
    {
    for(i=0;i<N;i++)
      if(temp_num==bk[i].num)
      {
            book_xb=i;
            printf("该书的信息为:\n");
            printf("\t 编号    图书名称     出版社         出版时间      状态\n");
          printf("\t%-7d %-8s %12s   %4d 年%2d 月%2d 日 ",bk[book_xb].num,
                 bk[book_xb].name,bk[book_xb].publish,bk[book_xb].t.year,
                 bk[book_xb].t.month, bk[book_xb].t.day);
           if(bk[i].jie==0)
                 printf("未借阅\n");
            else
                 printf("已借阅\n");
            k++;
            printf("\t 是否要删除该书?是'y',否'n'");
            scanf("%s",queren);
            if(strcmp(queren,"y")==0)
            {
                 if(book_xb==N-1)
                     N--;
                 else
                 {
                     for(i=0;i<N;i++)
                     bk[book_xb+i]=bk[book_xb+i+1];
                     N--;
                 }
               printf("\t 删除成功!\n");
           }
           else
            printf("\t 操作被用户取消!任意键返回...");
             }
           if(k==0)
            printf("\t 未找到该书,请核实以后再操作!,按任意键返回....");getch();break;
        }
    }
}
void dele()
{
    int x;
    do
    {
```

```
        system("cls");
        printf("\t\t|----------------------------------------------------|\n");
        printf("\t\t|          ======================          |\n");
        printf("\t\t|               删除图书信息               |\n");
        printf("\t\t|          ======================          |\n");
        printf("\t\t|                                          |\n");
        printf("\t\t|             1.按书名删除                 |\n");
        printf("\t\t|             2.按书号删除                 |\n");
        printf("\t\t|             3.删除所有图书               |\n");
        printf("\t\t|             4.返回主菜单                 |\n");
        printf("\t\t|----------------------------------------------------|\n");
        printf("\t\t 请输入您的选项: ");
        scanf("%d",&x);
        switch(x)
        {
            case 1:system("cls");dele_name();break;
            case 2:system("cls");dele_num();break;
            case 3:system("cls");dele_all();getch();break;
        }
    }while(x!=4);
}
```

6.4.9　系统主函数

系统主函数 main()的功能是调用各个函数，实现系统功能。具体代码如下所示：

```
/**************主函数**************/
void main()
{
   int x,x2,s;/*s 用来判断密码验证的结果*/
   do
   {
      system("cls"); x=mymainmenu();
      switch(x)
      {
         case 1:/************调用管理员模式函数***********/
                    system("cls");
                 s=mimayanzheng();/*密码验证*/
                    do
                    {
                          if(s==1)
                          {
                               system("cls");
                               x2=adm();
                               switch(x2)
                               {
```

```
                                    case 1:system("cls");xinxi();getch();break;
                                        /*录入信息*/
                                    case 2:system("cls");show();break;/*查看信息*/

                                    case 3:system("cls");xiugai();break;/*修改信息*/
                                    case 4:system("cls");xiugaimima();break;
                                        /*修改密码*/
                                }
                            }
                            else
                            {
                                printf("\t 密码错误！按任意键返回...");
                                getch();
                                break;
                            }
                      }while(x2!=5);break;
            case 2:/*调用客户模式函数*/
                      do
                      {
                          system("cls");
                          x2=peo();
                          switch(x2)
                          {
                          case 1:system("cls");show();getch();break;/*查看图书信息*/
                          case 2:system("cls");jieyue();getch();break;/*借阅图书*/
                          }
                      }while(x2!=3);
        }
    }while(x!=3);
    system("cls");
    printf("\n\n\n\n\n\n\n\n\n\n\n\n\t\t\t\t 谢谢使用！ \n\t\t\t");
    getch();
}
```

对于 C 或 C++来说：

(1) 如果要进入一个房子，必须首先找到门，从门才能进到屋子里去。C/C++语言的主函数，就是要运行的程序的“门”，不经过它，就进不了房子。

(2) C/C++中的主函数 main()，就是其他子函数的“驱动程序”，必须通过它，才能使其他的子函数运行起来。

(3) main()在 C/C++中，就是入口函数，就是“门”，就是“驱动程序”。

主函数一般很简单，起到“驱动”的作用，把功能的实现都放在子函数里，一个子函数能作一件或者更多的事。可以说，主函数就是驱动程序，用来驱动其他子程序(函数)，是整个完整程序的入口。

6.5 项目测试

扫码看视频

编译运行后的主界面如图 6-6 所示。

在图 6-6 中按下 1，进入管理员模式，在此要求输入管理员密码，如图 6-7 所示。

输入密码“mm”，进入管理员模式菜单界面，如图 6-8 所示。

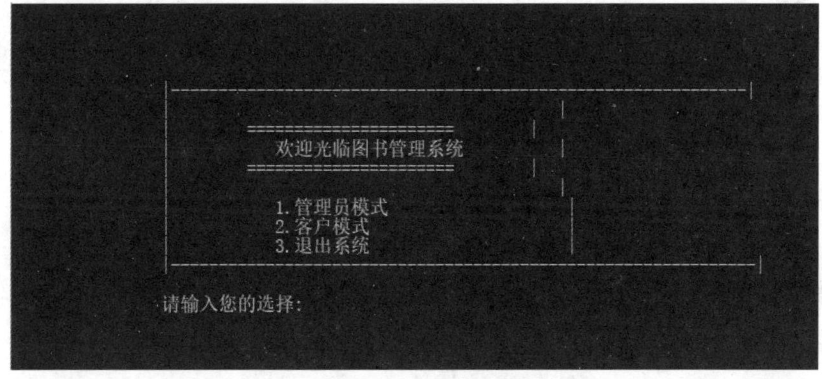

图 6-6　主界面效果图

图 6-7　输入密码

按下 1 后进入录入图书界面，在此可以向系统内添加新图书信息，如图 6-9 所示。

在图 6-8 中按下 2，进入查看图书信息界面，在此可以选择查看模式，如图 6-10 所示。

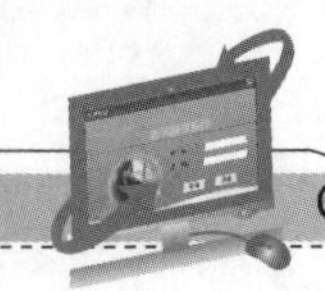

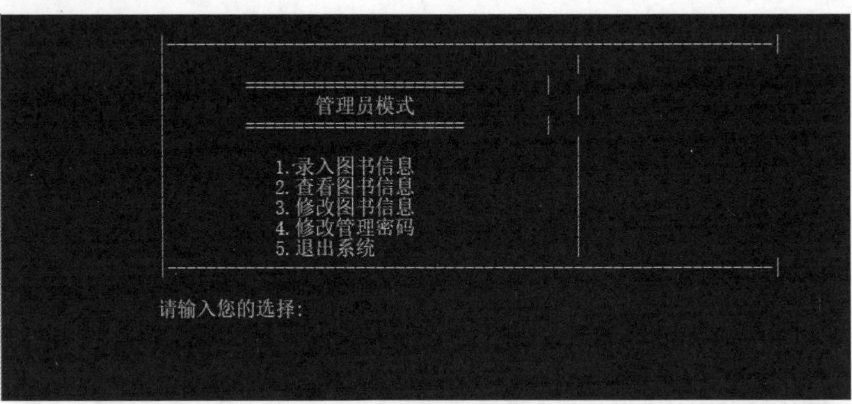

图 6-8　管理员模式

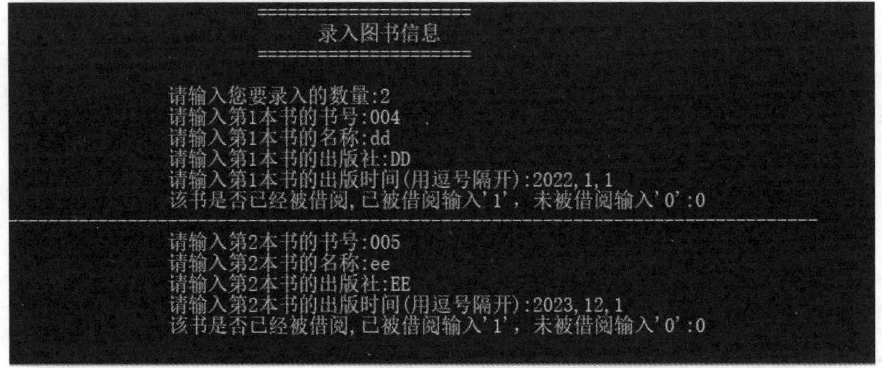

图 6-9　录入图书信息

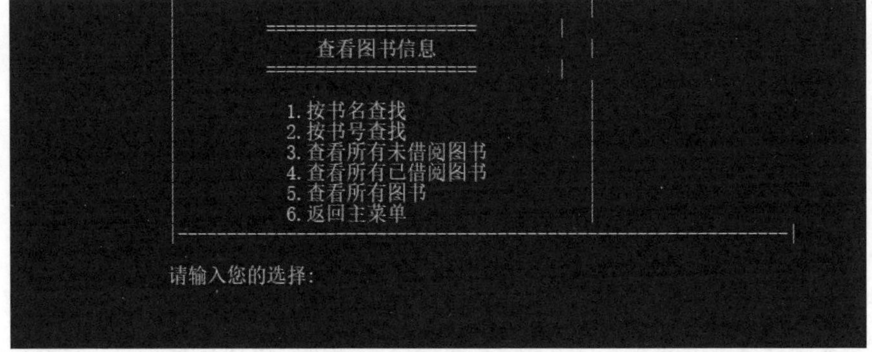

图 6-10　查看图书信息

在图 6-10 中按下 1，进入按书名查找界面，在此可以输入书名，如图 6-11 所示。

按书名查看
请输入您要查看的图书名称:aa

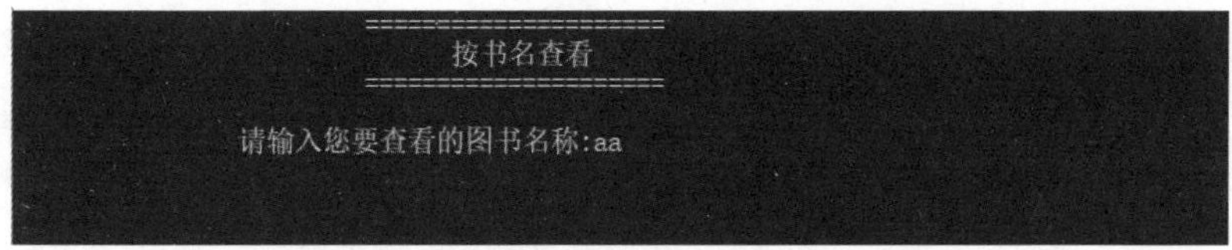

图 6-11　输入书名

图 6-12 是按书名查看图书信息界面。

按书名查看
请输入您要查看的图书名称:dd
书号 图书名称 出版社 出版时间 状态
4 dd DD 2022年 1月 1日 可以借阅
按任意键返回...

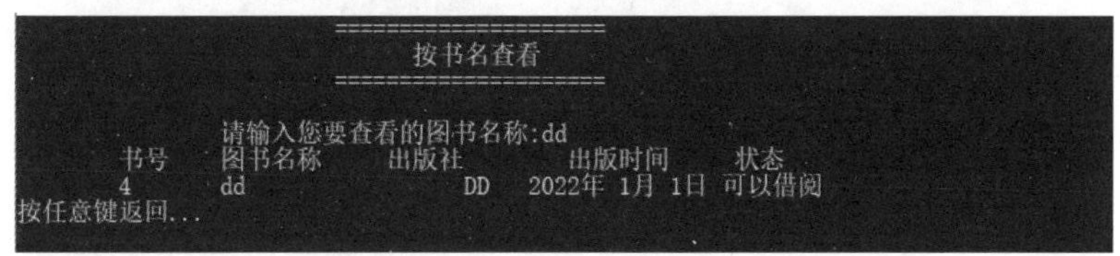

图 6-12　显示此书名的图书信息

在图 6-10 中按下 2，进入按书号查找界面，图 6-13 和图 6-14 展示了查看书号为“004”的过程。

按书号查看
请输入您要查看的图书书号:004

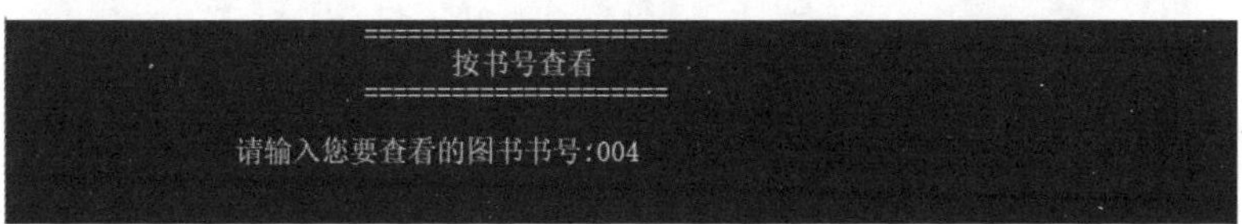

图 6-13　输入书号

按书号查看
请输入您要查看的图书书号:004
书号 图书名称 出版社 出版时间 状态
4 dd DD 2022年 1月 1日 可以借阅
按任意键返回...

图 6-14　显示此书号的图书信息

在图 6-10 中按下 5，显示系统内的所有图书，如图 6-15 所示。

书号 图书名称 出版社 出版时间 状态
4 dd DD 2022年 1月 1日 未借阅
5 ee EE 2023年12月 1日 未借阅

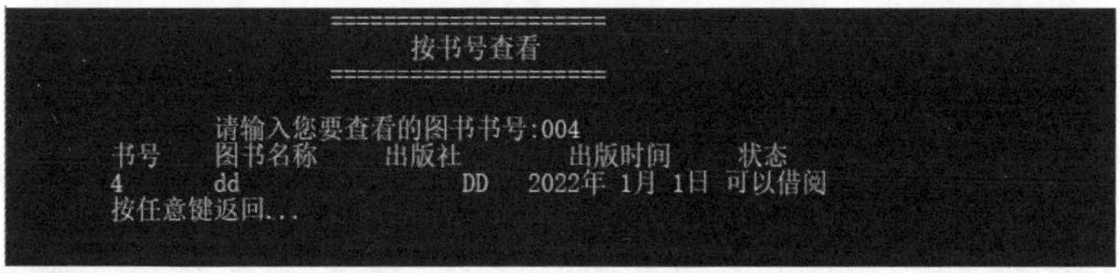

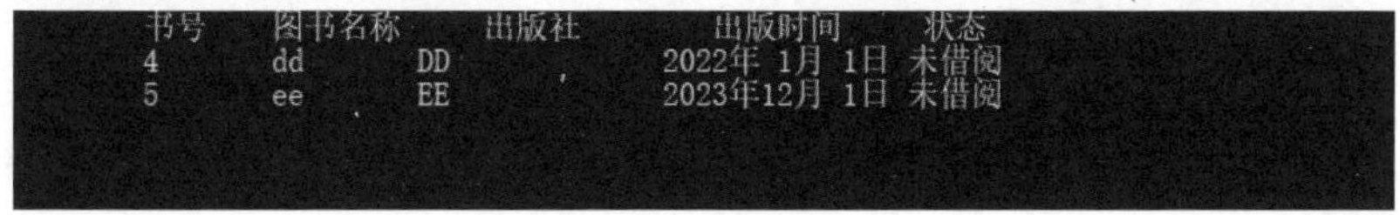

图 6-15　所有图书

在图 6-10 中按下 3，显示系统内的未被借阅的图书，如图 6-16 所示。

```
书号    图书名称      出版社          出版时间
4       dd                  DD   2022年 1月 1日
5       ee                  EE   2023年12月 1日
```

图 6-16　未被借阅的图书

在图 6-8 中按下 4，可以修改系统的管理员密码，如图 6-17 所示。

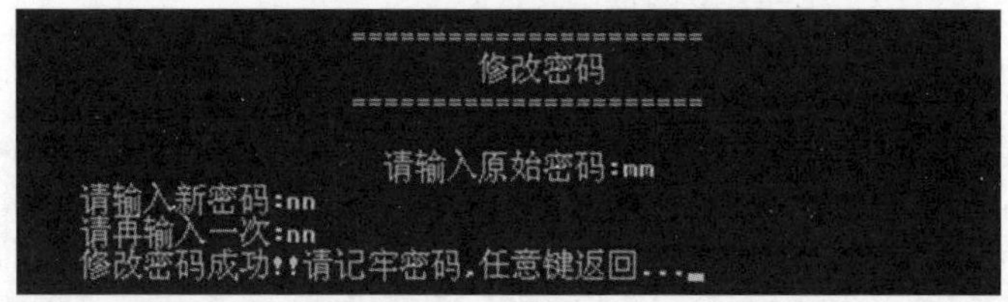

图 6-17　修改密码

在图 6-8 中按下 3，进入系统修改图书信息界面，如图 6-18 所示。

```
|      ======================         |
|            修改图书信息               |
|      ======================         |
|                                     |
|          1.按书名查找                 |
|          2.按书号查找                 |
|          3.删除图书                   |
|          4.返回主菜单                 |
|----------------------------------------------------------|
请输入您的选择:_
```

图 6-18　修改图书信息界面

在图 6-18 中按下 1，进入按书名修改界面，输入书名即可按照提示信息，完成对此书名图书的修改，如图 6-19 所示。

```
            |   ====================    |
            |     按书名进行修改           |
            |   ====================    |
        请输入您准备修改的图书的名称,输入'exit'退出:dd
该书的信息为:
书号    图书名称      出版社          出版时间      状态
4       dd                  DD   2022年 1月 1日  可以借阅
        现在请输入新信息:
        请输入本书的书号:0004
        请输入本书的名称:dd
        请输入本书的出版社:FF
        请输入本书的出版时间(用逗号隔开):2023,1,1
        该书是否已经被借阅,已被借阅输入'1',未被借阅输入'0':0
```

图 6-19　按照书名修改

在图 6-18 中按下 2，进入按书号修改界面，输入书号即可按照提示信息，完成对此书号图书的修改，如图 6-20 所示。

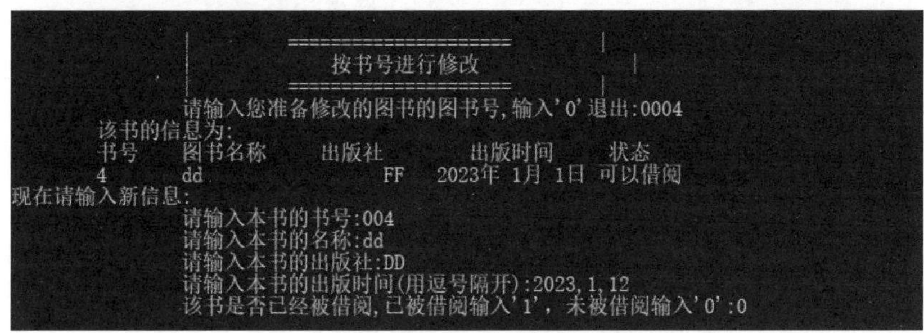

图 6-20　按照书号修改

在图 6-18 中按下 3，进入删除图书信息界面，如图 6-21 所示。

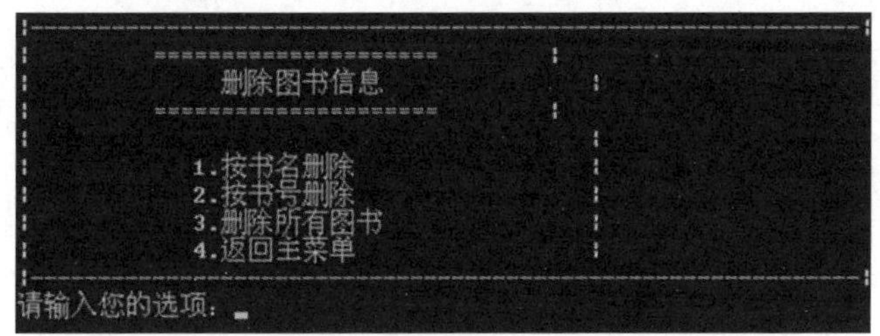

图 6-21　删除图书信息界面

在图 6-21 中按下 2，进入按书号删除界面，根据提示，可以删除指定书号的图书信息。如图 6-22 所示删除了书号为“004”的图书信息。

输入你要删除的书的书号,输入'0'退出:004
该书的信息为:
书号 图书名称 出版社 出版时间 状态
4 dd DD 2023年 1月12日 未借阅
是否要删除该书?是'y',否'n'y
删除成功!

图 6-22　删除指定书号图书

此时所有图书中只有一本图书信息，编号为“004”的图书信息已经被删除，如图 6-23 所示。

图 6-23　删除后的图书信息

在图 6-6 中按下 2，进入客户模式界面，如图 6-24 所示。

欢迎光临
1.查看图书信息
2.借阅图书
3.退出系统
请输入您的选择:

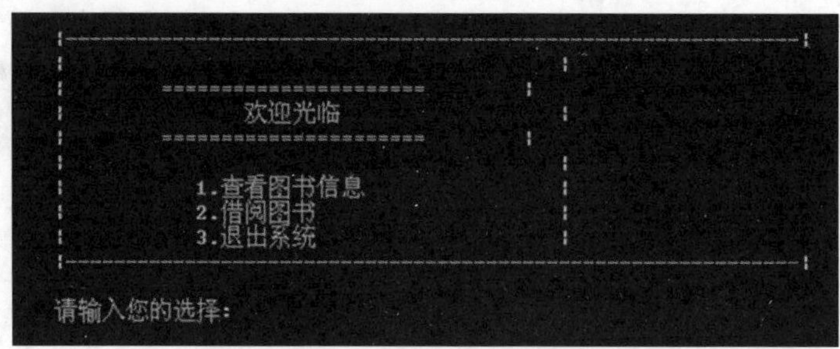

图 6-24　客户模式

在图 6-24 中按下 2，进入借阅图书界面，如图 6-25 所示。

借阅图书
1.按书名借阅
2.按书号借阅
3.查看所有图书
4.返回主菜单
请输入您的选择:

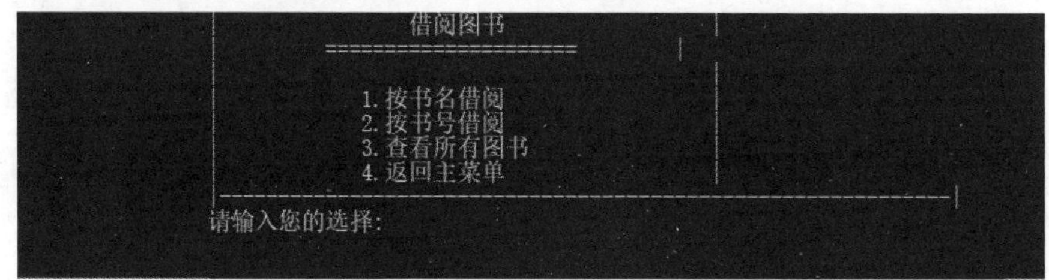

图 6-25　借阅图书界面

在图 6-25 中按下 1，进入按书名借阅，按照提示信息即可实现图书借阅，如图 6-26 所示实现了对图书“ee”的借阅。

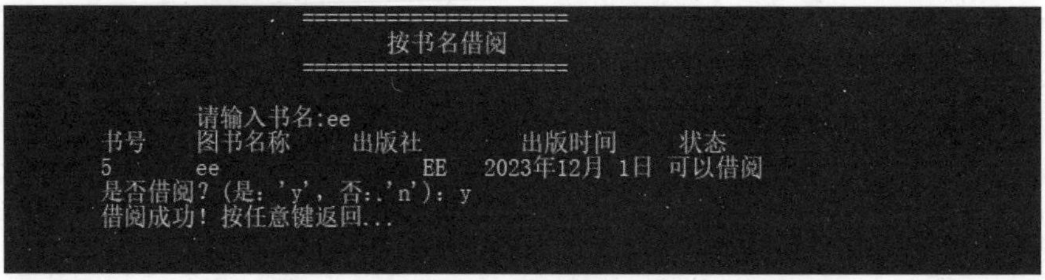

按书名借阅
请输入书名:ee
书号 图书名称 出版社 出版时间 状态
5 ee EE 2023年12月 1日 可以借阅
是否借阅? (是:'y', 否:'n'): y
借阅成功! 按任意键返回...

图 6-26　按书名借阅界面

此时在查看所有图书界面中，图书“ee”的状态变为“已借阅”，如图 6-27 所示。

书号 图书名称 出版社 出版时间 状态
5 ee EE 2023年12月 1日 已借阅

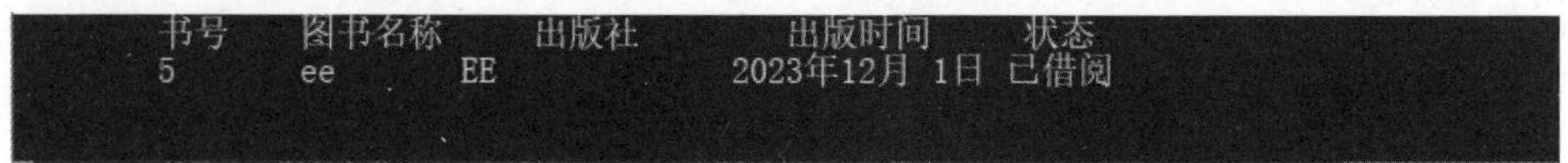

图 6-27　已借阅

6.6 模块化编程

扫码看视频

在当今软件开发领域，闭门造车的软件开发时代早已过去。在C、Java、C++等程序开发过程中，几乎每一位开发者都需要依赖别人写的类库或框架。这种借助并复用他人提供的基础设施、框架以及类库的好处是，使自己能够专注于应用本身的逻辑当中，这样缩短了软件开发所需要的时间。利用别人现成代码和框架的过程，其实就是遵循了模块化编程的原则。开发者要想使自己的开发效率更加高效，模块化编程必不可少。本节内容将引领大家一起探讨模块化编程的奥秘。

6.6.1 现实中的模块化编程

模块化程序设计即模块化设计，简单地说就是，程序的编写不是开始就逐条录入计算机语句和指令，而是首先用主程序、子程序、子过程等框架把软件的主要结构和流程描述出来，并定义和调试好各个框架之间的输入、输出链接关系。逐步求精的结果是得到一系列以功能块为单位的算法描述。以功能块为单位进行程序设计，实现其求解算法的方法称为模块化。模块化的目的是降低程序复杂度，使程序设计、调试和维护等操作简单化。

模块化编程是指将一个庞大的程序划分为若干个功能独立的模块，对各个模块进行独立开发，然后再将这些模块统一合并为一个完整的程序。这是C语言面向过程的编程方法，可以缩短开发周期，提高程序的可读性和可维护性。

在C语言开发领域，模块化编程最常见的是调用库函数。另外，C语言为了实现具体的功能，通过编写函数的方式来实现每一个具体功能，这种函数实现方式也遵循了模块化编程思想。由此可见，模块化编程就是将开发领域中的常见功能独立编码。当以后在不同的项目中用到这个功能时，可以直接拿来使用。模块化编程思想的意义巨大，并最终推动了面向对象编程理念的产生。

在开发C语言程序时，程序比较小或者功能比较简单时，不需要采用模块化编程。但是，当程序功能复杂、涉及的资源较多时，模块化编程就能体现它的优越性了，例如地理的驱动程序和具体的中大型商业项目。在大型项目中，不建议将不同功能类型的程序全部集中在一个源文件里，这将导致主体程序臃肿且杂乱，降低了程序可读性、可维护性和代码的重用率。如果把这些不同类型的功能程序当作独立的模块放到主体工程进行模块化编程，就达到美观、简洁、高效、易维护、易扩展的效果。

6.6.2 实现高内聚和低耦合代码

模块化编程思想的核心是高内聚和低耦合。内聚是从功能角度来度量模块内的联系，一个好的内聚模块应当恰好做一件事。它描述的是模块内的功能联系；而耦合是软件结构中各模块之间相互连接的一种度量，耦合强弱取决于模块间接口的复杂程度、进入或访问一个模块的点以及通过接口的数据。高内聚低耦合是判断设计好坏的标准，主要是面向对象的设计，看类的内聚性是否高，耦合度是否低。

软件架构设计的目的是在保持软件内在联系的前提下分解软件系统，降低软件系统开发的复杂性，而分解软件系统的基本方法无外乎分层和分割。但是在保持软件内在联系的前提下，如何分层分割系统，分层分割到什么样的力度，并不是一件容易的事，这方面有各种各样的分解方法，比如：关注点分离、面向方面、面向对象、面向接口、面向服务、依赖注入，以及各种各样的设计原则等。

在软件架构领域，耦合可以分为以下几种，它们之间的耦合度由高到低排列如下。

(1) 内容耦合：有下列情形之一，两个模块就发生了内容耦合：

- 一个模块访问另一个模块的内部数据。
- 一个模块不通过正常入口而转到另一个模块的内部。
- 一个模块有多个入口。

(2) 公共耦合：当两个或多个模块通过公共数据环境相互作用时，它们之间的耦合称为公共环境耦合。

(3) 控制耦合：如果两个模块通过参数交换的信息有控制信息，那么这种耦合就是控制耦合。

(4) 特征耦合：如果被调用的模块需要使用作为参数传递进来的数据结构中的所有数据时，那么把这个数据结构作为参数整体传送是完全正确的。但是，当把整个数据结构作为参数传递，而使用其中一部分数据元素时，就出现了特征耦合。在这种情况下，被调用的模块可以使用的数据多于它确实需要的数据，这将导致对数据的访问失去控制，从而给计算机犯错误提供机会。

(5) 数据耦合：如果两个模块通过参数交换的信息仅仅是数据，那么这种耦合就是数据耦合。

在软件架构领域，内聚有如下所示的种类，它们之间的内聚度由弱到强排列如下。

(1) 偶然内聚：模块中的代码无法定义其不同功能的调用。但它使该模块能执行不同的功能，这种模块称为巧合强度模块。

(2) 逻辑内聚：这种模块把几种相关的功能组合在一起， 每次被调用时，由传送给模块的参数来确定该模块应该完成哪一种功能。

(3) 时间内聚：把需要同时执行的动作组合在一起形成的模块为时间内聚模块。

(4) 过程内聚：构件或者操作的组合方式是，允许在调用前面的构件或操作之后，马上调用后面的构件或操作，即使两者之间没有数据进行传递。

(5) 通信内聚：指模块内所有处理元素都在同一个数据结构上操作(有时称之为信息内聚)，或者指各处理元素使用相同的输入数据或者产生相同的输出数据。

(6) 顺序内聚：指一个模块中各个处理元素都密切相关于同一功能且必须顺序执行，前一功能元素输出就是下一功能元素的输入。

(7) 功能内聚：共同完成同一功能，缺一不可，模块不可再分割。

高内聚低耦合的系统有什么好处呢？事实上，短期来看，并没有很明显的好处，甚至短期内不会影响系统的开发进度，因为高内聚低耦合的系统对开发设计人员提出了更高的要求。高内聚低耦合的好处体现在系统持续发展的过程中，高内聚低耦合的系统具有更好的重用性、维护性、扩展性，可以更高效地完成系统的维护开发，持续地支持业务的发展，而不会成为业务发展的障碍。

综上所述，模块化编程就是模块合并的过程，就是建立每个模块的头文件和源文件并将其加入到主体程序的过程。主体程序调用模块的函数通过包含模块的头文件来实现，模块的头文件和源文件是模块密不可分的两个部分，缺一不可。所以，模块化编程必须提供每个模块的头文件和源文件。

第7章 推箱子游戏

推箱子游戏是一款很有趣味的游戏，其开发过程有一定的技巧和方法，其中涉及软中断、二维数组、键盘操作以及图形化函数等方面的知识。本游戏的开发者需要基本掌握显示器中断寄存器的设置，二维数组及结构体的定义、键盘上键值的获取、图形方式下光标的显示各定位，以及部分图形函数的使用。推箱子游戏是目前比较流行的游戏之一，很多操作系统或者流行软件都会带有这种游戏。

本章使用C语言开发一个推箱子游戏，并向读者讲解整个游戏项目的具体实现过程，以及剖析技术核心和实现技巧。

7.1 项目介绍

国内某手机制造商聘请我司开发一款推箱子游戏，客户代表 First 阐明了以下要求：

扫码看视频

(1) 用 C 语言实现；

(2) 将游戏分为不同的级别，即分为不同的关口。

本项目开发团队的人员构成如下所示：

- 我：负责前期功能分析，策划构建系统模块，检查项目进度，质量检查，和客户的沟通。
- Schoolmate1：设计数据结构，规划系统函数。
- Schoolmate2：具体编码工作。
- Student：系统测试和站点发布。

整个项目的实现流程如图 7-1 所示。

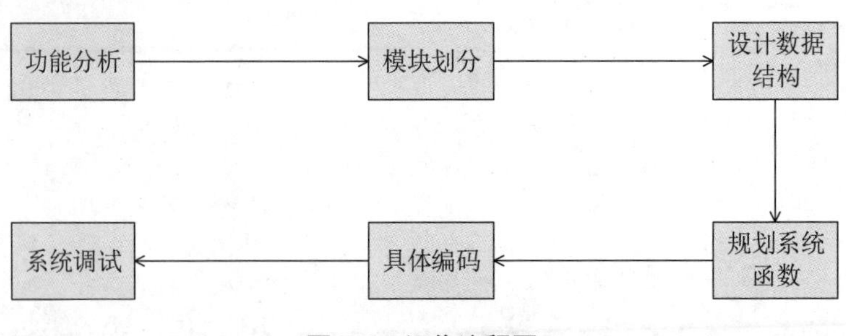

图 7-1 运作流程图

7.2 项目规划分析

本节开始编写完整的项目规划书，项目规划主要有功能描述、功能模块分析、执行流程等几部分。

扫码看视频

7.2.1 功能描述

本游戏一共 4 关，由易到难，每一关都有初始化、按键处理、重置及退出功能。作为一款手机闯关游戏，并不是越复杂越好。因为需要考虑手机的运行速率，所以无须提供太多的关口。

(1) 初始化包括屏幕初始化和每一关卡的初始化，屏幕被初始化宽 80 像素，高 25 像素。

(2) 按键处理包括移动小人和移动箱子，通过移动上下左右键来控制小人的移动，从而推动箱子，以把箱子推到指定的目的地为过关。

(3) 每一关都可以重置，按空格键可以重置当前关。

(4) 按 Esc 键可以随时退出游戏。

7.2.2 功能模块分析

本程序包括 5 个模块，分别是初始化模块、画图模块、移动箱子模块、移动小人模块和功能控制模块，如图 7-2 所示。各个模块的功能描述如下：

(1) 初始化模块。该模块包括屏幕初始化和游戏第一关的初始化。屏幕初始化用于输出欢迎信息和操作提示，游戏每一关的初始化是构建每一关的关卡。

(2) 画图模块。该模块主要是被其他模块调用，用于画墙、在空地画箱子、在目的地画箱子、画小人和画目的地。

(3) 移动箱子模块。该模块用于移动箱子，包括目的地之间、空地之间，以及目的地与空地之间的箱子移动。

(4) 移动小人模块。该模块用于控制小人移动，从而推动箱子到目的地。

(5) 功能控制模块。该模块是几个功能函数的集合，包括屏幕输出功能、指定位置状态判断功能和关卡重置功能。

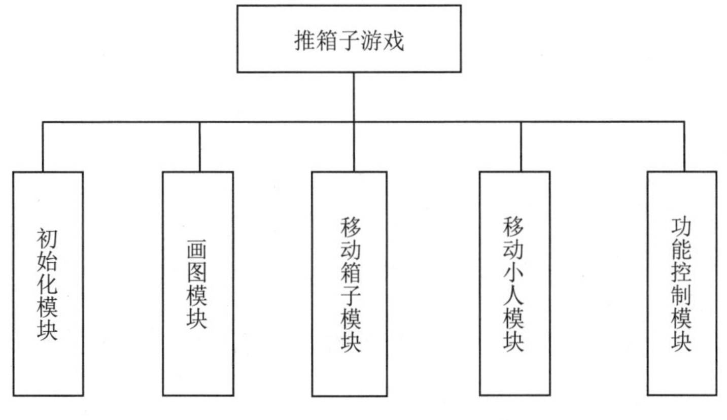

图 7-2 功能模块图

7.2.3 剖析执行流程

1. 任务执行流程

游戏从第一关开始，按上下左右方向键控制小人移动来推动箱子，在游戏中可以随时按 Esc 键退出。如果游戏无成功希望，可以按空格键回到当前任务的开始状态；如果成功完成当前关，则进入下一关，如果当前关是最后一关(第四关)，则显示通关信息，提示游戏结束。图 7-3 显示了任务执行的流程。

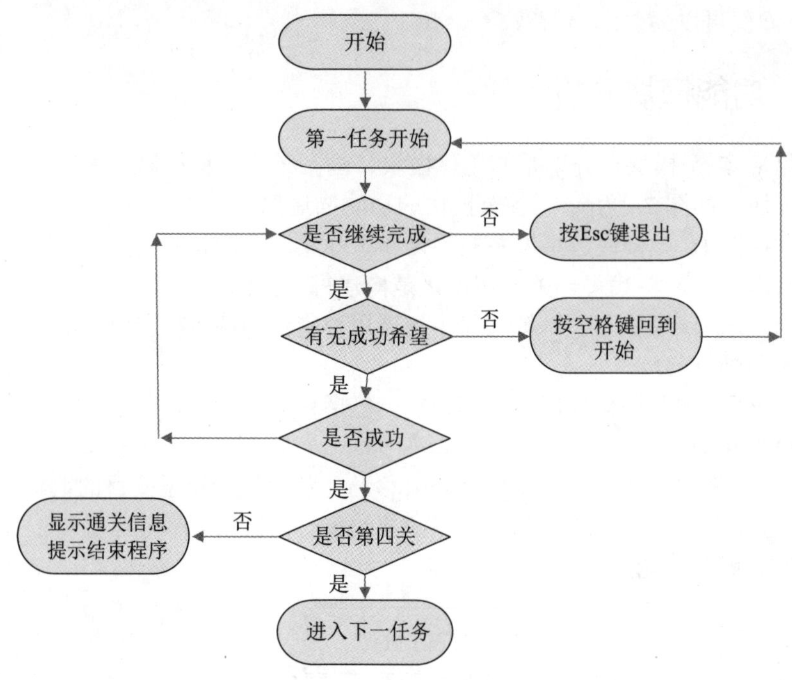

图 7-3　任务执行流程图

2. 设计逻辑

推箱子游戏的设计逻辑可以分为以下几个关键步骤：

- 地图设计：创建游戏地图，包括墙壁、目标位置、玩家初始位置和箱子的初始布局。使用合适的数据结构(例如，二维数组)来表示地图。
- 玩家移动：接收玩家输入，检测移动的合法性，更新玩家的位置。考虑玩家是否能够通过墙壁，以及是否能够推动箱子。
- 箱子推动：如果玩家移动到了箱子的位置，检测箱子是否能够被推动，并更新箱子的位置。考虑箱子是否能够通过墙壁，以及是否能够推到目标位置。
- 胜利条件判断：在每一步操作后，检查是否满足胜利条件，即所有箱子都被成功推到目标位置。
- 游戏循环：在主程序中设置一个游戏循环，不断接收玩家输入，执行玩家移动和箱子推动，然后检查胜利条件。循环直到游戏胜利。

上述步骤构成了一个简单的推箱子游戏的设计逻辑。具体实现时，需要考虑边界条件、不同关卡的设计、游戏界面的显示等细节。此外，可以考虑增加撤销操作、计步器、关卡编辑器等功能以增强游戏的趣味性。

7.3 设计数据结构

在 C 语言项目中，通常将多次用到的信息保存到数据结构中。本节将详细讲解为本项目设计数据结构的知识。

扫码看视频

7.3.1 设置全局变量

定义二维数组 char status[20][20]，用于记录屏幕一个点的状态。其中，设置了一些初始化的数组值表示屏幕的几种固定状态，这些初始值有“0”“b”“w”和“i”。“0”表示什么都没有，“b”表示箱子，“w”表示目的地，“i”表示箱子在目的地。首先将屏幕 20*20 范围内的状态初始化为 0，然后根据具体情况，在画箱子时，将箱子所在点的状态改为“b”；在画墙壁时，将墙壁所在点的状态改为“w”；在画目的地时，将目的地所在点的状态改为“m”；当箱子被推到目的地时，箱子所在点的状态改为“i”，如果每一关中所有目的地的状态都为“i”，则说明该关已完成。

定义全局变量，char far *printScreen=(char far*)0xB8000000，用于在屏幕上输出字符。彩色显示器的字符缓冲区首地址为 0xB8000000，每一个字符占 2 个字节(第一个字节为 ASCII 值，第二个字节为颜色值)，字符模式下屏幕宽为 80 像素，高为 25 像素，一屏幕可以写 80*25 个字符。

7.3.2 定义结构体

定义结构体 struct winer，用于判断每一关是否已完成。具体代码如下所示：

```
typedef struct winer
{
int x;
int y;
struct winer *p;
}winer;
```

其中 x 用于存放目的地的横坐标，y 用于存放目的地的纵坐标。如果所有表示目的地坐标对应的状态都为“i”，即箱子在目的地，则表示已经过关，可以进入下一关。该结构体的初始化在每一关的初始化时进行。

7.4　规划系统函数

扫码看视频

系统函数是整个项目的灵魂，项目中的功能都是通过函数实现的。本项目函数原型及功能介绍如下。

1. putoutChar()

函数原型：void putoutChar(int y,int x,char ch,char fc,char bc)

函数 putoutChar()用于在屏幕上的指定位置输出指定的字符。其中，x、y 指明输出的位置，ch 表示输出的字符，fc 表示输出的字符颜色，bc 表示背景色。

2. printWall()

函数原型：void printWall(int x,int y)

函数 printWall()用于画墙壁，传入参数 x、y 指明位置。该函数调用 putoutChar()进行输出，以黑色为背景画绿色墙，用小方块表示墙(ASCII 值为 219)。

3. printBox()

函数原型：void printBox(int x,int y)

函数 printBox()用于在非目的地画箱子，传入参数 x、y 指明位置。该函数调用 putoutChar()进行输出，以黑色为背景画白色箱子，用 ASCII 值为 10 的字符表示箱子。

4. printBoxDes()

函数原型：void printBoxDes(int x,int y)

函数 printBoxDes()用于在目的地画箱子，传入参数 x、y 指明位置。该函数调用 putoutChar()进行输出，以黑色为背景画黄色箱子，用 ASCII 值为 10 的字符表示箱子。

5. printDestination()

函数原型：void printDestination(int x,int y)

函数 printDestination()用于画目的地，传入参数 x、y 指明位置。该函数调用 putoutChar()进行输出，以黑色为背景画黄色目的地，用心形表示(ASCII 值为 003)。

6. printDestination1()

函数原型：void printDestination1(int x,int y,winer **win,winer **pw)

函数 printDestination1()与函数 printDestination()功能基本相同，都是用于画目的地的函数，但是函数 printDestination1()增加了记录每一个目的地位置的功能。其中 x、y 指明目的地的位置，每一关所有目的地位置都存放在结构体 struct winer 中，形成一条链表，**win 返回链表的头，**pw 则指向链表的尾部。

7. printMan()

函数原型：void printMan(int x,int y)

函数 printMan()用于画小人。x、y 指明画的位置。该函数通过软中断来实现，首先设置寄存器 AX 的高位和低位，设置高位 0xa 表示在光标位置显示字符；设置低位 02(ASCII 值)，表示输出的字符；然后设置寄存器 CX 为 01，表示重复输出的次数，这里只输出一次；最后产生类型为 0x10 的中断，表示显示器输出。

8. init()

函数原型：void init()

函数 init()用于初始化屏幕。该函数首先用两个 for 循环初始化屏幕 20*20 范围内的状态，初始化为 0，以后根据实际情况重新赋值；然后设置屏幕输出状态，设置寄存器 AX 的高位为 0，低位为 3，表示以 80*25 的彩色方式显示；最后移动光标到指定的位置输出操作提示信息以及版权信息。

9. 初始化游戏

函数原型：winer *initStep1()、winer *initStep2()、winer *initStep3()、winer *initStep4()

这几个函数分别初始化游戏的第一关到第四关。这些函数的功能和实现步骤相似。首先根据需要在指定的位置画墙壁和画箱子，在这里可以设置游戏的难度，初始化的墙壁越复杂，箱子越多，则游戏就越难。游戏的第一关至第四关难度依次增加。然后分别调用函数 printDestination1()和 printMan()画目的地和小人。函数返回包含各个目的地位置的链表。

10. 移动箱子

函数原型：

- void moveBoxSpacetoSpace(int x,int y,char a)
- void moveBoxDestoSpace(int x,int y, char a)
- void moveBoxSpacetoDes(int x,int y,char a)
- void moveBoxDestoDes(int x,int y,char a)

上述几个函数实现的功能分别是从空地移动箱子到空地、从目的地移动箱子到空地、从空地移动箱子到目的地和从目的地移动箱子到目的地。x、y 用于指明小人当前所处的位置，字符 a 表示移动的方向，有“u”“d”“l”“r”4 个值，分别表示向上、下、左、右移动。这几个函数的实现原理大致相似。对于前面两个函数，首先判断移动的方向，从小人所在的位置沿着移动的方向移动一步画小人，移动两步画箱子(调用函数 printBox())，并设置状态为“b”；对于后面两个参数，首先判断移动的方向，从小人所在的位置沿着移动方向移动一步画小人，移动两步在目的地画箱子(调用函数 printBoxDes())，并设置状态为“i”，表明箱子在目的地上。

11. judge()

函数原型：int judge(int x,int y)

函数 judge()根据结构体 struct[x][y]中存的值来判断该点的状态。

12. move()

函数原型：void move(int x,int y,char a)

函数 move()根据按下的键来处理小人的移动。整个项目的核心是实现推箱子处理，即通过函数 move()来实现小人的移动。小人移动的方向有上(“u”)、下(“d”)、左(“l”)、右(“r”)4 个，4 个方向的处理方式一样。首先判断移动的方向，然后根据小人的当前位置、下一步位置以及下下一步位置所在的状态进行处理。

(1) 若下一步所在位置的状态为墙壁(“w”)，则直接退出，不作任何处理。

(2) 若下一步所在位置的状态为目的地(“i”)，或者什么都没有(“0”)，则：

① 若当前位置的状态为目的地，则在当前位置画目的地(调用函数 printDestination())、在下一步位置画小人(调用函数 printMan())。

② 若当前位置的状态为非目的地，则输出空格清空当前位置的小人，并在下一步位置画小人(调用函数 printMan())。

(3) 若下一步所在位置的状态为箱子(“b”)，则：

① 如果下下一步位置的状态为“0”，则把箱子从空地移动到空地(调用函数 moveBoxSpacetoSpace())，然后把光标移动到下一步位置(如果当前位置的状态为目的地，则应先画目的地(调用函数 printDestinanion()))。

② 如果下下一步位置的状态为目的地，则把箱子从空地移动到目的地(调用函数 moveBoxSpacetoDes())，然后把光标移动到下一步位置(如果当前位置的状态为目的地，则应先画目的地(调用函数 printDestination()))。

③ 其他情况则直接返回，不作任何处理。

(4) 若下一步所在位置的状态为箱子在目的地(“i”)，则：

① 如果下下一步位置的状态为“0”，则把箱子从目的地移动到空地(调用函数 moveBoxDestoSpace())，然后把光标移动到下一步位置(如果当前位置的状态为目的地，则应先画目的地(调用函数 printDestination()))。

② 如果下下一步位置的状态为目的地，则把箱子从目的地移动到目的地(调用函数 moveBoxDestoDes())，然后把光标移动到下一步位置(如果当前位置的状态为目的地，则应

先画目的地(调用函数 printDestination())。

③ 其他情况则直接返回，不作任何处理。

13. reset()

函数原型：void reset(int i)

函数 reset()的功能是重置当前关。该函数首先判断当前关是第几关，然后调用函数 init()和初始化当前关的函数进行重置。

14. 主函数

主函数首先设置寄存器 AX 的高位和低位，显示器软中断，进行显示状态的设置，初始化屏幕，初始化第一关，并显示操作提示信息和版权信息。然后根据按下的键(调用函数 bioskey(0)返回按下的键值)进行处理，处理过程由函数 move()进行(如果按下 Esc 键，则退出程序)。对于每一关，如果所有表示目的地的状态都由“m”变成了“i”，则表示通过该关，可以进入下一关。

7.5 具体编码

从本节开始步入项目的第三阶段，此阶段首先由 Schoolmate2 来完成具体编码工作。现在 Schoolmate2 既有项目规划书，也有函数规划。有了这些资料，整个设计思路就十分清晰了，只需遵循规划书的方向，并参照规划函数即可轻松实现。

扫码看视频

7.5.1 预处理

程序预处理部分包括加载头文件、定义数据结构和定义全局变量，并对它们进行初始化工作。具体实现代码如下所示：

```
/*加载头文件*/
#include <dos.h>
#include <stdio.h>
#include <ctype.h>
#include <conio.h>
#include <bios.h>
#include <alloc.h>
/*定义结构体，判断是否胜利*/
typedef struct winer
{
/*目的地的 x 和 y 坐标*/
```

```
    int x,y;
    struct winer *p;
}winer;
/*定义全局变量*/
/*记录屏幕上各点的状态*/
char status [20][20];
/*彩色显示器字符缓冲区的首地址为 0xB8000000*/
char far *printScreen=(char far* )0xB8000000;

/*自定义原型函数*/
void putoutChar(int y,int x,char ch,char fc,char bc);
void printWall(int x, int y);
void printBox(int x, int y);
void printBoxDes(int x, int y);
void printDestination(int x, int y);
void printDestination1(int x,int y,winer **win,winer **pw);
void printMan(int x, int y);
void init();
winer *initStep1();
winer *initStep2();
winer *initStep3();
winer *initStep4();
void moveBoxSpacetoSpace(int x ,int y, char a);
void moveBoxDestoSpace(int x ,int y, char a) ;
void moveBoxSpacetoDes(int x, int y, char a);
void moveBoxDestoDes(int x, int y, char a);
int judge(int x, int y);
void move(int x, int y, char a);
void reset(int i);
```

7.5.2 初始化模块

该模块主要用于对屏幕和关卡的初始化，初始化关卡时是调用画图模块中画图函数。该模块包括以下几个函数。

(1) void init()：初始化屏幕的大小、显示方式、显示操作提示信息和版权信息；

(2) winer *initStep1()：初始化游戏的第一关；

(3) winer *initStep2()：初始化游戏的第二关；

(4) winer *initStep3()：初始化游戏的第三关；

(5) winer *initStep4()：初始化游戏的第四关。

具体实现代码如下所示：

```
/*初始化全屏幕函数*/
void init()
```

```
{
   int i,j;
   for(i=0;i<20;i++)
   for(j=0;j<20;j++)
/*屏幕 20X20 范围内的状态初始化为 0*/
      status[i][j]=0;
/*设置寄存器 AX 的低位，以 80*25 的色彩方式显示*/
   _AL=3;
   _AH=0;
   geninterrupt(0x10);
/*移动光标到指定的位置输出屏幕信息*/
   gotoxy(40,4);
   printf("Welcome to the box world!");
   gotoxy(40,6);
   printf("You can use up, down, left,");
   gotoxy(40,8);
   printf("right key to control it, or");
   gotoxy(40,10);
   printf("you can press Esc to quit it.");
   gotoxy(40,12);
   printf("Press space to reset the game.");
   gotoxy(40,14);
   printf("Wish you have a good time !");
   gotoxy(40,16);
   printf("April , 2007");


}
/*初始化游戏第一关函数*/
winer *initStep1()
{
   int x;
   int y;
   winer *win=NULL;
   winer *pw;
/*在指定位置画墙，构建第一关*/
   for(x=1,y=5;y<=9;y++)
   printWall(x+4,y+10);
   for(y=5,x=2;x<=5;x++)
   printWall(x+4,y+10);
   for(y=9,x=2;x<=5;x++)
   printWall(x+4,y+10);
   for(y=1,x=3;x<=8;x++)
   printWall(x+4,y+10);
   for(x=3,y=3;x<=5;x++)
   printWall(x+4,y+10);
   for(x=5,y=8;x<=9;x++)
   printWall(x+4,y+10);
```

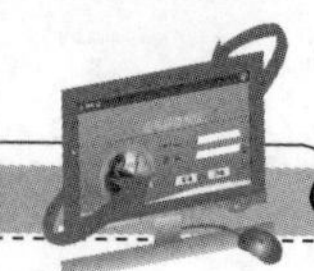


```
    for(x=7,y=4;x<=9;x++)
    printWall(x+4,y+10);
    for(x=9,y=5;y<=7;y++)
    printWall(x+4,y+10);
    for(x=8,y=2;y<=3;y++)
    printWall(x+4,y+10);
    printWall(5+4,4+10);
    printWall(5+4,7+10);
    printWall(3+4,2+10);
/*在指定位置画箱子*/
    printBox(3+4,6+10);
    printBox(3+4,7+10);
    printBox(4+4,7+10);
/*在指定位置画目的地*/
    printDestination1(4+4,2+10,&win,&pw);
    printDestination1(5+4,2+10,&win,&pw);
    printDestination1(6+4,2+10,&win,&pw);
/*在指定位置画小人*/
    printMan(2+4,8+10);
    return win;
}

/*初始化游戏第二关函数*/
winer *initStep2()
{
    int x;
    int y;
    winer *win=NULL;
    winer *pw;
/*指定位置画墙，构建第二关*/
    for(x=1,y=4;y<=7;y++)
    printWall(x+4,y+10);
    for(x=2,y=2;y<=4;y++)
    printWall(x+4,y+10);
    for(x=2,y=7;x<=4;x++)
    printWall(x+4,y+10);
    for(x=4,y=1;x<=8;x++)
    printWall(x+4,y+10);
    for(x=8,y=2;y<=8;y++)
    printWall(x+4,y+10);
    for(x=4,y=8;x<=8;x++)
    printWall(x+4,y+10);
    for(x=4,y=6;x<=5;x++)
    printWall(x+4,y+10);
    for(x=3,y=2;x<=4;x++)
    printWall(x+4,y+10);
    for(x=4,y=4;x<=5;x++)
```

```
   printWall(x+4,y+10);
   printWall(6+4,3+10);
/*在指定位置画箱子*/
   printBox(3+4,5+10);
   printBox(6+4,6+10);
   printBox(7+4,3+10);
/*在指定位置画目的地*/
   printDestination1(5+4,7+10,&win,&pw);
   printDestination1(6+4,7+10,&win,&pw);
   printDestination1(7+4,7+10,&win,&pw);
/*在指定位置画小人*/
   printMan(2+4,6+10);
   return win;
}

/*初始化游戏第三关函数*/
winer *initStep3()
{
   int x;
   int y;
   winer *win=NULL;
   winer *pw;
/*在指定位置画墙，构建第三关*/
   for(x=1,y=2;y<=8;y++)
   printWall(x+4,y+10);
   for(x=2,y=2;x<=4;x++)
   printWall(x+4,y+10);
   for(x=4,y=1;y<=3;y++)
   printWall(x+4,y+10);
   for(x=5,y=1;x<=8;x++)
   printWall(x+4,y+10);
   for(x=8,y=2;y<=5;y++)
   printWall(x+4,y+10);
   for(x=5,y=5;x<=7;x++)
   printWall(x+4,y+10);
   for(x=7,y=6;y<=9;y++)
   printWall(x+4,y+10);
   for(x=3,y=9;x<=6;x++)
   printWall(x+4,y+10);
   for(x=3,y=6;y<=8;y++)
   printWall(x+4,y+10);
   printWall(2+4,8+10);
   printWall(5+4,7+10);
/*在指定位置画箱子*/
   printBox(6+4,3+10);
   printBox(4+4,4+10);
   printBox(5+4,6+10);
```

```
/*在指定位置画目的地*/
    printDestination1(2+4,5+10,&win,&pw);
    printDestination1(2+4,6+10,&win,&pw);
    printDestination1(2+4,7+10,&win,&pw);
/*在指定位置画小人*/
    printMan(2+4,4+10);
    return win;
}

/*初始化游戏第四关函数*/
winer *initStep4()
{
    int x;
    int y;
    winer *win=NULL;
    winer *pw;
/*在指定位置画墙，构建第四关*/
    for(x=1,y=1;y<=6;y++)
    printWall(x+4,y+10);
    for(x=2,y=7;y<=8;y++)
    printWall(x+4,y+10);
    for(x=2,y=1;x<=7;x++)
    printWall(x+4,y+10);
    for(x=7,y=2;y<=4;y++)
    printWall(x+4,y+10);
    for(x=6,y=4;y<=9;y++)
    printWall(x+4,y+10);
    for(x=3,y=9;x<=5;x++)
    printWall(x+4,y+10);
    for(x=3,y=3;y<=4;y++)
    printWall(x+4,y+10);
    printWall(3+4,8+10);
/*在指定位置画箱子*/
    printBox(3+4,5+10);
    printBox(4+4,4+10);
    printBox(4+4,6+10);
    printBox(5+4,5+10);
    printBox(5+4,3+10);
    printDestination1(3+4,7+10,&win,&pw);
    printDestination1(4+4,7+10,&win,&pw);
    printDestination1(5+4,7+10,&win,&pw);
    printDestination1(4+4,8+10,&win,&pw);
    printDestination1(5+4,8+10,&win,&pw);
/*在指定位置画小人*/
    printMan(2+4,2+10);
    return win;
}
```

7.5.3 画图模块

画图模块主要用于画图操作，包括画墙、画箱子、画目的地和画小人等。本项目画图模块的功能由以下几个函数实现。

(1) void printWall(int x,int y)：用于画墙；

(2) void printBox(int x,int y)：在空白地(非目的地)画箱子；

(3) void printBoxDes(int x,int y)：在目的地画箱子；

(4) void printDestination(int x,int y)：画目的地函数；

(5) void printDestination1(int x,int y,winer **win,winer **pw)：画目的地函数，并记录每个目的地的位置；

(6) void printMan(int x,int y)：画小人函数。

具体实现代码如下所示：

```
/*画墙函数*/
void printWall(int x,int y)
{
/*以黑色为背景画绿色墙，用小方块表示*/
   putoutChar(y-1,x-1,219,GREEN,BLACK);
   status[x][y]='w';
}
 /*非目的地画箱子函数*/
void printBox(int x,int y)
{
/*以黑色为背景画白色箱子，用小方块表示*/
   putoutChar(y-1,x-1,10,WHITE,BLACK);
   status[x][y]='b';
}

/*画目的地函数，记录每个目的地的位置*/
void printDestination1(int x,int y,winer **win,winer **pw)
{
   winer *qw;
/*以黑色为背景画黄色目的地，用心形表示*/
   putoutChar(y-1,x-1,003,YELLOW,BLACK);
   status[x][y]='m';
   if(*win==NULL)
   {
/*分配空间*/
   *win=*pw=qw=(winer* )malloc(sizeof(winer));
   (*pw)->x=x;
      (*pw)->y=y;
      (*pw)->p=NULL;
```

```
    }
/*如果当前不是目的地的第一个点*/
    else
    {
    qw=(winer* )malloc(sizeof(winer));
    qw->x=x;
    qw->y=y;
/*(*pw)的下一个点是 qw */
    (*pw)->p=qw;
    (*pw)=qw;qw->p=NULL;
    }
}

/*画目的地函数*/
void printDestination(int x,int y)
{
/*以黑色为背景画黄色目的地，用心形表示*/
   putoutChar(y-1,x-1,003,YELLOW,BLACK);
   status[x][y]='m';
}

void printMan(int x,int y)
{
   gotoxy(y,x);
   _AL=02;
   _CX=01;
   _AH=0xa;
   geninterrupt(0x10);
}

/*在目的地画箱子函数*/
void printBoxDes(int x,int y)
{
/*以黑色为背景画黄色箱子，用小方块表示*/
   putoutChar(y-1,x-1,10,YELLOW,BLACK);
   status[x][y]='i';
}
```

7.5.4 移动箱子模块

该模块是实现箱子的移动。根据游戏规则，箱子可以在空地之间、目的地之间、空地和目的地之间来回移动。为了确保箱子在空地之间移动，需要检测箱子是否碰撞的问题。因为本项目中的箱子是正方形，这种碰撞还是比较容易的，如果是三维的那种碰撞算法就麻烦了。一个箱子肯定有它在相对页面上的 x、y 点坐标，x、y 是正方形最左端点的坐标，然后还有个 width、height 的长和高。如果这个箱子与另一个箱子相交。说明这个箱子 x+weight 大于另一个箱子的 x 值，并且另一个箱子的 x+weight 大于这个箱子的 x 值，这个通过两个矩形相交计算后即可得到结果。

本系统移动箱子模块共有以下 4 个函数。

(1) void moveBoxSpacetoSpace(int x,int y,char a)：把箱子从空地移动到空地；

(2) void moveBoxDestoSpace(int x,int y,char a)：把箱子从目的地移动到空地；

(3) void moveBoxSpacetoDes(int x,int y,char a)：把箱子从空地移动到目的地；

(4) void moveBoxDestoDes(int x,int y,char a)：把箱子从目的地移动到目的地。

具体实现代码如下所示：

```
/*从空地移动箱子到空地*/
void moveBoxSpacetoSpace(int x,int y,char a)
{
   switch(a)
   {
/*如果是向上键*/
   case 'u':
   status[x-1][y]=0;
   printf(" ");
   printBox(x-2,y);
   printMan(x-1,y);
   status[x-2][y]='b';
   break;
/*如果是向下键*/
   case 'd':
   status[x+1][y]=0;
   printf(" ");
   printBox(x+2,y);
   printMan(x+1,y);
   status[x+2][y]='b';
   break;
/*如果是向左键*/
   case 'l':
   status[x][y-1]=0;
   printf(" ");
   printBox(x,y-2);
   printMan(x,y-1);
   status[x][y-2]='b';
   break;
/*如果是向右键*/
   case 'r':
   status[x][y+1]=0;
   printf(" ");
   printBox(x,y+2);
   printMan(x,y+1);
   status[x][y+2]='b';
   break;
```

```
    default:
    break;
    }
}

 /*从目的地移动箱子到空地*/
void moveBoxDestoSpace(int x,int y,char a)
{
    switch(a)
    {
/*如果是向上键*/
    case 'u':
    status[x-1][y]='m';
    printf(" ");
    printBox(x-2,y);
    printMan(x-1,y);
    status[x-2][y]='b';
    break;
/*如果是向下键*/
    case 'd':
    status[x+1][y]='m';
    printf(" ");
    printBox(x+2,y);
    printMan(x+1,y);
    status[x+2][y]='b';
    break;
/*如果是向左键*/
    case 'l':
    status[x][y-1]='m';
    printf(" ");
    printBox(x,y-2);
    printMan(x,y-1);
    status[x][y-2]='b';
    break;
/*如果是向右键*/
    case 'r':
    status[x][y+1]='m';
    printf(" ");
    printBox(x,y+2);
    printMan(x,y+1);
    status[x][y+2]='b';
    break;
    default:
    break;
    }
}
```

```
/*从空地移动箱子到目的地*/
void moveBoxSpacetoDes(int x,int y,char a)
{
    switch(a)
    {
/*如果是向上键*/
    case 'u':
    status[x-1][y]=0;
    printf(" ");
    printBoxDes(x-2,y);
    printMan(x-1,y);
    status[x-2][y]='i';
    break;
/*如果是向下键*/
    case 'd':
    status[x+1][y]=0;
    printf(" ");
    printBoxDes(x+2,y);
    printMan(x+1,y);
    status[x+2][y]='i';
    break;
/*如果是向左键*/
    case 'l':
    status[x][y-1]=0;
    printf(" ");
    printBoxDes(x,y-2);
    printMan(x,y-1);
    status[x][y-2]='i';
    break;
/*如果是向右键*/
    case 'r':
    status[x][y+1]=0;
    printf(" ");
    printBoxDes(x,y+2);
    printMan(x,y+1);
    status[x][y+2]='i';
    break;
    default:
    break;
    }
}

/*从目的地移动箱子到目的地*/
void moveBoxDestoDes(int x,int y,char a)
{
    switch(a)
    {
```

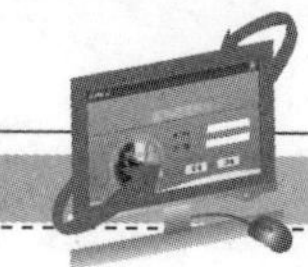


```
/*如果是向上键*/
    case 'u':
    status[x-1][y]='m';
    printf(" ");
    printBoxDes(x-2,y);
    printMan(x-1,y);
    status[x-2][y]='i';
    break;
/*如果是向下键*/
    case 'd':
    status[x+1][y]='m';
    printf(" ");
    printBoxDes(x+2,y);
    printMan(x+1,y);
    status[x+2][y]='i';
    break;
/*如果是向左键*/
    case 'l':
    status[x][y-1]='m';
    printf(" ");
    printBoxDes(x,y-2);
    printMan(x,y-1);
    status[x][y-2]='i';
    break;
/*如果是向右键*/
    case 'r':
    status[x][y+1]='m';
    printf(" ");
    printBoxDes(x,y+2);
    printMan(x,y+1);
    status[x][y+2]='i';
    break;
    default:
    break;
    }
}
```

7.5.5 移动小人模块

移动小人模块是本程序的核心模块，仅由函数 move()来实现。函数 move()控制小人的移动，并调用画图模块、移动箱子模块中的函数来实现箱子的重画、移动等操作。小人移动的方向有 4 个，函数 move()(处理小人移动的函数)对这 4 个方向移动的处理都一致，只是调用函数时的参数有所不同。首先判断小人移动的方向，然后根据小人所处的当前状态、下一步状态或者下下一步状态进行适当的处理。处理过程如图 7-4 所示。

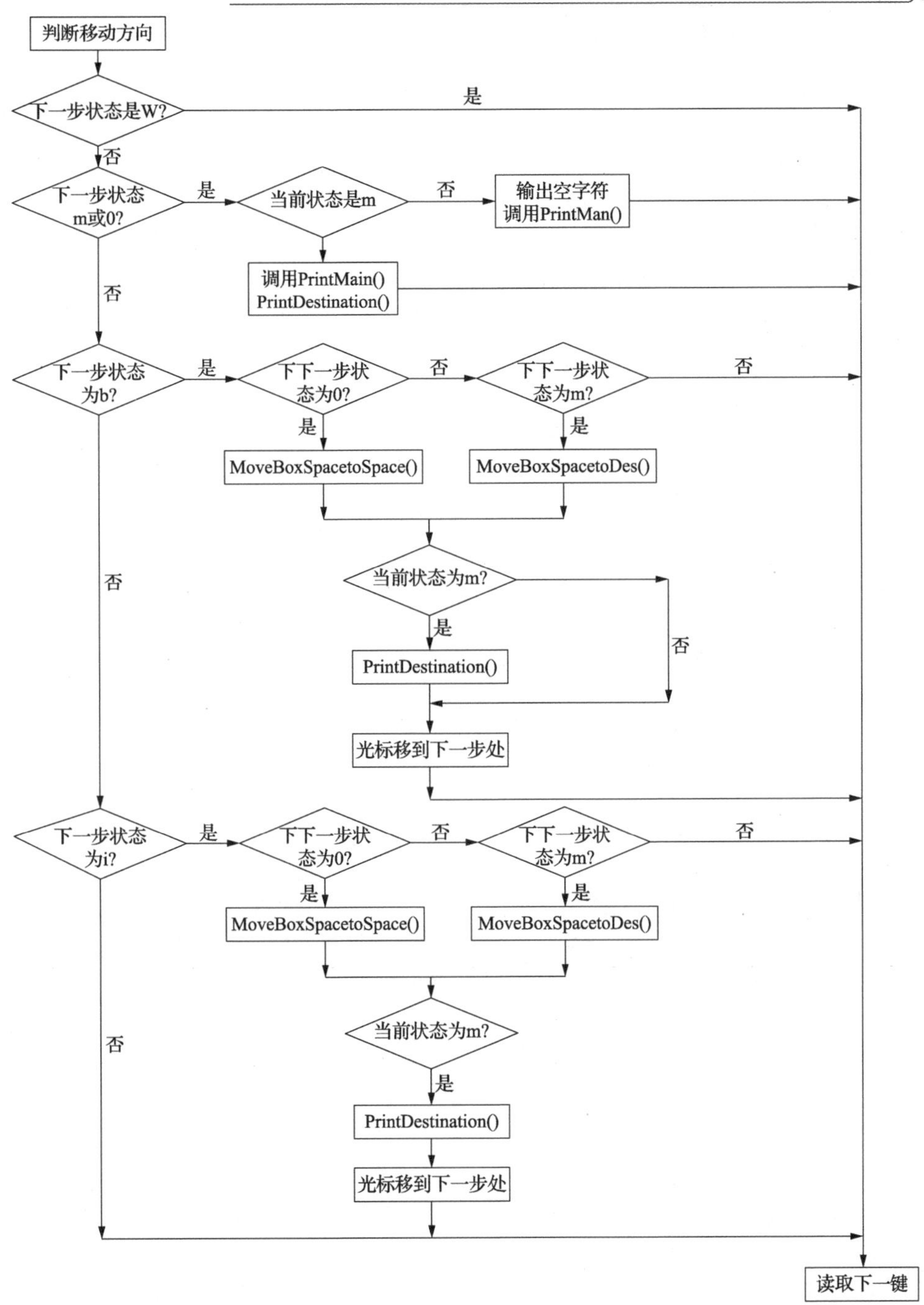
判断移动方向
下一步状态是W?
是
否
下一步状态
m或0?
是
当前状态是m
否
输出空字符
调用PrintMan()
调用PrintMain()
PrintDestination()
否
下一步状态
为b?
是
下下一步状
态为0?
否
下下一步状
态为m?
否
是
是
MoveBoxSpacetoSpace()
MoveBoxSpacetoDes()
当前状态为m?
是
否
PrintDestination()
光标移到下一步处
否
下一步状态
为i?
是
下下一步状
态为0?
否
下下一步状
态为m?
否
是
是
MoveBoxSpacetoSpace()
MoveBoxSpacetoDes()
当前状态为m?
是
PrintDestination()
光标移到下一步处
否
读取下一键

图 7-4　小人移动流程图

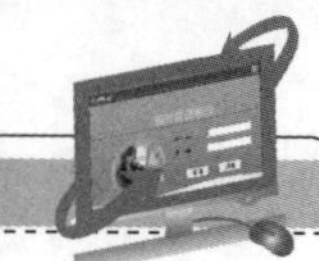

具体实现代码如下所示：

```
/*移动小人函数*/
void move(int x,int y,char a)
{
    switch(a)
    {
/*如果按向上键*/
    case 'u':
/*如果(x-1,y)即小人的下一步状态为墙*/
    if(!judge(x-1,y))
    {
/*则跳转到(y,x),并跳出循环*/
        gotoxy(y,x);
        break;
    }
/*如果小人的下一步状态为目的地或者什么都没有*/
    else if(judge(x-1,y)==1||judge(x-1,y)==3)
    {
/*如果当前状态为目的地*/
        if(judge(x,y)==3)
        {
/*画目的地*/
        printDestination(x,y);
/*在新位置重新画小人*/
        printMan(x-1,y);
        break;
        }
/*如果下一步状态为 0*/
        else
        {
/*输出空字符，覆盖当前状态的小人*/
        printf(" ");
/*在下一步重新画小人*/
        printMan(x-1,y);
        break;
        }
    }
/*如果下一步状态是箱子*/
    else if(judge(x-1,y)==2)
    {
/*如果下下一步为空*/
        if(judge(x-2,y)==1)
        {
/*则将箱子从空地向上移动到空地*/
        moveBoxSpacetoSpace(x,y,'u');
        if(judge(x,y)==3)
```

```
/*如果当前状态为目的地*/
          printDestination(x,y);
      gotoxy(y,x-1);
      }
/*如果下下一步为目的地*/
      else if(judge(x-2,y)==3)
      {
/*则将箱子从空地向上移动到目的地*/
      moveBoxSpacetoDes(x,y,'u');
      if(judge(x,y)==3)
         printDestination(x,y);
      gotoxy(y,x-1);
      }
      else
            gotoxy(y,x);
      break;
   }
   else if(judge(x-1,y)==4)
   {
      if(judge(x-2,y)==1)
      {
      moveBoxDestoSpace(x,y,'u');
      if(judge(x,y)==3)
         printDestination(x,y);
      gotoxy(y,x-1);
      }
      else if(judge(x-2,y)==3)
      {
      moveBoxDestoDes(x,y,'u');
      if(judge(x,y)==3)
         printDestination(x,y);
      gotoxy(y,x-1);
      }
      else
      gotoxy(y,x);
      break;
   }
/*如果按向下键*/
   case 'd':
   if(!judge(x+1,y))
   {
      gotoxy(y,x);
      break;
   }
   else if(judge(x+1,y)==1||judge(x+1,y)==3)
   {
      if(judge(x,y)==3)
```

```
    {
    printDestination(x,y);
    printMan(x+1,y);
    break;
    }
    else
    {
    printf(" ");
    printMan(x+1,y);
    break;
    }
}
else if(judge(x+1,y)==2)
{
    if(judge(x+2,y)==1)
    {
    moveBoxSpacetoSpace(x,y,'d');
    if(judge(x,y)==3)
       printDestination(x,y);
    gotoxy(y,x+1);
    }
    else if(judge(x+2,y)==3)
    {
    moveBoxSpacetoDes(x,y,'d');
    if(judge(x,y)==3)
       printDestination(x,y);
    gotoxy(y,x+1);
    }
    else
    gotoxy(y,x);
    break;
}
else if(judge(x+1,y)==4)
{
    if(judge(x+2,y)==1)
    {
    moveBoxDestoSpace(x,y,'d');
    if(judge(x,y)==3)
       printDestination(x,y);
    gotoxy(y,x+1);
    }
    else if(judge(x+2,y)==3)
    {
    moveBoxDestoDes(x,y,'d');
    if(judge(x,y)==3)
       printDestination(x,y);
    gotoxy(y,x+1);
```

```
        }
        else
        gotoxy(y,x);
        break;
    }
/*如果按向左键*/
    case 'l':
    if(!judge(x,y-1))
    {
        gotoxy(y,x);
        break;
    }
    else if(judge(x,y-1)==1||judge(x,y-1)==3)
    {
        if(judge(x,y)==3)
        {
        printDestination(x,y);
        printMan(x,y-1);
        break;
        }
        else
        {
        printf(" ");
        printMan(x,y-1);
        break;
        }
    }
    else if(judge(x,y-1)==2)
    {
        if(judge(x,y-2)==1)
        {
        moveBoxSpacetoSpace(x,y,'l');
        if(judge(x,y)==3)
            printDestination(x,y);
        gotoxy(y-1,x);
        }
        else if(judge(x,y-2)==3)
        {
        moveBoxSpacetoDes(x,y,'l');
        if(judge(x,y)==3)
            printDestination(x,y);
        gotoxy(y-1,x);
        }
        else
        gotoxy(y,x);
        break;
    }
```

```
    else if(judge(x,y-1)==4)
    {
        if(judge(x,y-2)==1)
        {
        moveBoxDestoSpace(x,y,'l');
        if(judge(x,y)==3)
            printDestination(x,y);
        gotoxy(y-1,x);
        }
        else if(judge(x,y-2)==3)
        {
        moveBoxDestoDes(x,y,'l');
        if(judge(x,y)==3)
            printDestination(x,y);
        gotoxy(y-1,x);
        }
        else
        gotoxy(y,x);
        break;
    }
/*如果按向右键*/
    case 'r':
    if(!judge(x,y+1))
    {
        gotoxy(y,x);
        break;
    }
    else if(judge(x,y+1)==1||judge(x,y+1)==3)
    {
        if(judge(x,y)==3)
        {
        printDestination(x,y);
        printMan(x,y+1);
        break;
        }
        else
        {
        printf(" ");
        printMan(x,y+1);
        break;
        }
    }
    else if(judge(x,y+1)==2)
    {
        if(judge(x,y+2)==1)
        {
        moveBoxSpacetoSpace(x,y,'r');
```

```
        if(judge(x,y)==3)
           printDestination(x,y);
        gotoxy(y+1,x);
        }
        else if(judge(x,y+2)==3)
        {
        moveBoxSpacetoDes(x,y,'r');
        if(judge(x,y)==3)
           printDestination(x,y);
        gotoxy(y+1,x);
        }
        else
        gotoxy(y,x);
        break;
    }
    else if(judge(x,y+1)==4)
    {
        if(judge(x,y+2)==1)
        {
        moveBoxDestoSpace(x,y,'r');
        if(judge(x,y)==3)
           printDestination(x,y);
        gotoxy(y+1,x);
        }
        else if(judge(x,y+2)==3)
        {
        moveBoxDestoDes(x,y,'r');
        if(judge(x,y)==3)
           printDestination(x,y);
        gotoxy(y+1,x);
        }
        else
        gotoxy(y,x);
        break;
    }
    default:
    break;
    }
}
```

7.5.6 功能控制模块

在本项目中，功能控制模块包括屏幕输出功能、关卡重置功能和坐标位置状态的判断功能。该模块包括以下几个函数。

(1) void putoutChar(int y,int x,char ch,char fc,char bc)：在屏幕上指定的位置输出指定的

字符；

(2) int judge(int x,int y)：判断位置(x,y)处的状态，状态值可参见“数据结构设计”部分；

(3) void reset (int i)：重置关卡。

具体实现代码如下所示：

```
/*在屏幕指定位置输出指定的字符函数*/
void putoutChar(int y,int x,char ch,char fc,char bc)
{
/*屏幕输出字符 ch*/
   printScreen[(x*160)+(y<<1)+0]=ch;
/*指定字符颜色 fc，背景颜色 bc*/
   printScreen[(x*160)+(y<<1)+1]=(bc*16)+fc;
}

/*判断特定坐标的状态函数*/
int judge(int x,int y)
{
   int i;
/*根据 status[x][y]中存的值来判断该点的状态*/
   switch(status[x][y])
   {
/*如果什么都没做*/
   case 0:
   i=1;
   break;
/*如果该点表示墙*/
   case 'w':
   i=0;
   break;
/*如果该点表示箱子*/
   case 'b':
   i=2;
   break;
/*如果该点表示箱子在目的地*/
   case 'i':
   i=4;
   break;
/*如果该点表示目的地*/
   case 'm':
   i=3;
   break;
   default:
   break;
   }
   return i;
}
```

```
/*重置当前关函数*/
void reset(int i)
{
   switch(i)
   {
/*重置第一关*/
   case 0:
   init();
   initStep1();
   break;
/*重置第二关*/
   case 1:
   init();
   initStep2();
   break;
/*重置第三关*/
   case 2:
   init();
   initStep3();
   break;
/*重置第四关*/
   case 3:
   init();
   initStep4();
   break;
   default:
   break;
   }
}
```

7.5.7 系统主函数

系统主函数 main()用于实现整个程序的控制，其游戏操作流程具体代码如下所示：

```
void main()
{
    /*记录按下的键*/
    int key;
    int x;
int y;
/*记录未被推到目的地的箱子个数*/
int s;
/*记录已经过了几关*/
    int i=0;
    winer *win;
```

```
winer *pw;
/*设置寄存器 AX 低位*/
_AL=3;
/*设置寄存器 AX 高位*/
   _AH=0;
   geninterrupt(0x10);
   init();
   win=initStep1();
do{
/*设置 AH，读取光标位置*/
   _AH=3;
geninterrupt(0x10);
/*读取光标所在的行，加 1*/
x=_DH+1;
/*读取光标所在的列，加 1*/
y=_DL+1;
/*bioskey(1)返回 0,直到有键按下*/
while(bioskey(1)==0);
/*返回按下的键*/
   key=bioskey(0);
   switch(key)
{
/*如果按下向上键*/
   case 0x4800:
      move(x,y,'u');
      break;
   /*如果按下向下键*/
   case 0x5000:
      move(x,y,'d');
      break;
   /*如果按下向左键*/
   case 0x4b00:
      move(x,y,'l');
      break;
   /*如果按下向右键*/
   case 0x4d00:
      move(x,y,'r');
      break;
   /*如果按下空格键*/
   case 0x3920:
      reset(i);
      break;
   default:
      break;
   }
   s=0;
pw=win;
```

```
/*如果指针非空*/
   while(pw)
{
/*如果目的地的状态为m，不是i，表示还有箱子
未被推到目的地，该关还未完成*/
      if(status[pw->x][pw->y]=='m')
      /*未被推到目的地的箱子数*/
      s++;
      /*判断下一个目的地的状态*/
      pw=pw->p;
}
/*该关完成*/
   if(s==0)
{
   /*释放分配的空间*/
      free(win);
      gotoxy(15,20);
      printf("congratulate! You have done this step!");
      getch();
      i++;
      switch(i)
      {
      /*进入第二关*/
      case 1:
      init();
      win=initStep2();
      break;
      /*进入第三关*/
      case 2:
      init();
      win=initStep3();
      break;
      /*进入第四关*/
      case 3:
      init();
      win=initStep4();
      break;
      /*完成所有关*/
      case 4:
      gotoxy(15,21);
      printf("Congratulation! \n");
      gotoxy(15,22);
      printf("You have done all the steps, You are very clever!");
            /*设置键为Esc以便退出程序*/
      key=0x011b;
      /*按任意键结束*/
      getch();
```

```
        break;
        default:
        break;
        }
    }

    }while(key!=0x011b);
    _AL=3;
    _AH=0;
    geninterrupt(0x10);
}
```

到此为止，本章游戏项目的编码工作全部完成。

7.5.8 总结一款典型游戏项目的开发流程

本项目是一个手机游戏项目，是运行于手机上的游戏软件。随着科技的发展，现在手机的功能越来越多，越来越强大。手机游戏也随之逐渐发展，已经发展到可以和掌上游戏机媲美，具有很强的娱乐性和交互性的复杂形态。现实是买一个好的手机就能够满足你所有路途中的大部分游戏娱乐功能了。一款典型游戏项目的开发流程如图 7-5 所示。

上述基本过程的具体说明如下所示：

1. 立项

在制作游戏之前，策划首先要确定一点：到底想要制作一个什么样的游戏？而要制作一款游戏并不是闭门造车，一个策划说了就算数的简单事情。制作一款游戏受到多方面的限制：

(1) 市场：即将开发的游戏是不是具备市场潜力？推出以后在市场上会不会被大家所接受？是否能够取得良好的市场回报？

(2) 技术：即将开发的游戏从程序和美术上是不是完全能够实现？如果不能实现，是不是能够有折中的办法？

(3) 规模：以现有的资源是否能很好地协调并完成即将要开发的游戏？是否需要另外增加人员或设备？

(4) 周期：游戏的开发周期是否长短合适？能否在开发结束时正好赶上游戏的销售旺季？

(5) 产品：即将开发的游戏在其同类产品中是否有新颖的设计？是否能有吸引玩家的地方？如果在游戏设计上达不到革新，是否能够在美术及程序方面加以补足？如果同类型的游戏市场上已经有了很多，那么即将开发的游戏的卖点在哪里？

以上各方面问题都是要经过开发组全体成员反复进行讨论才能够确定下来的，需要大家一起集思广益，共同探讨一个可行的方案。如果对上述全部问题都能够有肯定的答案，那么这个项目基本是可行的。但是即便项目获得了通过，在运行过程中也可能会有种种不可预知的因素导致意外情况的发生，所以项目能够成立，只是游戏制作的开始。

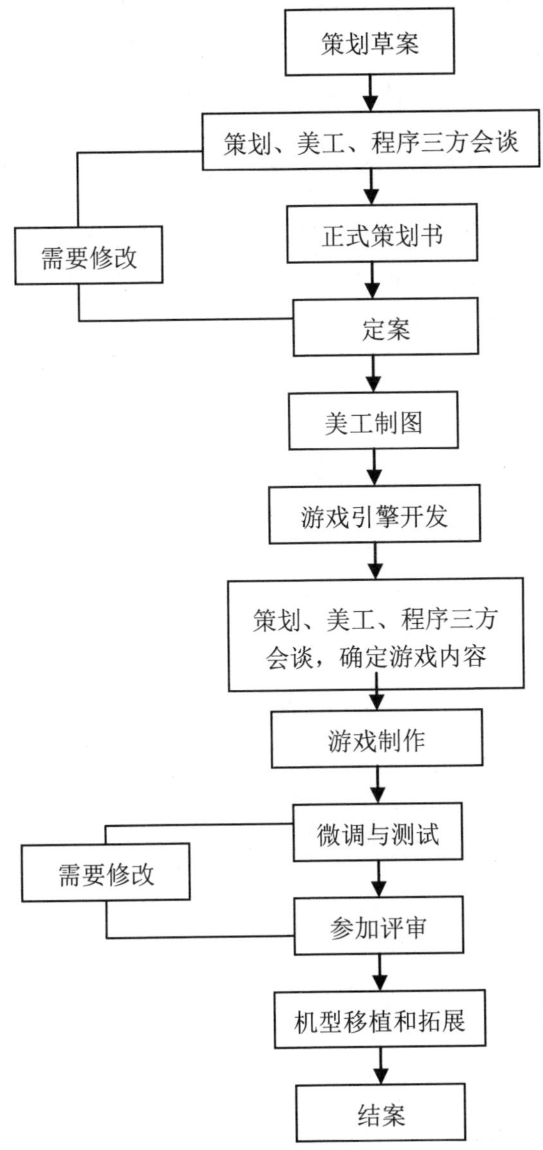

图7-5 典型游戏项目的开发流程

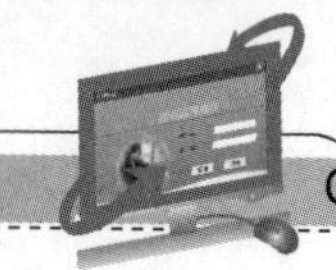

2. 大纲策划的进行

游戏大纲关系到游戏的整体面貌，大纲策划案一旦定稿，如果没有特别特殊的情况，就不允许进行更改。程序和美工人员将按照策划所构思的游戏形式来架构整个游戏，因此，在制定策划案时一定要做到慎重和尽量考虑成熟。

3. 正式制作

当游戏大纲策划案完成并讨论通过后，游戏就由三方面开始共同制作。在这一阶段，策划的主要任务是在大纲的基础上对游戏的所有细节进行完善，将游戏大纲逐步填充为完整的游戏策划案。根据不同的游戏种类，所要进行细化的部分也不尽相同。

在正式制作的过程中，策划、程序、美工人员进行及时和经常性的交流，了解工作进展以及是否有难以克服的困难，并且根据实际情况有目的地变更工作计划或设计思想。三方面的配合在游戏正式制作过程中是最重要的。

4. 配音、配乐

在程序和美工即将要结束时，就要进行配音和配乐的工作了。虽然音乐和音效是游戏的重要组成部分，能够起到很好地烘托游戏气氛的作用，但是限于 J2ME 游戏的开发成本和设置的处理能力，这部分已经被弱化到可有可无的地步。但仍应选择跟游戏风格能很好配合的音乐当作游戏背景音乐，这个工作交给策划比较合适。

5. 检测、调试

游戏刚制作完成，在程序上定会有很多的错误，严重情况下会导致游戏完全没有办法进行下去。同样，策划的设计也会有不完善的地方，主要在游戏的参数部分。如果参数设置不合理，就会影响游戏的可玩性。此时，测试人员需检测程序上的漏洞，或者通过试玩，调整游戏各个部分的参数使之基本平衡。

7.6 项目测试

将本项目命名为“tuixiang”，编译运行后的主界面如图 7-6 所示。

扫码看视频

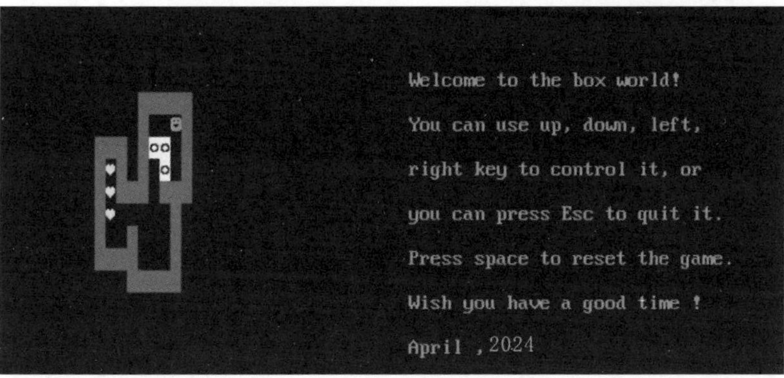

图 7-6 主界面效果图

试玩过程界面如图 7-7 所示。

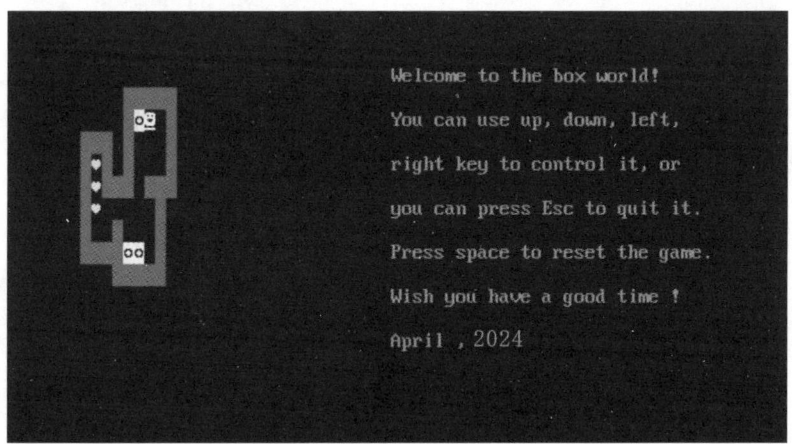

图 7-7 试玩主界面效果图

第 8 章 房地产营销名片管理系统

随着现代生活节奏的加快，信息化时代的信息交流变得越发迅速而高效。一家企业要想在激烈的竞争环境中处于不败之地，需要提高自身硬件实力和软件实力。对于驰骋于职场中的各类精英来说，每天都离不开和名片打交道。每个精英都有上百甚至上千、上万个名片，为了能迅速地从众多名片中找到自己需要的信息，开发一个名片管理系统势在必行。

本章使用C语言开发一个名片管理系统，并向读者讲解其具体实现过程，以及剖析技术核心和实现技巧。

8.1 背景介绍

扫码看视频

随着社会的快速发展，商业活动变得日益频繁，人们之间的交往也随之增多，于是，人们手中便出现了名目繁多的通讯录、地址录、名片夹等对交友或者客户进行管理的工具。一张名片上的信息虽然不多，却占据了很大的空间；同时，这些传统的管理方式存在着不易更新，不易存放，容易丢失，难以备份等重大缺陷。建立自己的电子文档对名片进行管理虽然克服了以上缺点，但由于查询效率低下，特别是当数据量十分庞大时的查询劣势更加明显。因此开发出一个既可以存储信息，又可以进行更新、查询等功能，同时价格又能为广大消费者接受的多功能电子通讯录就显得十分必要。

名片管理系统是办公自动化系统中的一部分，目标是：将用户目前在处理名片管理工作时所采用的手工处理方式进行计算机化，从而与整个办公自动化系统的数字化趋势相协调，以求为用户提供更为专业和高效的个人管理服务。本项目主要是为商业人士及企事业单位中负责公共关系等社会交往频繁的人士，提供一个功能齐全、使用方便的个人社会关系数据库管理系统，以替代传统的手工通讯录，从而提供一个高效快捷的工作环境。

使用本软件的用户群非常广泛，它非常适用于具有如下特点的人员：

(1) 工作中与外界联系非常频繁，对时间管理极为重视；

(2) 与外界的联系对于开展工作至关重要，相关信息丢失或损坏可能造成严重后果。

8.2 系统分析

扫码看视频

本节将首先讲解名片管理系统的市场背景和模块划分，为步入后面的具体编码工作打下基础。

8.2.1 需求分析

1. 背景介绍

公司概况：××公司是当地知名的房地产销售代理公司，专注代理销售住宅、别墅和商业建筑，业务规模庞大。

业务挑战：随着公司规模的扩大，传统的名片管理方式已经难以满足快速发展的需求，因此需要建立一套现代化的名片管理系统。

2. 系统分析

用户需求：系统应满足销售团队对客户信息的快速、准确管理的需求，提高工作效率。

业务目标：通过系统化、规范化、自动化的名片信息管理工作流程，提高销售团队整体效率和个体效率。

3. 系统总体规划设计

系统架构：确定系统整体架构，包括前端界面和后端数据库设计，以适应公司规模和业务复杂性。

用户界面：设计直观友好的用户界面，使销售团队能够方便地进行名片信息管理。

安全性：考虑数据的安全性，确保只有授权人员能够访问敏感信息。

4. 实现数据初始化模块

功能描述：系统应提供数据初始化模块，以便管理团队能够轻松初始化和更新客户名片信息。

数据准确性：确保数据初始化模块操作后，名片信息的准确性和完整性。

5. 系统菜单显示模块

功能描述：系统提供直观的菜单显示模块，让用户能够轻松访问和使用系统功能。

用户交互：优化用户交互体验，确保销售团队可以快速上手并有效地利用系统功能。

6. 名片操作模块

功能描述：设计名片操作模块，包括名片信息录入、查询、修改、删除等功能，以满足销售团队的日常工作需求。

权限控制：实现严格的权限控制，确保只有授权人员可以进行敏感操作。

8.2.2 可行性分析

根据《GB8567－88 计算机软件产品开发文件编制指南》中可行性分析的要求，××软件开发公司项目部特意编制了一份可行性研究报告，具体内容如下所示。

1. 引言

(1) 编写目的

为了给企业的决策层提供是否进行项目实施的参考依据，现以文件的形式分析项目的风险、项目需要的投资与效益。

(2) 背景

××公司是本地的一家著名的房地产营销公司，计划近期建立一个名片管理系统，就是采用计算机对每个客户信息进行管理，进而提高销售团队的整体效率和个体效率，实现名片信息管理工作流程的系统化、规范化和自动化。现委托我公司开发一个名片管理系统，项目名称暂定为：房地产营销名片管理系统。

2. 可行性研究的前提

(1) 要求

要求系统能够实现完整的名片信息管理功能，并且要充分考虑权限和社会问题。

(2) 目标

开发一个名片管理程序，能够进行名片添加、名片修改、名片查找、名片删除、名片浏览、名片输出备份。

(3) 条件、假定和限制

要求整个项目在立项后的 1 个月内交付用户使用。系统分析人员需要 3 天内到位，用户需要 2 天时间确认需求分析文档。去除其中可能出现的问题，例如，用户可能临时有事，占用 5 天时间确认需求分析。那么程序开发人员需要在 20 天的时间内进行系统设计、程序编码、系统测试和程序调试工作。其间还包括了员工每周的休息时间。

(4) 评价尺度

根据客户的要求，系统应能按照规定正确地根据使用者的要求提供名片管理功能。因为系统的信息数量需求不大，系统应能快速、有效地对名片数据进行操作。

3. 投资及效益分析

(1) 支出

由于系统规模比较小，而客户要求的项目周期不是很短(20 天)，因此公司决定只安排 3 人投入到其中。公司将为此支付 12000 元的工资及各种福利待遇。在项目安装及调试阶段，用户培训、员工出差等费用支出需要 2000 元，在项目维护阶段预计需要投入 2000 元的资金，累计项目投入需要 16000 元资金。

(2) 收益

××房地产营销公司提供项目资金 5 万～6 万元。对于项目运行后进行的改动，采取协商的原则根据改动规模额外提供资金。因此从投资与收益的效益比上，公司最低可以获得 3.5 万元的利润。

项目完成后，会给公司提供资源储备，包括技术、经验的积累，其后再开发类似的项目时，可以极大地缩短项目开发周期。

4. 结论

根据上面的分析，在技术上不会存在问题，因此项目延期的可能性很小。在效益上公司投入 3 个人、20 天最低获利 3.5 万元，比较可观。在公司发展上可以储备网站开发的经验和资源。因此认为该项目可以开发。

8.2.3 编写项目计划书

根据《GB8567－88 计算机软件产品开发文件编制指南》中的项目开发计划要求，结合单位实际情况，设计项目计划书如下。

1. 引言

(1) 编写目的

为了保证项目开发人员按时保质地完成预定目标，更好地了解项目实际情况，按照合理的顺序开展工作，现以书面的形式将项目开发生命周期中的项目任务范围、项目团队组织结构、团队成员的工作责任、团队内外沟通协作方式、开发进度、检查项目工作等内容描述出来，作为项目相关人员之间的共识和约定以及项目生命周期内的所有项目活动的行动基础。

(2) 背景

名片管理系统是由××房地产营销公司委托我公司开发的一款办公软件。项目背景规划如表 8-1 所示。

表 8-1 项目背景规划

项目名称	项目委托单位	任务提出者	项目承担部门
名片管理系统	××房地产营销公司	吴总	项目开发部门 项目测试部门

2. 概述

(1) 项目目标

项目目标应当符合 SMART 原则，把项目要完成的工作用清晰的语言描述出来。名片管理系统的项目目标如下：

- 具备名片添加功能；
- 具备名片修改功能；
- 具备名片查找功能；
- 具备名片删除功能；

- 具备名片浏览功能；
- 具备名片输出备份功能。

(2) 应交付成果

在项目开发完成后，交付内容有编译后的名片管理系统和系统使用说明书。系统安装后，进行系统无偿维护与服务 6 个月，超过 6 个月进行网络有偿维护与服务。

(3) 项目开发环境

操作系统为 Windows 10 或 Windows 11，开发工具为 DEV C++。

(4) 项目验收方式与依据

项目验收分为内部验收和外部验收两种方式。在项目开发完成后，首先进行内部验收，由测试人员根据用户需求和项目目标进行验收。项目在通过内部验收后交给用户进行验收，验收的主要依据为需求规格说明书。

3. 项目团队组织

(1) 组织结构

为了完成名片管理系统的项目开发，公司组建了一个临时的项目团队，由项目经理、系统分析员、软件工程师和测试人员构成，其组织结构如图 8-1 所示。

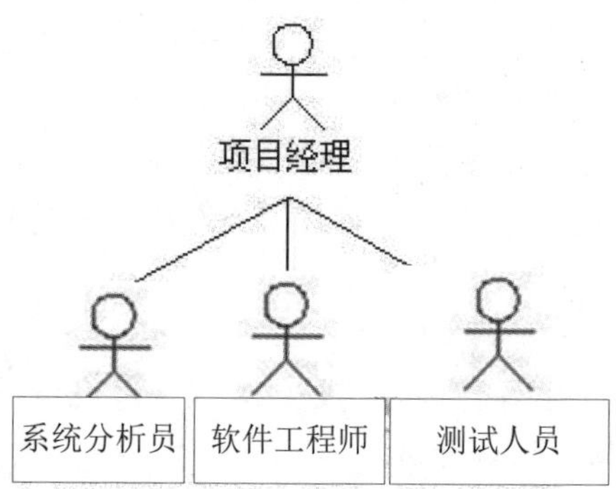

图 8-1　项目团队组织结构图

(2) 人员分工

为了明确项目团队中每个人的任务分工，现制定人员分工表如表 8-2 所示。

表 8-2　人员分工表

姓　名	技术水平	所属部门	角　色	工作描述
吴某	MBA	项目开发部	项目经理	负责项目的审批、决策的实施以及前期分析、策划、项目开发进度的跟踪、项目质量的检查以及系统功能分析与设计
刘某(我)	高级软件工程师	项目开发部	软件工程师	负责软件设计与编码
王某	初级系统测试工程师	项目测试部	测试人员	对软件进行测试、编写软件测试文档

8.3　系统总体规划设计

扫码看视频

根据工作任务要求，本名片管理系统的总体模块设计如图 8-2 所示。

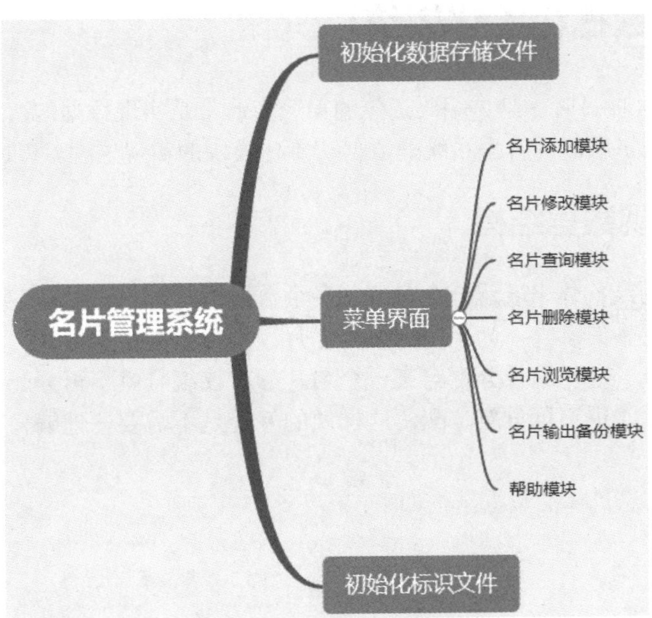

图 8-2　名片管理系统模块图

在本系统中，要求用户可以根据需要选择不同的功能来对名片进行操作，所以需要用一个永为真的循环结合 switch....case 结构来实现让用户选择的菜单功能。

本名片管理系统需要用到多个可以重用的函数，例如保存一张名片、打印一张名片、输出一张名片等。这些函数可能会被多个功能模块所调用，例如，添加名片需要用到输入名片函数接收一张名片的输入，然后用打印名片函数把刚才输入的结果作为名片的形式输出给用户看，经过用户确认后再用保存名片函数保存结果。

在本名片管理系统的主函数中，可以设计如下所示的模块函数。

- void add_compact(void)：完成名片添加任务。
- void edit_compact(void) ：完成名片修改任务。
- void search_compact(int) ：完成名片查找任务。
- void delete_compact(void) ：完成名片删除任务。
- void load_compact(void) ：完成名片浏览任务。

- void transfer_compact(void) ：完成名片输出备份任务。

然后，可以再根据每个模块函数的需要，设计一些具体的功能函数，供它们调用。这些功能函数可以被多个模块函数调用，提高代码的重用率。

8.4 实现数据初始化模块

在开发 C 语言项目时，具体编码工作的第一步通常是实现数据的初始化处理。本节将详细讲解名片管理系统的数据初始化模块的实现过程。

扫码看视频

8.4.1 实现数据结构

在 C 语言中用结构体来表示一个对象的多个数据项，名片信息采用数据结构体来描述。除了需要使用的联系信息外，为了区分每个名片，同时方便定位名片，我们给每个名片分配一个唯一的编号。名片编号分配给某一个名片后，该编号就不再分配给任何其他名片，即使该名片被删除，也不再重新分配，这样做的好处是不需要管理编号，只要逐个递增就可以了。

本系统名片信息具体的数据结构如下：

```
struct card{
 int no;                  /*编号*/
 int group;               /*分组号*/
 char name[20];           /*姓名*/
 char cphone[20];         /*手机号*/
 char phone[20];          /*电话*/
 char address[100];       /*地址*/
 char email[50];          /*电子邮件地址*/
 char note[100];          /*备注*/
 }card;                   /*声明结构体的同时定义了一个全局变量*/
```

8.4.2 定义变量

为了让数据能在所有模块中使用，部分变量定义为全局变量，在 C 语言中全局变量必须放置在函数 main()以及其他所有函数之外，而且位于函数 main()代码之前。在本项目中，定义了如下所示的 4 个全局变量。

```
struct card{
 int no;
 int group;
 char name[20];
```

```
 char cphone[20];
 char phone[20];
 char address[100];
 char email[50];
 char note[100];
 }card;   /*用来临时存放用户输入的一个名片信息*/
FILE *f1p,*f2p,*fdp; /*三个指向存储文件的文件指针*/
```

8.4.3 数据初始化设计与实现

名片信息是用户从键盘输入的，要求在计算机关机后也能保存名片信息。所以，本项目使用文本文件的方式来存放所有的名片和名片输出备份，此处采用 txt 文本文件存放。

因为名片存放在文件中，不能像在内存中那样用链表来管理。因此，在编辑名片和删除名片时，不能在同一个文件中挪动名片。我们采用两个文件来回“倒”的方式来解决这个问题。例如，假设现在所有的名片都存储在 1.txt 中，如果要删除其中的一个名片，那么可以使用一个文件 2.txt，把 1.txt 中的名片逐个复制到 2.txt 中，当遇到要删除的那个名片时，跳过该名片，继续复制之后的名片。然后，我们把 2.txt 标志为当前正在用的名片存储文件(1.txt 和 2.txt 需要在系统初始化时建立好)。

这样，会带来另外一个问题，那就是程序用什么来记住当前的有效文件是“1.txt”还是“2.txt”，用全局变量可以吗？答案是不行。为什么不行？因为当这一次使用完系统退出后，全局变量也会消亡，那么下一次重新使用系统时就会不知道你的名片库是存放在 1.txt 还是 2.txt 中。

所以，我们使用另外建立一个文本文件来保存的解决方案。在此使用“direct.txt”(系统初始化时建立)来保存当前有效文件标识(1 或 2)和当前最大名片编号。

```
/*系统初始化*/
if( fdp=fopen("direct.txt","r")==NULL)          /*如果 direct.txt 不存在*/
    { if((fdp=fopen("direct.txt","w"))==NULL)   /*创建 direct.txt*/
      {printf("flie creat error!");exit(0);}
     else
      {fprintf(fdp,"%d\n",1);                   /*有效文件标识为 1*/
       fprintf(fdp,"%d\n",0);}                  /*当前名片编号为 0*/
    }
fclose(fdp);
if( f1p=fopen("1.txt","r")==NULL)               /*如果 1.txt 不存在*/
    { if((f1p=fopen("1.txt","w"))==NULL)        /*创建 1.txt*/
      {printf("flie creat error!");exit(0);}
    }
fclose(f1p);
if( f2p=fopen("2.txt","r")==NULL)               /*如果 2.txt 不存在*/
    { if((f1p=fopen("2.txt","w"))==NULL)        /*创建 2 .txt*/
```

```
    {printf("flie creat error!");exit(0);}
    }
fclose(f2p);
/*初始化结束*/
```

8.5　系统菜单显示模块

运行本名片管理系统后，映入眼帘的首先是系统菜单，用户通过这些菜单可以实现不同的操作功能。本系统菜单显示模块流程图如图 8-3 所示。

扫码看视频

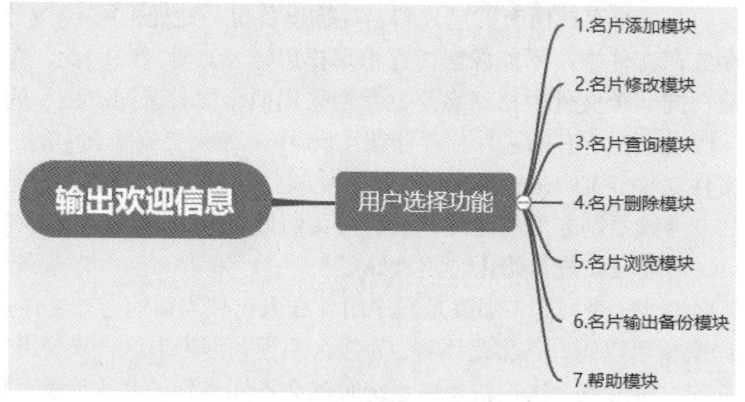

图 8-3　系统菜单显示流程图

根据流程图编写源码，具体实现代码如下所示。

```
main()
{
  int option;
  char o='y';
  /*系统初始化*/

/*初始化结束*/
  while(o!='q'&&o!='Q')
  {
   printf("\n\n\n\t*****************************************************\n");
  printf("\t *       欢迎使用名片管理系统!                  *\n");
  printf("\t *                                             *\n");
  printf("\t *           1.添加新名片                       *\n");
  printf("\t *           2.编辑名片                         *\n");
  printf("\t *           3.查询名片                         *\n");
  printf("\t *           4.删除名片                         *\n");
  printf("\t *           5.浏览名片簿                       *\n");
```

```
 printf("\t *           6.名片输出备份                    *\n");
 printf("\t *           7.使用帮助                        *\n");
printf("\t*********************************************\n\n\n\n");
 printf("请输入 1-7 选择相应的功能选项\n");
 scanf("%d",&option);
 switch(option)
 {
  case 1:add_compact();break;              /*调用名片添加模块*/
  case 2:edit_compact();break;             /*调用名片编辑模块*/
  case 3:search_compact(0);break;          /*调用名片查询模块*/
  case 4:delete_compact();break;           /*调用名片删除模块*/
  case 5:load();break;                     /*调用名片浏览模块*/
  case 6:transfer_compact();break;         /*调用名片输出备份模块*/
  case 7:introduction_compact();break;     /*调用帮助模块*/
 }
 printf("\t 退出请按 Q\n");
 printf("\t 继续请按任意键\n");
 o=getchar();
 while(o=='\n')
 o=getchar();
 printf("\n");
 }
}
```

菜单显示模块的运行结果如图 8-4 所示。

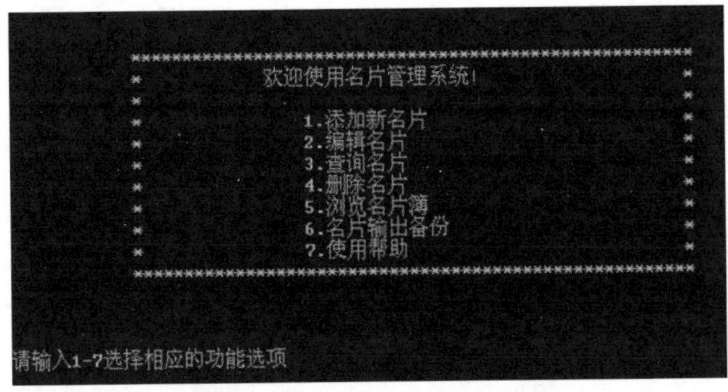

图 8-4　系统菜单模块运行结果图

注意：主函数 main()的参数的意义

在 C 语言中，函数 main()既可以带参数，也可以不带参数。这个参数通常被认为是函数 main()的形式参数，C 语言规定函数 main()的参数只能有两个，习惯上这两个参数写为 argc 和 argv。因此，函数 main()的函数头可写为如下格式：

```
main (argc,argv)
```

C 语言还规定 argc(第一个形参)必须是整型变量，argv(第二个形参)必须是指向字符串的指针数组。加上形参说明后，函数 main()的函数头应写为：

```
main (int argc,char *argv[])
```

由于函数 main()不能被其他函数调用，因此不可能在程序内部取得实际值。那么，在何处把实参值赋予函数 main()的形参呢？实际上，函数 main()的参数值是从操作系统命令行上获得的。当要运行一个可执行文件时，在 DOS 提示符下输入文件名，再输入实际参数即可把这些实参传送到函数 main()的形参中去。

在 DOS 提示符下使用命令行的一般格式如下所示。

```
C:\>可执行文件名  参数  参数……;
```

但是应该特别注意的是，函数 main()的两个形参和命令行中的参数在位置上不是一一对应的。因为，函数 main()的形参只有两个，而命令行中的参数个数原则上未加限制。参数 argc 表示了命令行中参数的个数(注意：文件名本身也算一个参数)，argc 的值是在输入命令行时由系统按实际参数的个数自动赋予的。

例如有如下命令行为：

```
C:\>E24  BASIC  foxpro  FORTRAN
```

因为文件名 E24 本身也算一个参数，所以共有 4 个参数，因此 argc 取得的值为 4。参数 argv 是字符串指针数组，其各元素值为命令行中各字符串(参数均按字符串处理)的首地址。指针数组的长度即为参数个数，数组元素初值由系统自动赋予。其具体表示如图 8-5 所示。

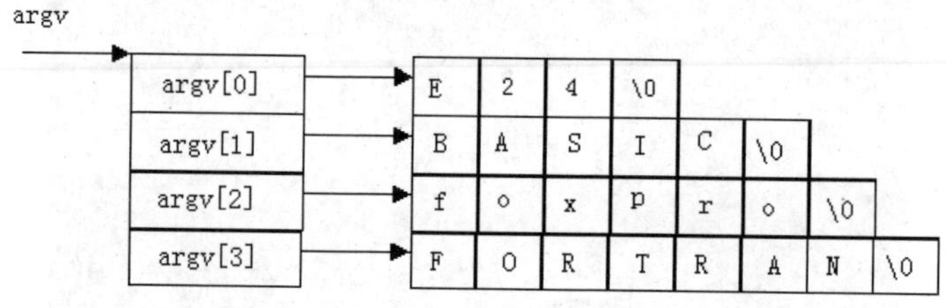

图 8-5 标示图

8.6 名片操作模块

在名片操作模块中，可以对名片实现添加、修改和删除操作。本节将详细讲解添加名片、修改名片和删除名片操作的具体实现流程。

8.6.1　添加名片模块

在本名片管理系统中，名片添加模块需要实现如下所示的功能。

- 得到名片输入信息；
- 打印名片供用户确认；
- 保存确认后的名片信息；
- 修改名片总数。

本系统名片添加模块的运行流程如图 8-6 所示。

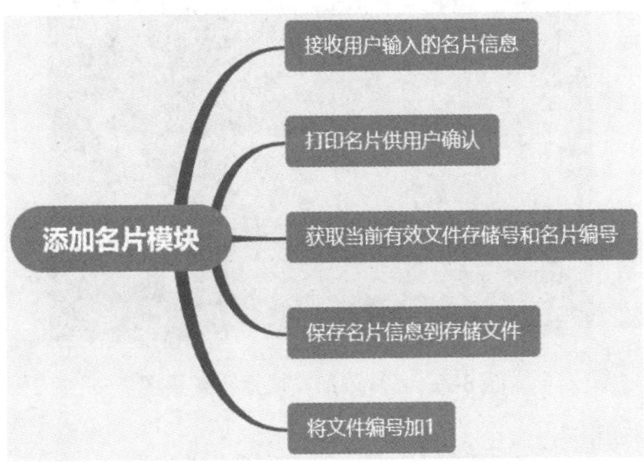

图 8-6　名片添加模块流程图

根据上述流程图编写源码，具体实现代码如下所示。

```
void add_compact(void)
{
  char d;
  printf("Please input information...\n");
  getcard();
/*接收用户从键盘输入的名片信息，并保存在内存中的结构体中*/
  printcard(card,1);
/*把内存中的结构体中的信息按照名片的形式输出到屏幕上*/
  printf("save?(Y/N)");
  d=getchar();
  if (d=='y'||d=='Y')
  {
   save(filedirectory(),numdirectory());
/*  filedirectory() 当前有效文件标识存放在 direct.txt 文件中，该函数会返回 1 or 2 代表当前有效文件是 1.txt 或者 2.txt; numdirectory() 代表名片总数的编号也存放在 direct.txt 中，该函数返回最后一个名片的编号.*/
```

```
    directoryedit(filedirectory(),1);
/* directoryedit(int,int) 该函数改写 direct.txt 以改变当前有效文件编号*/
  }
}
```

名片添加模块的运行结果如图 8-7 所示。

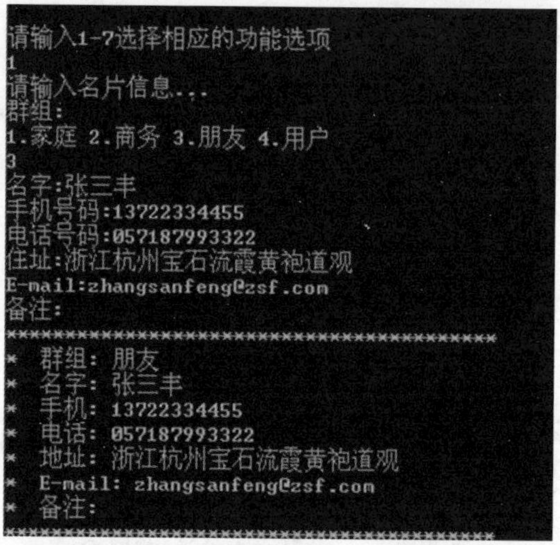

```
请输入1-7选择相应的功能选项
1
请输入名片信息...
群组:
1.家庭 2.商务 3.朋友 4.用户
3
名字:张三丰
手机号码:13722334455
电话号码:057187993322
住址:浙江杭州宝石流霞黄袍道观
E-mail:zhangsanfeng@zsf.com
备注:
************************************
*  群组: 朋友
*  名字: 张三丰
*  手机: 13722334455
*  电话: 057187993322
*  地址: 浙江杭州宝石流霞黄袍道观
*  E-mail: zhangsanfeng@zsf.com
*  备注:
************************************
```

图 8-7　名片添加模块运行结果图

8.6.2　实现名片修改模块

在本名片管理系统中，名片修改模块需要实现如下所示的功能。

- 查找用户想要修改的名片；
- 打印名片供用户确认；
- 接收用户编辑的名片信息；
- 在文件中执行名片编辑。

名片修改模块功能由函数 edit_compact()实现，具体实现代码如下所示。

```
void edit_compact(void)
{
  char d=0;
  search_compact(1);
/*调用查找模块，根据用户的要求，查找待编辑名片查找到的时候，该名片也已经保存于 card 全局变量中*/
  printf("编辑?(Y/N)\n");
  while(d!='y'&& d!='Y'&& d!='n'&& d!='N')
   d=getchar();
  if(d=='Y'||d=='y')
```

```
 {
  getcard();              /*接收用户编辑后的名片信息*/
  printcard(card,1);      /*输出编辑后的名片供用户确认*/
  printf(" 确认保存编辑结果?(Y/N)\n");
  d=0;
  while(d!='y'&& d!='Y'&& d!='n'&& d!='N')
    d=getchar();
  if(d=='Y'||d=='y')
    editcard(card.no);    /*保存编辑结果到存储文件中*/
 }
}
```

8.6.3 实现名片查询模块

在本名片管理系统中，名片查询模块需要实现如下所示的功能。

- 确定当前有效的名片存储文件；
- 查找用户指定条件的名片；
- 打印查找结果名片。

名片查询模块的功能由函数 search_compact()实现，具体实现代码如下所示。

```
void search_compact(int o)
{
 int d;
 int p,i;
 char flag,ch,a,c;
 char word[20],word1[20],cellph[20],cellph1[20],telph[20],telph1[20];
 int grp;
 printf("请选择查找关键字?\n");
 if(o==0)/*名片查找模式*/
 {
  printf("N 代表 name\n");
  printf("G 代表 group\n");
  printf("C 代表 cellphone\n");
  printf("P 代表 phone\n");
  printf("请输入您的选择: (N/G/C/P)\n");
 }
 else if(o==1)/*名片编辑模式不包含群组匹配*/
 {
  printf("N 代表 name\n");
  printf("C 代表 cellphone\n");
  printf("P 代表 phone\n");
  printf("请输入您的选择: (N/C/P)\n");
 }  while(a!='N'&& !='n'&&a!='C'&&a!='c'&&a!='g'&&a!='G'&&a!='p'&&a!='P')
  a=getchar();
```

```
  d=filedirectory();
  if(d==1)
   f1p=fopen("1.txt","r");
  else if(d==2)
   f1p=fopen("2.txt","r");
  if(a=='N'||a=='n')
  {
   if(f1p!=NULL)
   {
     printf("名字: ");// 下面接收名字
     getchar();
     for(i=0;(c=getchar())!='\n';i++)
       word1[i]=c;
     word1[i]='\0';
     for(i=0;(word[i]=word1[i])!='\0';i++) ;
/*空语句，因为赋值操作已经在 for 的语句 2 中执行*/
     word[i++]='\n';
     word[i]='\0';
     p=0;
     while((ch=fgetc(f1p))!=EOF)
      if(namesearch(word))
           /*在当前文件中的名片的 name 成员中查找和当前字符串有否匹配，有则 return 1，并且把该
名片存放在全局变量 card 中，否则,return 0*/
      {
       p++;
       printcard(card,0);  /*打印找到的名片*/
       break;
      }
   }
   else if(f1p==NULL)
     printf("文件不能被打开\n");
   if(p==0)
    printf("%s 不在名片簿中\n",word);
   fclose(f1p);
  }
 else if(a=='G'||a=='g')
 {
  if(f1p!=NULL)
  {
    printf("1.家庭 2.商务 3.朋友 4.用户\n");
    printf("群组: ");
    scanf("%d",&grp);
    p=0;
    while((ch=fgetc(f1p))!=EOF)
      if(groupsearch(grp))//类似上面的 namesearch,匹配群组
      {
        p++;
```

```
        printcard(card,0);
      }
    }
   else if(flp==NULL)
    printf("文件打不开\n");

   if(p==0)
   printf("群组是空的\n");
   fclose(flp);
}

else if(a=='C'||a=='c')
{
  if(flp!=NULL)
  {
    printf("手机号码: ");
         getchar();
    for(i=0;(c=getchar())!='\n';i++)
      cellph1[i]=c;
      cellph1[i]='\0';
    for(i=0;(cellph[i]=cellph1[i])!='\0';i++)
         ;
    cellph[i++]='\n';
    cellph[i]='\0';
    p=0;
    while((ch=fgetc(flp))!=EOF)
     if(cellsearch(cellph))//类似上面的 namesearch,匹配手机号码
     {
       p++;
       printcard(card,0);
       break;
     }
  }
  else if(flp==NULL)
   printf("文件打不开\n");

  if(p==0)
   printf("%s 不在名片簿中\n",cellph);
  fclose(flp);
}

else if(a=='P'||a=='p')
{
  if(flp!=NULL)
  {
    printf("电话号码: ");
    getchar();
```

```
    for(i=0;(c=getchar())!='\n';i++)
      telph1[i]=c;
      telph1[i]='\0';
    for(i=0;(telph[i]=telph1[i])!='\0';i++)
        ;
    telph[i++]='\n';
    telph[i]='\0';
    p=0;
    while((ch=fgetc(f1p))!=EOF)
      if(telsearch(telph))//类似上面的namesearch,匹配电话号码
      {
        p++;
        printcard(card,0);
        break;
      }
  }
  else if(f1p==NULL)
    printf("文件打不开\n");
  if(p==0)
    printf("%s 不在名片簿中\n",card.phone);
  fclose(f1p);
 }
}
```

8.6.4 实现名片删除模块

在本名片管理系统中，名片删除模块需要实现如下所示的功能。

- 查找指定条件待删除的名片；
- 打印输出查找匹配结果的名片；
- 删除名片。

名片删除模块的功能由函数 delete_compact()实现，具体实现代码如下所示。

```
void delete_compact(void)
{
 char d=0;
 search_compact(1);
 /调用查找模块，根据用户的要求，查找待删除名片
 //查找到的时候，该名片也已经保存于 card 全局变量中
 printf("删除?(Y/N)\n");
 while(d!='y'&& d!='Y'&& d!='n'&& d!='N')
  d=getchar();
 if(d=='Y'||d=='y')
   deletecard(card.no);
 //根据查找到的名片编号，删除该名片
```

```
}
void deletecard(int n)
{
 struct card tempcard;
 int d;
 char test[50];
 if(filedirectory()==1)                    //判断当前有效文件
 {
  f1p=fopen("1.txt","r");                  //当前有效文件只读
  f2p=fopen("2.txt","w");                  //备份文件只写
  d=2;
 }
 else if(filedirectory()==2)
 {
  f2p=fopen("1.txt","w");                  //当前有效文件只读
  f1p=fopen("2.txt","r");                  //备份文件只写
  d=1;
 }
 while(fgets(test,100,f1p)!=NULL)          //当还有名片
 {
   fscanf(f1p,"%d",&tempcard.no);
   fscanf(f1p,"%d",&tempcard.group);
   fgetc(f1p);
   fgets(tempcard.name,100,f1p);
   fgets(tempcard.cphone,100,f1p);
   fgets(tempcard.phone,100,f1p);
   fgets(tempcard.address,100,f1p);
   fgets(tempcard.email,100,f1p);
   fgets(tempcard.note,100,f1p);
//读一个名片到tempcard结构体变量中
  if(tempcard.no!=n)                       //比较编号，是否待删除名片
  {//如果不是，则复制到备份文件中
   fprintf(f2p,"\n");
   fprintf(f2p,"%d\n",tempcard.no);
   fprintf(f2p,"%d\n",tempcard.group);
   fprintf(f2p,"%s",tempcard.name);
   fprintf(f2p,"%s",tempcard.cphone);
   fprintf(f2p,"%s",tempcard.phone);
   fprintf(f2p,"%s",tempcard.address);
   fprintf(f2p,"%s",tempcard.email);
   fprintf(f2p,"%s",tempcard.note);
  }
 }
 fclose(f1p);
 fclose(f2p);
 directoryedit(d,0);                       //改变有效文件标识
}
```

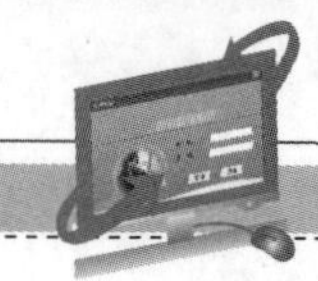

8.6.5　实现名片浏览模块

在本名片管理系统中，名片浏览模块需要实现如下所示的功能。

- 确定当前有效的名片存储文件；
- 打印名片。

名片浏览模块的功能由函数 load(void)实现，具体实现代码如下所示。

```
void load(void)
{
  int i,count,d;
  struct card tempcard;
  char test[100];
  d=filedirectory();
  if(d==1)
    f1p=fopen("1.txt","r");
  else if(d==2)
    f1p=fopen("2.txt","r");

  if(f1p==NULL)
  {
    printf("文件打不开或者不存在!\n");
    return;
  }

  while(fgets(test,100,f1p)!=NULL) //当还有名片
  {// 从当前有效文件中读取一个名片
   fscanf(f1p,"%d",&tempcard.no);
   fscanf(f1p,"%d",&tempcard.group);
   fgetc(f1p);
   fgets(tempcard.name,100,f1p);
   fgets(tempcard.cphone,100,f1p);
   fgets(tempcard.phone,100,f1p);
   fgets(tempcard.address,100,f1p);
   fgets(tempcard.email,100,f1p);
   fgets(tempcard.note,100,f1p);
   printcard(tempcard,0);//打印这个名片
  }
 fclose(f1p);
}
```

8.6.6　实现名片输出备份模块

在本名片管理系统中，名片输出备份任务需要实现如下所示的功能。

- 确定当前有效的名片存储文件；
- 查找用户指定的备份项目并输出到备份文件。

名片输出备份模块的实现代码如下所示。

```
void transfer_compactd)
{
  int q;
  printf("请选择\n");
  printf("1.手机号码\n");
  printf("2.E-mail\n");
  scanf("%d",&q);
  transfer(q);
}
void transfer(int q)
{
  int d, grp, i;
  char cphone1[20];
  char email1[50];
  f2p=fopen("temp.txt","w");
//输出备份需要保存到 temp.txt 中
  d=filedirectory();
  if(d==1)
    f1p=fopen("1.txt","r");
  else if(d==2)
    f1p=fopen("2.txt","r");
   printf("请输入欲备份的群组号码\n");
  printf("1.家庭 2.商务 3.朋友 4.用户\n");
  scanf("%d",&grp);
   if(q==1)
  {  while(fgetc(f1p)!=EOF)
    if(groupsearch(grp))
    {  for(i=0;(cphone1[i]=card.cphone[i])!='\n';i++)
          ;
//空语句，因为赋值操作已经在 for 的条件 2 中执行
      cphone1[i]='\0';
      fprintf(f2p,"%s;\n",cphone1);
             //备份操作语句，输出备份到 f2p 所指文件中，即 temp.txt 中
      }
     printf("备份成功，请打开 temp.txt 查看备份\n\n");
  }
  else if(q==2)
  {
    while(fgetc(f1p)!=EOF)
    if(groupsearch(grp))
    {
      for(i=0;(email1[i]=card.email[i])!='\n';i++)
          ;
```

```
        email1[i]='\0';
        fprintf(f2p,"%s;\n",email1);
        }
    printf("备份成功，请打开 temp.txt 查看备份\n\n");
    }
    fclose(f1p);
    fclose(f2p);
}
```

8.6.7 总结用到的函数

到此为止，本系统所有的功能函数全部介绍完毕，涉及的功能函数如下所示。

- void getcard(void);

该函数接收用户从键盘输入的一个名片的信息，并保存在内存中的全局结构体变量 card 中。

- void printcard(struct card,int);

该函数的功能是把形参结构体变量按照名片的形式输出到屏幕上。

- void editcard(int);

该函数接收一个表示名片编号的整型参数，以只读的方式打开当前有效文件，只写的方式打开备份文件，然后，逐个读取有效文件中的名片，如果该名片编号跟形参接收的名片编号不相符，则直接复制到备份文件，如果名片编号跟形参接收的名片编号相符，则把保存在内存全局变量中的已经编辑过的名片信息复制到备份文件中。需要注意的是，执行此番编辑后，需要编辑有效文件标识，备份文件成为有效文件，而当前有效文件转而扮演备份文件的角色。

- void deletecard(int);

该函数用于打开当前有效文件和备份文件，复制除待删除名片外的其他所有名片到备份文件；然后，转换有效文件和备份文件标识，使之角色对换。

- int filedirectory(void);

当前有效文件标识存放在 direct.txt 文件中，该函数会返回 1 or 2 代表当前有效文件是 1.txt 或者 2.txt。

- int numdirectory(void);

代表名片总数的编号也存放在 direct.txt 文件中，该函数返回最后一个名片的编号。

- void directoryedit(int,int);

该函数改写 direct.txt 以改变当前有效文件编号和名片编号。该函数接收两个参数，第一个整型参数是有效文件编号，第二个整型参数是是否让名片编号加 1(1 为加，0 为不加)。

- int namesearch(char word[]):

该函数形参能够接收一个代表名字的字符数组参数，然后在 f1p 所指文件中读取一个名片。如果该名片的 name 成员和形参接收到的变量匹配，则 return 1，否则，return 0。

- int groupsearch (int grp):

该函数形参能够接收一个代表群组号的整型参数，然后在 f1p 所指文件中读取一个名片，如果该名片的 group 成员和形参接收到的整型变量匹配，则 return 1，否则，return 0。

- int cellsearch(char cellph[]):

该函数形参能够接收一个代表手机号的字符型参数，然后在 f1p 所指文件中读取一个名片，如果该名片的 cphone 成员和形参接收到的整型变量匹配，则 return 1，否则，return 0。

- int telsearch (char telph[]):

该函数形参能够接收一个代表电话号码的字符型参数，然后在 f1p 所指文件中读取一个名片，如果该名片的 phone 成员和形参接收到的整型变量匹配，则 return 1，否则，return 0。

- void save(int, int):

该函数能够接收两个参数，参数 1 来自 filedirectory()从 direct.txt 读出的当前有效文件标识，参数 2 来自 numberfile()从 direct.txt 读出的名片总编号。该函数的功能是保存内存中的全局变量 card 名片的信息到参数 1 标识的文件中，然后使参数 2 代表的名片总编号自增 1。

8.7 项目测试

扫码看视频

最后的项目测试工作十分简单，将编写的程序文件命名为“mingpian.c”。用 DEV C++打开后的界面效果如图 8-8 所示。

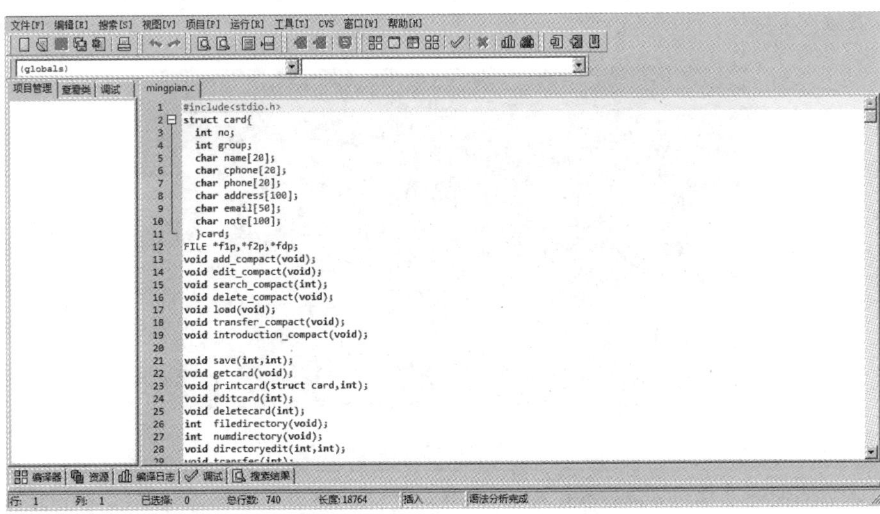

图 8-8 DEV C++中的程序

现在开始运行测试，执行后将首先按默认格式显示主界面，如图 8-9 所示。

```
*************************************************************
*                   欢迎使用名片管理系统!                      *
*                                                           *
*                       1.添加新名片                          *
*                       2.编辑名片                            *
*                       3.查询名片                            *
*                       4.删除名片                            *
*                       5.浏览名片簿                          *
*                       6.名片输出备份                        *
*                       7.使用帮助                            *
*************************************************************

请输入1-7选择相应的功能选项
```

图 8-9　默认主界面

按下 1 后可以添加名片信息记录界面，在此可以选择添加名片信息的类型，如图 8-10 所示。

```
请输入1-7选择相应的功能选项
1
请输入名片信息....
群组:
1.家庭 2.商务 3.朋友 4.用户
```

图 8-10　选择添加名片信息的类型

例如输入 1，按照提示依次输入姓名、电话和地址等信息，最后输入“Y”，按 Enter 键后就会将这条信息添加到系统中，如图 8-11 所示。

```
请输入1-7选择相应的功能选项
1
请输入名片信息...
群组:
1.家庭 2.商务 3.朋友 4.用户
1
名字:guan
手机号码:1111111
电话号码:111111
住址:济南立山区
E-mail:aaaa@123.com
备注:qqq
*****************************************
*  群组: 家庭
*  名字: guan
*  手机: 1111111
*  电话: 111111
*  地址: 济南立山区
*  E-mail: aaaa@123.com
*  备注: qqq
*****************************************
保存?(Y/N)
```

图 8-11　添加一条信息到系统

如果返回到图 8-9 所示的系统主界面，输入 2 后可以按照提示修改系统中的某条名片信息，如图 8-12 所示。

```
请输入1-7选择相应的功能选项
2
请选择查找关键字?
N代表name
C代表cellphone
P代表phone
请输入您的选择：(N/C/P)
```

图 8-12　编辑修改某条名片信息

如果返回到图 8-9 所示的系统主界面，输入 3 后可以按照提示查找系统中的某条名片信息，如图 8-13 所示。

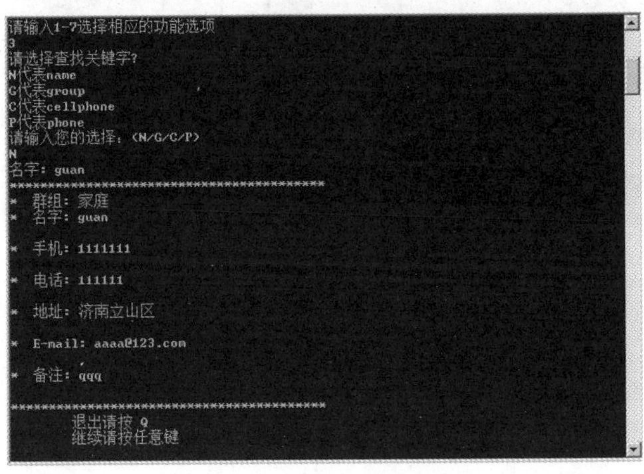

图 8-13　查找某条名片信息

如果返回到图 8-9 所示的系统主界面，输入 4 后可以按照提示删除系统中的某条名片信息，如图 8-14 所示。

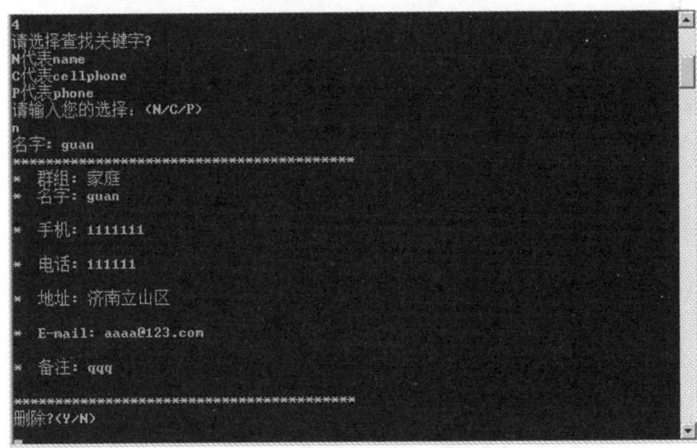

图 8-14　删除某条名片信息

如果返回到图 8-9 所示的系统主界面，输入 5 后可以浏览系统内的名片信息，如图 8-15 所示。

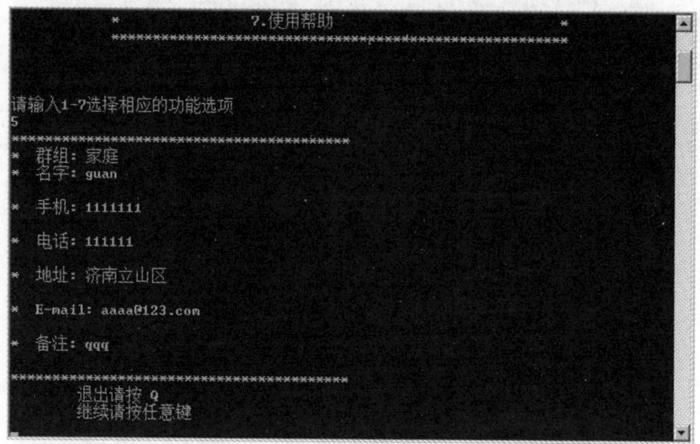

图 8-15　浏览系统内的名片信息

第 9 章

网络聊天室系统

网络聊天室通常简称为聊天室，在同一聊天室的人们通过广播消息进行实时交谈。这是一种多人可以同时在线交谈的网络论坛，在同一聊天室的人们通过广播消息、文字、语音、视频等进行实时交谈。本章详细讲解使用 Linux C 语言开发一个网络聊天室系统的方法，让读者体会C语言在网络编程领域中的作用。

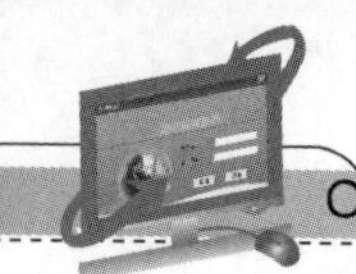

9.1 背景介绍

扫码看视频

随着 Internet 的普及和宽带技术的成熟，信息资源的实时共享成为现实，更重要的是它提供了一种极为直接的交互方式，当然这种交互不单是指数据、信息之间的传递，也包括人与人之间的互相交流，各种聊天软件和在线聊天室正是承载这类交互的媒介。人们通过网络可以更方便快捷地进行信息交流，聊天系统可以为大家提供一个更好的交流平台，在这个平台上，人们可以通过文字与符号进行实时的交谈、聊天，它是一个向整个因特网开放的地方，是提供给网民一个交友与娱乐的场所，在聊天室里可以选择聊天对象，与其进行对话交流，是网民之间相互沟通、交流情感的方式之一。

网络聊天室是当今被广泛应用的一种网络服务手段，随着网络技术的发展，聊天室的主要发展趋势是大型化和专业化，逐渐向实用性方向发展，将聊天室互动的技术特性充分发挥，满足远程交流需要。在最近几年，聊天室的主要作用是提供大众需要的内容，例如进入在线学习领域、专家在线辅导、聊友之间进行讨论。

9.2 系统分析

扫码看视频

聊天室是一项进行文本交互的软件，是应用广泛且实用性强的人机交互系统。本节将详细讲解开发本聊天室的系统分析知识。

9.2.1 需求分析

本项目是使用 C 语言及数据库技术编写一个聊天系统，供多个用户及时并发通信。未注册用户可以注册成系统会员，已注册用户可以通过登录进入聊天系统。在系统中用户可以选择进入某一个聊天分区去聊天，也可以与特定的用户聊天。提供一个在线实时沟通平台。进入系统的用户可以选择自己的聊天对象。用户不一定有专业的计算机知识，所以需要一个友好简单的界面。在程序的设计过程中，要求能尽可能多地设想到用户使用过程中可能发生的事件，并能在判断事件后做出相应的处理，使程序具有较高的容错性能。在本项目中，将在 Linux 系统中使用 C 语言开发一个在线聊天室系统。

9.2.2 功能分析

对市面上主流的聊天室系统进行调研分析，得出用户对于聊天室系统的主要要求如下：

- 聊天功能：可以实时接收和发送信息，并分别支持公聊和私聊的方式，能够显示聊天记录。
- 用户功能：可以随时注册和登录及注销，并能选择性添加好友和删除好友。
- 文件传输功能：用户可以共享资源，能发送及接收文件。
- 系统稳定：客户端与服务端的连接稳定，不出现或者少出现连接不上的情况。

9.2.3 模块划分

(1) 用户注册

新用户输入(用户登录名，真实姓名，昵称，密码与确认密码)，如果登录名没有与系统中已注册的用户登录名重复，且密码与确认密码一致，则系统报告该用户注册成功，否则提示错误消息。

(2) 用户登录

注册用户输入登录名与密码，如果与系统中已注册的用户登录名及密码匹配，则用户登录成功，否则提示用户不存在或者密码不匹配。用户登录成功后，可以选择房间来发言聊天。

(3) 添加好友

用户登录成功后可以添加好友，设置要添加好友的名字后即可添加好友。

(4) 好友列表

用户登录成功后可以进入聊天室系统，显示你的好友列表信息。

(5) 创建群聊

用户登录成功后，可以创建一个群聊，在创建时可以选择好友加入这个群聊。

(6) 注销登录

通过注销功能退出聊天室，同时向在线好友下发下线通知，从服务器端在线列表移除自己的信息。

(7) 发言

用户在聊天室中有两种发言方式：对群聊中的所有成员发言(所有成员都会收到该发言消息)，对某个成员发言(只有指定成员才能收到该发言消息)。

(8) 文件传输

在聊天过程中可以传输文件，简易实现文件办公功能。

9.2.4 架构分析

本项目基于 C/S 模型设计，分为客户端和服务器端两个部分，具体说明如下：

- 客户端：直接连接到服务器，与服务器双向交换数据。
- 服务器端：用于接收客户端发来的消息，并转发给目标用户，所有数据的持久化工作也均由服务器端完成。

项目代码采用分层方法进行设计，客户端由界面层和业务逻辑层(请求层)构成，服务器端由业务逻辑层和持久化层构成，所有数据的持久化工作由服务器端完成。代码结构如图 9-1 所示。

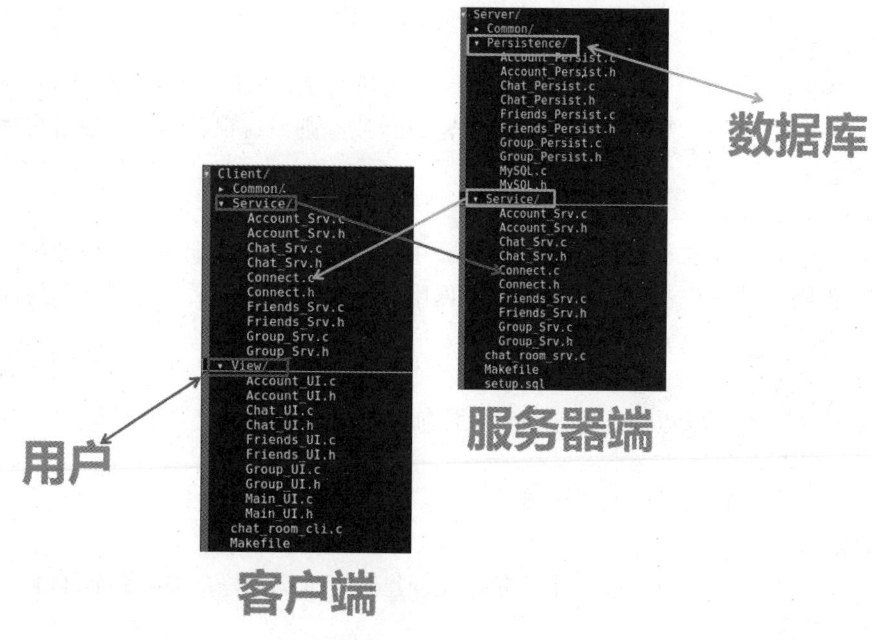

图 9-1　系统架构图

9.3 系统模块架构

本项目的系统模块架构如图 9-2 所示。

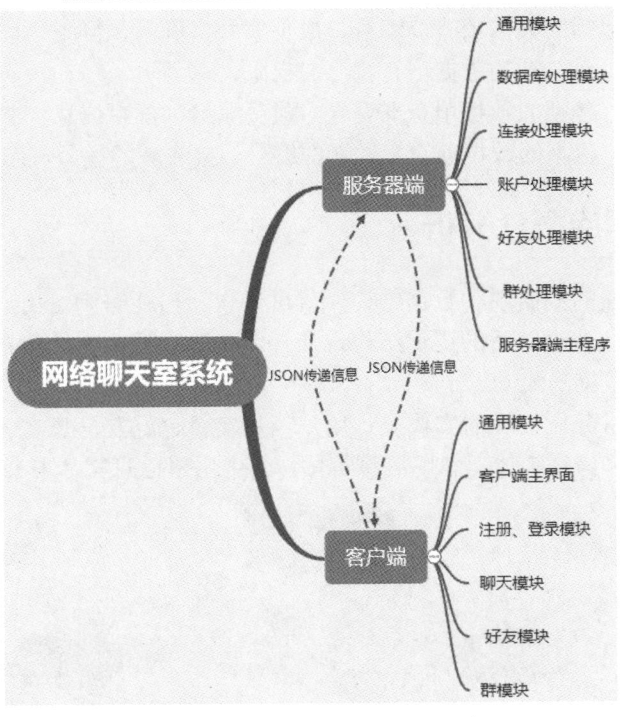

扫码看视频

图 9-2　系统模块架构图

9.4　数据库设计

数据库在信息管理系统中占有非常重要的地位，其设计的好坏直接影响到整个系统的效率和性能。设计数据库系统时，首先要完成系统的需求分析，包括现有的以及将来可能添加的需求，从而使整个系统具有很好的可扩展性。

扫码看视频

9.4.1　数据库需求分析

用户的需求具体体现在各种信息的提供、保存、更新和查询。这就要求数据库结构能够充分地满足各种信息的输入和输出。收集基本数据、数据结构以及数据处理流程，组成一份详细的数据字典，为下一步的具体设计做好充分的准备。通过分析市面上主流聊天室系统的工作流程，设计如下数据项和数据结构：

- 用户信息：包括的数据项有编号、用户名、密码、性别、是否 vip、是否在线。
- 好友信息：包括的数据项有编号、是否为特别关心、状态。

- 群信息：包括的数据项有群编号、成员编号、群名、群主、群员数量。
- 群成员信息：包括的数据项有编号、权限。
- 群聊信息：包括的数据项有群编号、成员编号、群聊信息、群聊列表。
- 私聊信息：包括的数据项有发送者的编号、接收者的编号、聊天信息、是否离线。

9.4.2 数据库概念分析

如果得到了上面的数据项和数据结构，就可以设计出能够满足用户需求的各种实体以及它们之间的关系，这为以后的逻辑结构设计打下基础。这些实体包括各种信息，通过相互之间的作用形成数据的流动。

根据上面的需求分析设计的实体有：用户信息实体、好友信息实体、群信息实体、群成员信息实体、群聊信息实体、私聊信息实体。其中用户信息实体 E-R 图如图 9-3 所示。

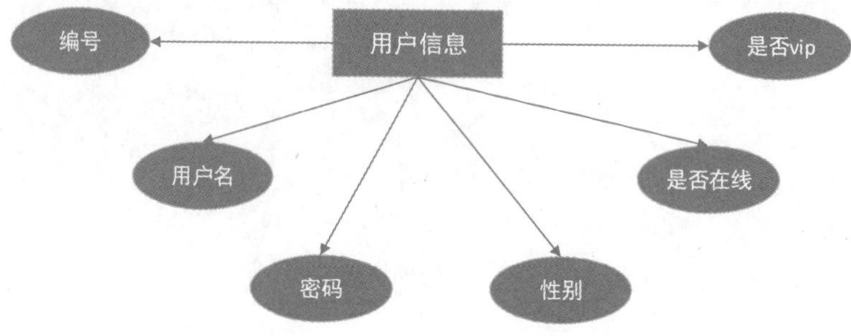

图 9-3 用户信息实体 E-R 图

好友信息实体 E-R 图如图 9-4 所示。

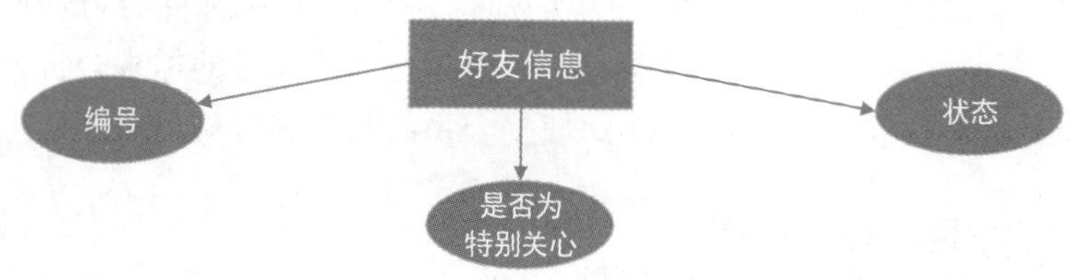

图 9-4 好友信息实体 E-R 图

群信息实体 E-R 图如图 9-5 所示。

群成员信息实体 E-R 图如图 9-6 所示。

群聊信息实体 E-R 图如图 9-7 所示。

私聊信息实体 E-R 图如图 9-8 所示。

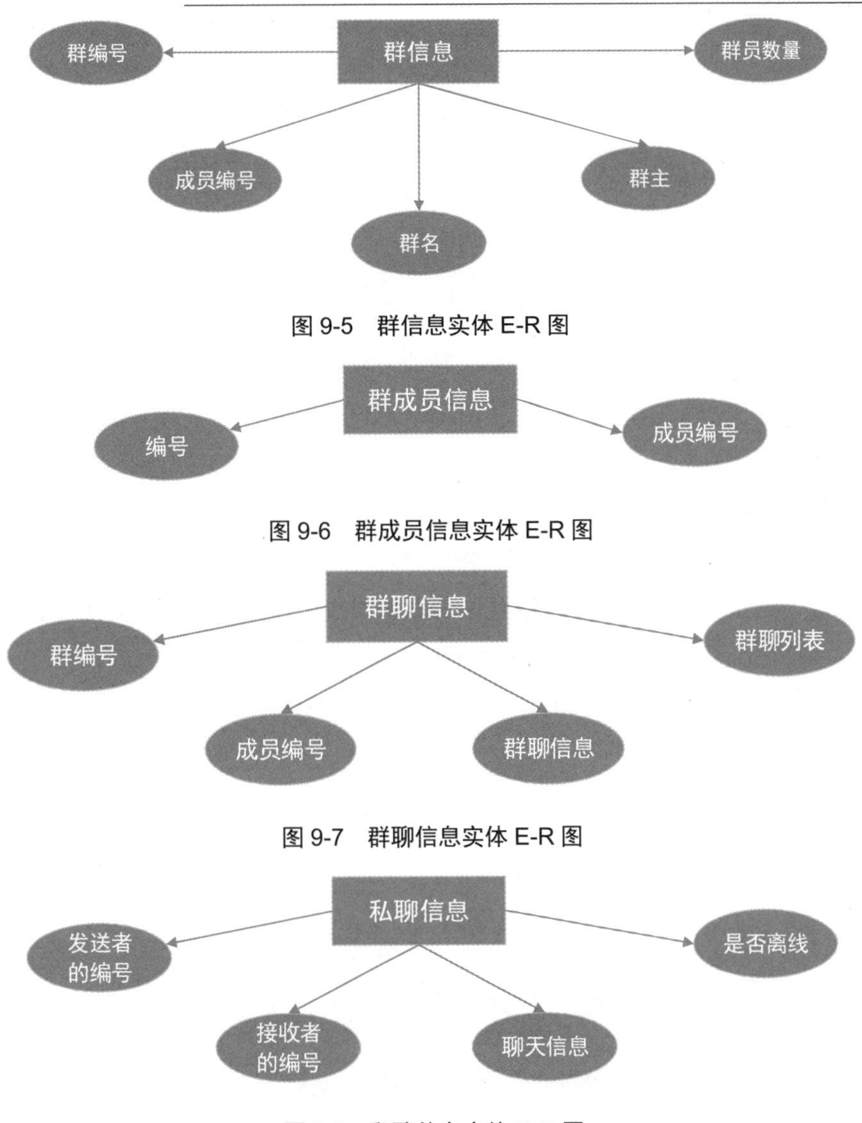

图 9-5　群信息实体 E-R 图

图 9-6　群成员信息实体 E-R 图

图 9-7　群聊信息实体 E-R 图

图 9-8　私聊信息实体 E-R 图

9.4.3　数据库逻辑结构设计

接下来需要将上面的数据库概念设计 E-R 图转换为能被实际数据库系统所支持的实际数据模型，这就是数据库的逻辑设计。本系统采用 MySQL 数据库，各个数据库表的设计结构如图 9-9～图 9-14 所示，其中每个表格即表示数据库中的一个表。

#	名字	类型	排序规则	属性	空	默认	注释	额外
1	**uid**	int(11)			否	无		AUTO_INCREMENT
2	**name**	varchar(10)	utf8_general_ci		否	无		
3	**sex**	int(11)			否	无		
4	**is_vip**	int(11)			否	无		
5	**is_online**	int(11)			否	无		
6	**password**	varchar(33)	utf8_general_ci		否	无		

图 9-9　用户信息表(account)

名字	类型	排序规则	属性	空	默认	注释	额外
uid	int(11)			否	无		
fuid	int(11)			否	无		
is_follow	int(11)			否	无		
state	int(11)			否	无		

图 9-10　好友信息表(friends)

名字	类型	排序规则	属性	空	默认	注释	额外
gid	int(11)			否	无		AUTO_INCREMENT
name	varchar(20)	utf8_general_ci		否	无		
owner	int(11)			否	无	群主uid	
num	int(11)			否	无	群成员数量	

图 9-11　群信息表(groups)

#	名字	类型	排序规则	属性	空	默认	注释	额外
1	**gid**	int(11)			否	无		
2	**uid**	int(11)			否	无		
3	**permission**	int(11)			否	无		
4	**noname**	int(11)			否	无		

图 9-12　群成员信息表(group_member)

#	名字	类型	排序规则	属性	空	默认	注释	额外
1	**gid**	int(11)			否	无		
2	**uid**	int(11)			否	无		
3	**msg**	varchar(300)	utf8_general_ci		否	无		
4	**offlist**	varchar(20)	utf8_general_ci		否	无		

图 9-13　群聊信息表(group_rec)

#	名字	类型	排序规则	属性	空	默认	注释	额外
1	**from_uid**	int(11)			否	无		
2	**to_uid**	int(11)			否	无		
3	**msg**	varchar(300)	utf8_general_ci		否	无		
4	**is_offline**	int(11)			否	无		

图 9-14　私聊信息表(private_rec)

9.4.4　数据库连接

编写配置文件 config.c，实现建立和指定 MySQL 数据库的连接，代码如下所示。

```
int main(){
    cJSON *root = cJSON_CreateObject();

    cJSON_AddStringToObject(root ,"host" ,"127.0.0.1");
    cJSON_AddNumberToObject(root ,"port" ,1314);
    char *out = cJSON_Print(root);
    cJSON_Delete(root);
    int fd = open("config.json" ,O_WRONLY|O_CREAT,S_IRUSR|S_IWUSR);
    if(fd == -1){
        perror("open");
        return 0;
    }
    write(fd ,out ,strlen(out));
    close(fd);
    free(out);
}
```

在上述代码中，调用了文件 config.json 中的 MySQL 数据库的连接参数，文件 config.json 的代码如下：

```
{
    "port":  1314,
    "host":  "sql.fujie.bid",
    "user":  "数据库用户名",
    "pass":  "数据库密码",
    "database":  "chat_room"
}
```

9.5　服务器端

本项目基于 C/S 模型设计，分为客户端和服务器端两个部分，客户端直接连接到服务器，与服务器双向交换数据。本节将首先讲解本项目服务器端的实现过程。

扫码看视频

9.5.1 通用模块

在本项目中，将多次用到的功能保存为通用模块。其中文件 Common.c 分别实现了清空缓冲区、获取时间和时间对比等功能。文件 Common.c 的主要实现代码如下所示。

```
#include<stdio.h>
#include<string.h>
#include<stdlib.h>
#include"./Common.h"
char *sgets(char *str,int len){//安全gets
    fgets(str,len,stdin);
    if(str[strlen(str)-1]=='\n'){
        str[strlen(str)-1]='\0';
    }
    return str;
}
void ffflush(){//清空输入缓冲区函数
    char ch;
    while((ch=getchar())!='\n' && ch!=EOF){
        //printf("(%x)",ch);
    }
}


/*以下代码copy from TTMS*/
/*以下代码copy from TTMS*/
/*以下代码copy from TTMS*/

//比较日期dt1, dt2的大小。相等返回0，dt1<dt2返回-1，否则1
int DateCmp(user_date_t dt1, user_date_t dt2) {
    if (dt1.year < dt2.year)
        return -1;
    else if (dt1.year == dt2.year && dt1.month < dt2.month)
        return -1;
    else if (dt1.year == dt2.year && dt1.month == dt2.month && dt1.day < dt2.day)
        return -1;
    else if (dt1.year == dt2.year && dt1.month == dt2.month
            && dt1.day == dt2.day)
        return 0;
    else
        return 1;
}

//获取系统当前日期
user_date_t DateNow() {
```

```
    user_date_t curDate;
    time_t now;                 //实例化 time_t 结构
    struct tm *timeNow;         //实例化 tm 结构指针
    time(&now);
    timeNow = localtime(&now);
    curDate.year=timeNow->tm_year+1900;
    curDate.month=timeNow->tm_mon+1;
    curDate.day=timeNow->tm_mday;

    return curDate;
}

//获取系统当前时间
user_time_t TimeNow(){
    user_time_t curTime;
    time_t now;                 //实例化 time_t 结构
    struct tm *timeNow;         //实例化 tm 结构指针
    time(&now);
    timeNow = localtime(&now);
    curTime.hour=timeNow->tm_hour;
    curTime.minute=timeNow->tm_min;
    curTime.second=timeNow->tm_sec;
    return curTime;
}
```

9.5.2 数据库处理模块

在本项目中，将用到的数据信息保存在类数据库中，然后通过 JSON 在客户端和服务器端传递这些数据。在数据库处理模块中，主要实现对数据库中数据的查询操作，例如将聊天记录插入数据库，将用户的注册信息保存到数据库，查询用户的登录信息是否合法等。

(1) 编写文件 Account_Persist.c，实现和用户注册、登录验证相关的数据库查询操作的功能，主要实现代码如下所示。

```
int Account_Perst_ChIsOnline(int uid ,int is_online){
    char SQL[100];
    sprintf(SQL ,"UPDATE account SET is_online = '%d' WHERE uid = '%d'" ,is_online ,uid);
    if(mysql_real_query(mysql , SQL , strlen(SQL))){
        printf("%s\n",mysql_error(mysql));
        return 0;
    }
    return 1;

}
```

```
int Account_Perst_IsUserName(const char * name){
    char SQL[100];
    MYSQL_RES * res;
    MYSQL_ROW row;
    int rtn = 0;
    sprintf(SQL,"SELECT uid FROM account WHERE name = '%s'",name);
    if(mysql_real_query(mysql , SQL , strlen(SQL))){
        return 0;
    }
    res = mysql_store_result(mysql);
    row = mysql_fetch_row(res);
    if(row) rtn = atoi(row[0]);
    mysql_free_result(res);
    return rtn;
}

int Account_Perst_AddUser(const char *name ,int sex , const char *password){
    char SQL[100];
    sprintf(SQL,"INSERT INTO account VALUES (NULL , '%s' ,'%d' , 0, 0 , md5('%s'))",
            name ,sex , password);
    if(mysql_real_query(mysql , SQL , strlen(SQL))){
        printf("%s\n",mysql_error(mysql));
        return 0;
    }
    return 1;

}

int Account_Perst_MatchUserAndPassword(int uid , const char * password){
    char SQL[100];
    MYSQL_RES * res;
    MYSQL_ROW row;
    int rtn;
    sprintf(SQL,"SELECT * FROM account WHERE (uid = '%d' AND password = md5('%s'))"
            , uid , password);
    if(mysql_real_query(mysql , SQL ,strlen(SQL))){
        return 0;
    }
    res = mysql_store_result(mysql);
    row = mysql_fetch_row(res);
    if(row) rtn = 1;
    else rtn = 0;
    mysql_free_result(res);
    return rtn;
}

char * Account_Perst_GetUserNameFromUid(int uid){
```

```
    MYSQL_RES *res;
    MYSQL_ROW row;
    char * rtn = NULL;
    char SQL[100];
    sprintf(SQL, "SELECT name FROM account WHERE uid = '%d'" ,uid);
    if(mysql_real_query(mysql , SQL ,strlen(SQL))){
        printf("%s\n" ,mysql_error(mysql));
        return 0;
    }
    res = mysql_store_result(mysql);
    row = mysql_fetch_row(res);
    if(row){
        rtn = (char *)malloc(sizeof(char) * 30);
        strcpy(rtn ,row[0]);
    }
    mysql_free_result(res);
    return rtn;
}
```

(2) 编写文件 Friends_Persist.c，实现和添加好友、好友处理相关的数据库查询操作的功能，主要实现代码如下所示。

```
int Friends_Perst_Add(int uid ,int fuid){
    char SQL[100];
    sprintf(SQL ,"INSERT INTO friends VALUES('%d' ,'%d' ,'0' ,'0')",uid ,fuid);
    if(mysql_real_query(mysql ,SQL ,strlen(SQL))){
        printf("%s",mysql_error(mysql));
        return 0;
    }
    return 1;
}

int Friends_Perst_Apply(int uid ,int fuid ,int is_agree){
    char SQL[100];
    if(is_agree)
        sprintf(SQL ,"UPDATE friends SET state  = '1' WHERE (uid ='%d' AND fuid =
                '%d')",uid ,fuid);
    else
        sprintf(SQL ,"DELETE FROM friends WHERE uid = '%d' AND fuid = '%d'",uid ,fuid);
    if(mysql_real_query(mysql ,SQL ,strlen(SQL))){
        printf("%s",mysql_error(mysql));
        return 0;
    }
    return 1;
}

int Friends_Perst_GetList(friends_t * FriendsList ,int uid){
    MYSQL_RES * res , *_res;
```

```
    MYSQL_ROW row ,_row;
    char SQL[100];
    friends_t *NewNode = NULL;
    sprintf(SQL ,
            "SELECT * FROM friends WHERE (uid = '%d' OR fuid = '%d')" ,
            uid ,uid);
    if(mysql_real_query(mysql ,SQL ,strlen(SQL))){
        printf("%s",mysql_error(mysql));
        return 0;
    }
    res = mysql_store_result(mysql);
    while((row = mysql_fetch_row(res))){
        NewNode = (friends_t *)malloc(sizeof(friends_t));
        NewNode -> uid = atoi(row[(uid != atoi(row[1]))]);
        NewNode -> is_follow = atoi(row[2]);
        NewNode -> state = atoi(row[3]);
        sprintf(SQL ,"SELECT * FROM account WHERE uid = '%d'" ,NewNode -> uid);
        mysql_real_query(mysql ,SQL,strlen(SQL));
        _res = mysql_store_result(mysql);
        _row = mysql_fetch_row(_res);
        strcpy(NewNode -> name ,_row[1]);
        NewNode -> sex = atoi(_row[2]);
        NewNode -> is_vip = atoi(_row[3]);
        NewNode -> is_online = atoi(_row[4]);
        List_AddHead(FriendsList ,NewNode);
        mysql_free_result(_res);
    }
    mysql_free_result(res);
    return 1;
}
int Friends_Perst_GetFriendInfo(friends_t *Node){
    char SQL[100];
    MYSQL_RES *res;
    MYSQL_ROW row;
    sprintf(SQL ,"SELECT * FROM account WHERE uid = '%d'" ,Node -> uid);
    mysql_real_query(mysql ,SQL, strlen(SQL));
    res = mysql_store_result(mysql);
    row = mysql_fetch_row(res);
    strcpy(Node -> name ,row[1]);
    Node -> sex = atoi(row[2]);
    Node -> is_vip = atoi(row[3]);
    Node -> is_online = atoi(row[4]);
    Node -> is_follow = 0;
    Node -> state = 0;
    mysql_free_result(res);
    return 1;
}
```

(3) 编写文件 Group_Persist.c，实现和创建群、添加群成员、删除群成员、获取某人加入的群处理相关的数据库查询操作的功能，主要实现代码如下所示。

```
int Group_Perst_IsGroup(const char *name){
    char SQL[100];
    MYSQL_RES * res;
    MYSQL_ROW row;
    int rtn = 0;
    sprintf(SQL,"SELECT gid FROM groups WHERE name = '%s'",name);
    if(mysql_real_query(mysql , SQL , strlen(SQL))){
        printf("%s\n",mysql_error(mysql));
        return 0;
    }
    res = mysql_store_result(mysql);
    row = mysql_fetch_row(res);
    if(row) rtn = atoi(row[0]);
    mysql_free_result(res);
    return rtn;
}
int Group_Perst_Create(int uid ,const char *name){
    int gid;
    char SQL[100];
    sprintf(SQL ,"INSERT INTO groups VALUES(NULL ,'%s', '%d' , 1)", name ,uid);
    if(mysql_real_query(mysql ,SQL ,strlen(SQL))){
        printf("%s\n" ,mysql_error(mysql));
        return 0;
    }
    sprintf(SQL ,"SELECT LAST_INSERT_ID()");
    if(mysql_real_query(mysql ,SQL ,strlen(SQL))){
        printf("%s\n" ,mysql_error(mysql));
        return 0;
    }
    MYSQL_RES *res = mysql_store_result(mysql);
    MYSQL_ROW row = mysql_fetch_row(res);
    gid = atoi(row[0]);
    sprintf(SQL ,"INSERT INTO group_member VALUES('%d' ,'%d','2' ,'1')",gid ,uid);
    if(mysql_real_query(mysql ,SQL ,strlen(SQL))){
        printf("%s\n" ,mysql_error(mysql));
        return 0;
    }

    return gid;
}

int Group_Perst_AddMember(int gid ,int uid ){
    char SQL[100];
    sprintf(SQL ,"INSERT INTO group_member VALUES('%d' ,'%d','0' ,'1')",gid ,uid);
```

```
    if(mysql_real_query(mysql ,SQL ,strlen(SQL))){
        printf("%s\n" ,mysql_error(mysql));
        return 0;
    }

    return 1;
}

int Group_Perst_DeleteMember(int gid ,int uid){
    char SQL[100];
    sprintf(SQL ,"DELETE FROM group_member WHERE (gid = '%d' AND uid ='%d')", gid ,uid);
    if(mysql_real_query(mysql ,SQL ,strlen(SQL))){
        printf("%s",mysql_error(mysql));
        return 0;
    }
    return 1;
}

int Group_Perst_Delete(int gid){
    char SQL[100];
    sprintf(SQL ,"DELETE FROM groups WHERE gid = '%d'",gid);
    if(mysql_real_query(mysql ,SQL ,strlen(SQL))){
        printf("%s\n",mysql_error(mysql));
        return 0;
    }
    sprintf(SQL,"DELETE FROM group_member WHERE gid = '%d'" ,gid);
    if(mysql_real_query(mysql ,SQL ,strlen(SQL))){
        printf("%s\n",mysql_error(mysql));
        return 0;
    }
    return 1;
}

int Group_Perst_GetMyGroup(group_t *MyGroupList ,int uid){
    group_t *NewNode;
    char SQL[100];
    MYSQL_RES *res ;
    MYSQL_ROW row ;
    sprintf(SQL ,"SELECT gid FROM group_member WHERE uid = '%d'",uid);
    if(mysql_real_query(mysql ,SQL ,strlen(SQL))){
        printf("%s",mysql_error(mysql));
        return 0;
    }
    res = mysql_store_result(mysql);
    while((row = mysql_fetch_row(res))){
        NewNode = Group_Perst_GetInfo(atoi(row[0]));
        List_AddHead(MyGroupList ,NewNode);
```

```
    }
    mysql_free_result(res);
    return 1;
}


int Group_Perst_GetGroupMember(group_member_t* GroupMember,int gid){
    MYSQL_RES *res,*_res;
    MYSQL_ROW row ,_row;
    char SQL[100];
    group_member_t *NewNode;
    sprintf(SQL ,"SELECT * FROM group_member WHERE gid = '%d'" ,gid);
    if(mysql_real_query(mysql ,SQL ,strlen(SQL))){
        printf("%s",mysql_error(mysql));
        return 0;
    }
    res = mysql_store_result(mysql);
    while((row = mysql_fetch_row(res))){
        sprintf(SQL ,"SELECT * FROM account WHERE uid = '%s'" ,row[1]);
        if(mysql_real_query(mysql ,SQL ,strlen(SQL))){
            printf("%s",mysql_error(mysql));
            return 0;
        }
        _res = mysql_store_result(mysql);
        _row = mysql_fetch_row(_res);
        NewNode = (group_member_t *)
            malloc(sizeof(group_member_t));
        NewNode -> gid = atoi(row[0]);
        NewNode -> user_info.uid = atoi(row[1]);
        strcpy(NewNode -> user_info.name ,_row[1]);
        NewNode -> user_info.sex = atoi(_row[2]);
        NewNode -> user_info.is_vip = atoi(_row[3]);
        NewNode -> user_info.is_online = atoi(_row[4]);
        NewNode -> user_info.is_follow = 0;
        NewNode -> user_info.state = 0;
        NewNode -> user_info.next = NULL;
        NewNode -> permission = atoi(row[2]);
        List_AddHead(GroupMember ,NewNode);
        mysql_free_result(_res);
    }
    mysql_free_result(res);
    return 1;

}

group_t * Group_Perst_GetInfo(int gid){
    MYSQL_RES *res;
```

```
    MYSQL_ROW row;
    char SQL[100];
    group_t *NewNode = (group_t *)malloc(sizeof(group_t));
    NewNode -> gid = gid;
    sprintf(SQL,"SELECT * FROM groups WHERE gid = '%d'",NewNode -> gid);
    if(mysql_real_query(mysql ,SQL ,strlen(SQL))){
        printf("%s",mysql_error(mysql));
        return 0;
    }
    res = mysql_store_result(mysql);
    row = mysql_fetch_row(res);
    strcpy(NewNode -> name ,row[1]);
    NewNode -> owner = atoi(row[2]);
    NewNode -> num = atoi(row[3]);
    mysql_free_result(res);
    return NewNode;
}
```

9.5.3 连接处理模块

在本项目中，服务器端用于接收客户端发来的消息，并转发给目标用户。编写文件 Connect.c，实现连接处理。具体实现流程如下：

(1) 监听客户端发来的请求，然后根据获取的请求调用对应的处理函数。代码如下所示。

```
#define LISTEN_NUM 12 //连接请求队列长度
#define MSG_LEN 1024
online_t *OnlineList;
//static char buf[1024];
void * thread(void *arg){
    char buf[MSG_LEN];
    int ret ,recv_len;
    cJSON *root ,*item;
    char choice[3];
    int client_fd = (int)(long)arg;
    while(1){
        recv_len = 0;
        while(recv_len < MSG_LEN){
            ret = 0;
            if((ret = recv(client_fd , buf + recv_len , MSG_LEN - recv_len , 0)) <= 0){
                int uid = Account_Srv_ChIsOnline(-1 , 0 ,client_fd);
                if(uid != -1){
                    Account_Srv_SendIsOnline(uid ,0);
                    //向在线好友发送下线通知
                }
                perror("recv");
```

```
            return NULL;
        }
        recv_len += ret;
    }
    root = cJSON_Parse(buf);
    item = cJSON_GetObjectItem(root,"type");
    strcpy(choice ,item -> valuestring);
    cJSON_Delete(root);
//      printf("收到: sockfd = %d\n%s\n",client_fd,buf);

    switch(choice[0]){
        case 'L' :
            //登录
            Account_Srv_Login(client_fd , buf);
            break;
        case 'S' :
            //注册
            Account_Srv_SignIn(client_fd , buf);
            break;
        case 'A' :
            //添加好友
            Friends_Srv_Add(client_fd, buf);
            break;
        case 'G' :
            //获取好友列表
            Friends_Srv_GetList(client_fd ,buf);
            break;
        case 'g' :
            //获取群列表
            Group_Srv_GetList(client_fd ,buf);
            break;
        case 'P' :
            //私聊
            Chat_Srv_Private(client_fd,buf);
            break;
        case 'p':
            //群聊
            Chat_Srv_Group(client_fd ,buf);
            break;
        case 'F' :
            //文件
            Chat_Srv_File(buf);
            break;
        case 'O' :
            Account_Srv_Out(client_fd ,buf);
            break;
        case 'a':
```

```
            Friends_Srv_Apply(client_fd ,buf);
            break;
        case 'c':
            Group_Srv_Create(client_fd ,buf);
            break;
        case 'M' :
            Group_Srv_AddMember(client_fd ,buf);
            break;
        case 'm':
            Group_Srv_ShowMember(client_fd ,buf);
            break;
        case 'Q' :
            //踢人 退群 解散群
            Group_Srv_Quit(client_fd ,buf);
            break;
        case 'E' :
            //获取私聊聊天记录
            Chat_Srv_SendPrivateRes(client_fd ,buf);
            break;
      }
   }
   return NULL;
}
```

(2) 编写函数 Connect()，功能是建立和指定客户端的连接，连接后将一直监听客户端。代码如下所示。

```
void Connect(int port){
   int sock_fd;
   int client_fd;
   int len;
   int optval;
   List_Init(OnlineList , online_t);
   struct sockaddr_in serv_addr , client_addr;
   len = sizeof(struct sockaddr_in);
   memset(&serv_addr , 0 ,len);
   memset(&client_addr , 0 , len);
   serv_addr.sin_family = AF_INET;
   serv_addr.sin_port = htons(port);
   serv_addr.sin_addr.s_addr = htonl(INADDR_ANY);
   sock_fd = socket(AF_INET , SOCK_STREAM , 0);
   if(sock_fd < 0) {
      perror("socket");
      exit(0);
   }
   optval = 1;
   if(setsockopt(sock_fd , SOL_SOCKET , SO_REUSEADDR , (void *)&optval , sizeof(int)) < 0){
```

```
        perror("socksetopt");
        exit(0);
    }
    if(bind(sock_fd , (struct sockaddr *)&serv_addr , len) < 0){
        perror("bind");
        exit(0);
    }
    if(listen(sock_fd , LISTEN_NUM) < 0){
        perror("listen");
        exit(0);
    }
    while(1){
        client_fd = accept(sock_fd , (struct sockaddr *)&client_addr , (socklen_t *)&len);
        if(client_fd < 0) {
            perror("accept");
            exit(0);
        }
        pthread_t thid;
        pthread_create(&thid , NULL , thread ,(void *)(long)client_fd);
    }

}
```

9.5.4　账户处理模块

在本项目中，只有合法的用户才能进入聊天室。编写文件 Account_Srv.c，实现账户处理功能。具体实现流程如下：

(1) 编写函数 Account_Srv_SendIsOnline()，获取并显示用户的在线状态。代码如下所示。

```
int Account_Srv_SendIsOnline(int uid ,int is_online){
    int f_sock_fd;
    friends_t *FriendsList ,*f;
    List_Init(FriendsList ,friends_t);
    Friends_Perst_GetList(FriendsList ,uid);
    List_ForEach(FriendsList ,f){
        if(f->is_online){
            f_sock_fd = Chat_Srv_GetFriendSock(f->uid);
            if(f_sock_fd == -1) return 0;
            cJSON *root = cJSON_CreateObject();
            cJSON *item = cJSON_CreateString("I");
            cJSON_AddItemToObject(root ,"type" ,item);
            item = cJSON_CreateNumber(uid);
            cJSON_AddItemToObject(root ,"fuid",item);
            item = cJSON_CreateBool(is_online);
            cJSON_AddItemToObject(root ,"is_online",item);
            char *out = cJSON_Print(root);
```

```
        cJSON_Delete(root);
        //printf("上线:%s\n",out);
        if(send(f_sock_fd ,(void *)out ,MSG_LEN ,0) <= 0){
            perror("send 客户端响应失败");
            free(out);
            return 0;
        }
        free(out);
    }
  }
  List_Destroy(FriendsList, friends_t);
  return 1;
}
```

(2) 编写函数 Account_Srv_ChIsOnline()，获取好友列表中的在线信息。代码如下所示。

```
int Account_Srv_ChIsOnline(int uid ,int is_online ,int sock_fd){
    online_t *curPos;
    int rtn = 0;
    if(is_online){
        List_ForEach(OnlineList ,curPos){
            if(curPos -> uid == uid){
                close(curPos -> sock_fd);
                curPos -> sock_fd = sock_fd;
                rtn = 1;
                goto per;
            }
        }
        curPos = (online_t *)malloc(sizeof(online_t));
        curPos -> uid = uid;
        curPos -> sock_fd = sock_fd;
        curPos -> next = NULL;
        List_AddHead(OnlineList ,curPos);
        rtn = 1;
    }else{
        List_ForEach(OnlineList ,curPos){
            if(curPos -> sock_fd == sock_fd){
                uid = rtn = curPos -> uid;
                List_FreeNode(OnlineList ,curPos ,online_t);
                break;
            }
        }
    }
    if(uid == -1) return 0;
per: if(Account_Perst_ChIsOnline(uid ,is_online) == 0) rtn = 0;
    return rtn;

}
```

(3) 编写函数 Account_Srv_Out()，功能是监听好友的离线状态，如果下线及时发送提示信息。代码如下所示。

```
int Account_Srv_Out(int sock_fd ,char *JSON){
    int uid;
    int rtn;
    cJSON *root = cJSON_Parse(JSON);
    cJSON *item = cJSON_GetObjectItem(root ,"uid");
    uid = item -> valueint;
    cJSON_Delete(root);
    rtn = Account_Srv_ChIsOnline(uid ,0 ,sock_fd);
    if(rtn != -1){
        Account_Srv_SendIsOnline(uid ,0);
        //向在线好友发送下线通知
    }
    root = cJSON_CreateObject();
    item = cJSON_CreateString("R");
    cJSON_AddItemToObject(root ,"type" ,item);
    item = cJSON_CreateBool((rtn > 0));
    cJSON_AddItemToObject(root ,"res",item);
    item = cJSON_CreateString("服务器异常 喵喵?");
    cJSON_AddItemToObject(root , "reason" ,item);
    char *out = cJSON_Print(root);
    if(send(sock_fd ,(void*)out , MSG_LEN ,0) <= 0){
        //perror("send ")
        rtn = 0;
    }
    //cJSON_Delete(root);
    //free(out);
    return rtn;
}
```

(4) 编写函数 Account_Srv_SignIn()，实现新用户注册验证功能，具体来说实现如下功能：

- 输入用户名、密码、确认密码；
- 校验两次密码是否相同；
- 校验用户名是否合法；
- 校验用户名是否存在。

函数 Account_Srv_SignIn()的具体实现代码如下所示。

```
int Account_Srv_SignIn(int sock_fd ,char * JSON){
    char name[30] , password[30];
    int sex;
    cJSON *root = cJSON_Parse(JSON);
    cJSON *item = cJSON_GetObjectItem(root , "name");
    strcpy(name,item -> valuestring);
```

```
    item = cJSON_GetObjectItem(root ,"sex");
    sex = item -> valueint;
    item = cJSON_GetObjectItem(root , "password");
    strcpy(password , item -> valuestring);
    cJSON_Delete(root);
    root = cJSON_CreateObject();
    item = cJSON_CreateString("R");
    cJSON_AddItemToObject(root ,"type" ,item);
    if(Account_Perst_IsUserName(name)){
        item = cJSON_CreateBool(0);
        cJSON_AddItemToObject(root , "res" , item);
        item = cJSON_CreateString("用户名已存在");
        cJSON_AddItemToObject(root , "reason" , item);
        char *out = cJSON_Print(root);
        if(send(sock_fd , (void *)out , MSG_LEN , 0) < 0){
            //出错,日志处理
        }
        cJSON_Delete(root);
        free(out);
    }else{
        if(Account_Perst_AddUser(name ,sex ,password)){
            item = cJSON_CreateBool(1);
            cJSON_AddItemToObject(root , "res" , item);
            char *out = cJSON_Print(root);
            if(send(sock_fd , (void *)out , MSG_LEN , 0) < 0){
                //出错,记录日志
            }
            cJSON_Delete(root);
            free(out);
            return 1;
        }
        item = cJSON_CreateBool(0);
        cJSON_AddItemToObject(root , "res" , item);
        item = cJSON_CreateString("服务器异常");
        cJSON_AddItemToObject(root , "reason" , item);
        char *out = cJSON_Print(root);
        if(send(sock_fd , (void *)out , MSG_LEN , 0) < 0){
            //出错,日志处理
        }
        cJSON_Delete(root);
        free(out);
    }
    return 0;
}
```

(5) 编写函数 Account_Srv_Login()，实现登录验证功能，比较输入的登录信息和数据库中保存的信息。具体来说实现如下功能：

- ❑ 输入用户名和密码；
- ❑ 校验用户名是否存在；
- ❑ 校验用户密码是否匹配；
- ❑ 将用户信息写入全局变量。

函数 Account_Srv_Login()的具体实现代码如下所示。

```
int Account_Srv_Login(int sock_fd ,char *JSON){
    char name[30] , password[30];
    int uid;
    cJSON *root = cJSON_Parse(JSON);
    cJSON *item = cJSON_GetObjectItem(root , "name");
    strcpy(name,item -> valuestring);
    item = cJSON_GetObjectItem(root , "password");
    strcpy(password , item -> valuestring);
    cJSON_Delete(root);
    root = cJSON_CreateObject();
    item = cJSON_CreateString("R");
    cJSON_AddItemToObject(root ,"type" ,item);
    if((uid = Account_Perst_IsUserName(name)) == 0){
        item = cJSON_CreateBool(0);
        cJSON_AddItemToObject(root , "res" , item);
        item = cJSON_CreateString("用户名不存在");
        cJSON_AddItemToObject(root , "reason" , item);
        char *out = cJSON_Print(root);
        if(send(sock_fd , (void *)out , MSG_LEN , 0) < 0){
            //出错,日志处理
        }
        cJSON_Delete(root);
        free(out);
    }else{
        //用户名存在
        if(Account_Perst_MatchUserAndPassword(uid ,password)){
            //密码正确
            Account_Srv_ChIsOnline(uid ,1 ,sock_fd);
            //Chat_Srv_SendOfflienPrivateMsg(uid);//推送离线消息
            //改到在获取完好友列表后推送离线消息
            item = cJSON_CreateBool(1);
            cJSON_AddItemToObject(root , "res" , item);
            item = cJSON_CreateNumber(uid);
            cJSON_AddItemToObject(root , "uid" ,item);
            char *out = cJSON_Print(root);
            if(send(sock_fd , (void *)out , MSG_LEN , 0) < 0){
                //出错,记录日志
            }
            cJSON_Delete(root);
```

```
            free(out);
            return 1;
        }
        //密码错的
        item = cJSON_CreateBool(0);
        cJSON_AddItemToObject(root , "res" , item);
        item = cJSON_CreateString("用户名密码不匹配");
        cJSON_AddItemToObject(root , "reason" , item);
        char *out = cJSON_Print(root);
        if(send(sock_fd , (void *)out , MSG_LEN , 0) < 0){
            //出错,日志处理
        }
        cJSON_Delete(root);
        free(out);
    }
    return 0;
}
```

9.5.5 好友处理模块

在本项目中可以添加指定的好友，添加成功后会将好友名字添加到好友列表中。编写文件 Friends_Srv.c，实现好友处理模块功能。具体实现流程如下：

(1) 编写函数 Friends_Srv_GetList()，获取指定用户的好友列表信息。代码如下所示。

```
extern online_t* OnlineList;
int Friends_Srv_GetList(int sock_fd ,const char *JSON){
    char buf[MSG_LEN];
    int uid;
    cJSON *root = cJSON_Parse(JSON);
    cJSON *item = cJSON_GetObjectItem(root ,"uid");
    uid = item -> valueint;
    cJSON_Delete(root);
    friends_t *FriendsList = NULL;
    List_Init(FriendsList ,friends_t);
    Friends_Perst_GetList(FriendsList ,uid);
    friends_t *curPos;
    List_ForEach(FriendsList ,curPos){
        root = cJSON_CreateObject();
        item = cJSON_CreateString("L");
        cJSON_AddItemToObject(root ,"type" ,item);
        item = cJSON_CreateNumber(curPos -> uid);
        cJSON_AddItemToObject(root ,"uid" ,item);
        item = cJSON_CreateString(curPos -> name);
        cJSON_AddItemToObject(root ,"name" ,item);
        item = cJSON_CreateBool(curPos -> sex);
```

```
        cJSON_AddItemToObject(root ,"sex" ,item);
        item = cJSON_CreateBool(curPos -> is_vip);
        cJSON_AddItemToObject(root ,"is_vip" ,item);
        item = cJSON_CreateBool(curPos -> is_follow);
        cJSON_AddItemToObject(root ,"is_follow" ,item);
        item = cJSON_CreateBool(curPos -> is_online);
        cJSON_AddItemToObject(root ,"is_online" ,item);
        item = cJSON_CreateBool(curPos -> state);
        cJSON_AddItemToObject(root ,"state" ,item);
        char *out = cJSON_Print(root);
        cJSON_Delete(root);
        if(send(sock_fd ,(void *)out ,MSG_LEN ,0) < 0){
            perror("send 客户端响应失败");
            free(out);
            return 0;
        }
        free(out);
    }

    //发送一个 uid 为 0 的数据告诉客户端发送完成
    root = cJSON_CreateObject();
    item = cJSON_CreateString("L");
    cJSON_AddItemToObject(root ,"type" ,item);
    item = cJSON_CreateNumber(0);
    cJSON_AddItemToObject(root ,"uid" ,item);
    char *out = cJSON_Print(root);
    cJSON_Delete(root);
    if(send(sock_fd ,(void *)out ,MSG_LEN ,0) < 0){
        perror("send 客户端响应失败");
        free(out);
        return 0;
    }
    free(out);
    Account_Srv_SendIsOnline(uid ,1);
    //销毁链表
    List_Destroy(FriendsList ,friends_t);

    root = cJSON_CreateObject();
    item = cJSON_CreateString("R");
    cJSON_AddItemToObject(root ,"type" ,item);
    item = cJSON_CreateBool(1);
    cJSON_AddItemToObject(root ,"res" ,item);
    out = cJSON_Print(root);
    cJSON_Delete(root);
    if(send(sock_fd ,(void *)out ,MSG_LEN ,0) < 0){
        perror("recv: 客户端响应失败");
        free(out);
```

```
        return 0;
    }
    free(out);
    Chat_Srv_SendOfflienPrivateMsg(uid);//推送离线消息
    return 1;
}
```

(2) 编写函数 Friends_Srv_Add()，实现添加好友功能，在本项目中，以用户名来添加好友。代码如下所示。

```
int Friends_Srv_Add(int sock_fd ,const char *JSON){
    cJSON* root = cJSON_Parse(JSON);
    cJSON* item = cJSON_GetObjectItem(root ,"uid");
    int uid = item -> valueint;
    item = cJSON_GetObjectItem(root ,"fname");
    int fuid = Account_Perst_IsUserName(item -> valuestring);
    cJSON_Delete(root);
    root = cJSON_CreateObject();
    item = cJSON_CreateString("R");
    cJSON_AddItemToObject(root ,"type" ,item);
    item = cJSON_CreateBool((fuid != 0));
    cJSON_AddItemToObject(root ,"res",item);
    if(fuid == 0){
        item = cJSON_CreateString("用户名不存在");
        cJSON_AddItemToObject(root ,"reason",item);
    }
    char *out = cJSON_Print(root);
    //printf("发给 sock_fd = %d :\n%s",sock_fd ,out);
    if(send(sock_fd ,(void *)out ,MSG_LEN ,0) <= 0){
        perror("send");
        return 0;
    }
    free(out);
    Friends_Perst_Add(uid ,fuid);
    if(Chat_Srv_GetFriendSock(fuid) == 0) return 1;
    Friends_Srv_SendAdd(uid ,fuid,"A");
    return 1;
}
```

(3) 编写函数 Friends_Srv_SendAdd()，功能是发送添加好友的信息到指定目标用户。代码如下所示。

```
int Friends_Srv_SendAdd(int uid ,int fuid ,char* type){
    int f_sock_fd = -1;
    friends_t * NewFriends = (friends_t *)malloc(sizeof(friends_t));
    if(*type == 'A'){
        NewFriends->uid = uid;
```

```
        Friends_Perst_GetFriendInfo(NewFriends);
        f_sock_fd = Chat_Srv_GetFriendSock(fuid);
    }
    else{
        NewFriends->uid = fuid;
        Friends_Perst_GetFriendInfo(NewFriends);
        f_sock_fd = Chat_Srv_GetFriendSock(uid);
        NewFriends -> state = 1;
    }
    cJSON *root = cJSON_CreateObject();
    cJSON *item = cJSON_CreateString(type);
    cJSON_AddItemToObject(root ,"type" ,item);
    item = cJSON_CreateNumber(NewFriends -> uid);
    cJSON_AddItemToObject(root ,"uid" ,item);
    item = cJSON_CreateString(NewFriends -> name);
    cJSON_AddItemToObject(root ,"name" ,item);
    item = cJSON_CreateBool(NewFriends -> sex);
    cJSON_AddItemToObject(root ,"sex" ,item);
    item = cJSON_CreateBool(NewFriends -> is_vip);
    cJSON_AddItemToObject(root ,"is_vip" ,item);
    item = cJSON_CreateBool(NewFriends -> is_follow);
    cJSON_AddItemToObject(root ,"is_follow" ,item);
    item = cJSON_CreateBool(NewFriends -> is_online);
    cJSON_AddItemToObject(root ,"is_online" ,item);
    item = cJSON_CreateBool(NewFriends -> state);
    cJSON_AddItemToObject(root ,"state" ,item);
    free(NewFriends);
    char *out = cJSON_Print(root);
    cJSON_Delete(root);
    if(send(f_sock_fd ,(void *)out ,MSG_LEN,0) < 0){
        perror("send");
        printf("发给 sock_fd = %d 失败\n",f_sock_fd);
        free(out);
        return 0;
    }
    free(out);
    return 1;
}
```

(4) 编写函数 Friends_Srv_Apply()，功能是获取添加好友的申请信息，并进行对应的请求处理。代码如下所示。

```
int Friends_Srv_Apply(int sock_fd ,const char *JSON){
    cJSON *root = cJSON_Parse(JSON);
    cJSON *item = cJSON_GetObjectItem(root ,"uid");
    int uid = item -> valueint;
    item = cJSON_GetObjectItem(root ,"fuid");
```

```
    int fuid = item -> valueint;
    item = cJSON_GetObjectItem(root ,"is_agree");
    int is_agree = item -> valueint;
    int f_sock_fd = Chat_Srv_GetFriendSock(uid);
    Friends_Perst_Apply(uid ,fuid ,is_agree);
    if(is_agree) {
        Friends_Srv_SendAdd(uid ,fuid ,"a");
    }else{
        friends_t *NewFriends = (friends_t *)malloc(sizeof(friends_t));
        NewFriends -> uid = fuid;
        Friends_Perst_GetFriendInfo(NewFriends);
        item = cJSON_CreateString(NewFriends -> name);
        cJSON_AddItemToObject(root ,"fname",item);
        char *out = cJSON_Print(root);
        cJSON_Delete(root);
        free(NewFriends);
        if(send(f_sock_fd ,(void*)out ,MSG_LEN ,0) <= 0){
            perror("send");
            return 0;
        }
        free(out);
    }
    return 1;
}
```

9.5.6 群处理模块

在本项目中可以创建一个群，并向指定用户发送群聊信息。编写文件 Group_Srv.c，实现群处理模块功能。具体实现流程如下：

(1) 编写函数 Group_Srv_AddMember()，功能是向群中添加指定的成员。代码如下所示。

```
int Group_Srv_AddMember(int client_fd ,char *JSON){
    int gid ,uid;
    cJSON *root = cJSON_Parse(JSON);
    cJSON *item = cJSON_GetObjectItem(root ,"gid");
    gid = item -> valueint;
    item = cJSON_GetObjectItem(root ,"uid");
    uid = item -> valueint;
    cJSON_Delete(root);
    root = cJSON_CreateObject();
    item = cJSON_CreateString("R");
    cJSON_AddItemToObject(root ,"type" ,item);
    if(Group_Perst_AddMember(gid ,uid)){
        item = cJSON_CreateBool(1);
```

```
        //将群信息下发给被邀请的用户
        Group_Srv_SendInfo(gid ,uid);
    }else{
        item = cJSON_CreateBool(0);
    }
    cJSON_AddItemToObject(root ,"res",item);
    char *out = cJSON_Print(root);
    cJSON_Delete(root);
    if(send(client_fd ,out ,MSG_LEN,0) <= 0){
        perror("send");
        free(out);
        return 0;
    }
    return 1;
}
```

(2) 编写函数 Group_Srv_SendInfo()，功能是发送创建群的信息到指定用户。代码如下所示。

```
void Group_Srv_SendInfo(int gid ,int uid){
    cJSON *root = cJSON_CreateObject();
    cJSON *item = cJSON_CreateString("J");
    cJSON_AddItemToObject(root ,"type" ,item);
    group_t *GroupInfo  = Group_Perst_GetInfo(gid);
    item = cJSON_CreateNumber(GroupInfo -> gid);
    cJSON_AddItemToObject(root ,"gid" ,item);
    item = cJSON_CreateString(GroupInfo -> name);
    cJSON_AddItemToObject(root ,"name" ,item);
    item = cJSON_CreateNumber(GroupInfo -> owner);
    cJSON_AddItemToObject(root ,"owner" ,item);
    item = cJSON_CreateNumber(GroupInfo -> num);
    cJSON_AddItemToObject(root ,"num" , item);
    char *out = cJSON_Print(root);
    cJSON_Delete(root);
    int f_fd = Chat_Srv_GetFriendSock(uid);
    if(send(f_fd ,out ,MSG_LEN,0) <= 0){
        perror("send");
        free(out);
        return ;
    }
    free(out);

}
```

(3) 编写函数 Srv_Create()，功能是创建新的群，在创建时需要确保群名的合法性。代码如下所示。

```
int Group_Srv_Create(int client_fd ,char *buf){
    char gname[30];
    int uid;
    cJSON *root = cJSON_Parse(buf);
    cJSON *item = cJSON_GetObjectItem(root ,"gname");
    strcpy(gname ,item -> valuestring);
    item = cJSON_GetObjectItem(root ,"uid");
    uid = item -> valueint;
    cJSON_Delete(root);
    root = cJSON_CreateObject();
    item = cJSON_CreateString("R");
    cJSON_AddItemToObject(root ,"type" ,item);
    if(Group_Perst_IsGroup(gname)){
        item = cJSON_CreateBool(0);
        cJSON_AddItemToObject(root ,"res",item);
        item = cJSON_CreateString("群名称已存在");
        cJSON_AddItemToObject(root ,"reason" ,item);
        char *out = cJSON_Print(root);
        if(send(client_fd ,out ,MSG_LEN ,0) <= 0){
            perror("send");
            free(out);
            return 0;
        }
        free(out);
        return 0;
    }
```

(4) 编写函数 Group_Srv_SendInfo()，功能是在创建群的同时在群成员表中插入群主，然后将群信息发给群主。代码如下所示。

```
    Group_Srv_SendInfo(Group_Perst_Create(uid ,gname) ,uid);

    item = cJSON_CreateBool(1);

    cJSON_AddItemToObject(root , "res",item);
    char *out = cJSON_Print(root);
    if(send(client_fd ,out ,MSG_LEN ,0) <= 0){
        perror("send");
        free(out);
        return 0;
    }
    free(out);
    return 1;
}
```

(5) 编写函数 Group_Srv_GetList()，功能是在创建群后获取群内成员的列表信息。代码如下所示。

```
int Group_Srv_GetList(int client_fd ,char *JSON){
   //char buf[MSG_LEN];
   int uid;
   cJSON *root = cJSON_Parse(JSON);
   cJSON *item = cJSON_GetObjectItem(root ,"uid");
   uid = item -> valueint;
   cJSON_Delete(root);
   group_t *GroupList = NULL;
   List_Init(GroupList ,group_t);
   Group_Perst_GetMyGroup(GroupList ,uid);
   group_t *curPos;
   List_ForEach(GroupList ,curPos){
      root = cJSON_CreateObject();
      item = cJSON_CreateString("l");
      cJSON_AddItemToObject(root ,"type" ,item);
      item = cJSON_CreateNumber(curPos -> gid);
      cJSON_AddItemToObject(root ,"gid" ,item);
      item = cJSON_CreateString(curPos -> name);
      cJSON_AddItemToObject(root ,"name" ,item);
      item = cJSON_CreateNumber(curPos -> owner);
      cJSON_AddItemToObject(root ,"owner" ,item);
      item = cJSON_CreateNumber(curPos -> num);
      cJSON_AddItemToObject(root ,"num",item);
      char *out = cJSON_Print(root);
      cJSON_Delete(root);
      if(send(client_fd ,(void *)out ,MSG_LEN ,0) < 0){
         perror("send 客户端响应失败");
         free(out);
         return 0;
      }
      free(out);
   }

   //发送一个 gid 为 0 的数据告诉客户端发送完成
   root = cJSON_CreateObject();
   item = cJSON_CreateString("l");
   cJSON_AddItemToObject(root ,"type" ,item);
   item = cJSON_CreateNumber(0);
   cJSON_AddItemToObject(root ,"gid" ,item);
   char *out = cJSON_Print(root);
   cJSON_Delete(root);
   if(send(client_fd ,(void *)out ,MSG_LEN ,0) < 0){
      perror("send 客户端响应失败");
      free(out);
      return 0;
   }
   free(out);
```

```
    //销毁链表
    List_Destroy(GroupList ,group_t);
    root = cJSON_CreateObject();
    item = cJSON_CreateString("R");
    cJSON_AddItemToObject(root ,"type" ,item);
    item = cJSON_CreateBool(1);
    cJSON_AddItemToObject(root ,"res" ,item);
    out = cJSON_Print(root);
    cJSON_Delete(root);
    if(send(client_fd ,(void *)out ,MSG_LEN ,0) < 0){
        perror("recv: 客户端响应失败");
        free(out);
        return 0;
    }
    free(out);
    return 1;
}
```

(6) 编写函数 Group_Srv_ShowMember ()，功能是在创建群后显示群内成员的信息。代码如下所示。

```
void Group_Srv_ShowMember(int client_fd ,const char *JSON){
    cJSON *root = cJSON_Parse(JSON);
    cJSON *item = cJSON_GetObjectItem(root ,"gid");
    int gid = item -> valueint;
    cJSON_Delete(root);
    group_member_t *GroupMember;
    List_Init(GroupMember ,group_member_t);
    Group_Perst_GetGroupMember(GroupMember ,gid);
    group_member_t *m;
    List_ForEach(GroupMember ,m){
        root = cJSON_CreateObject();
        cJSON_AddStringToObject(root ,"type" ,"m");
        cJSON_AddNumberToObject(root ,"gid",m -> gid);
        cJSON_AddNumberToObject(root ,"uid",m -> user_info.uid);
        cJSON_AddStringToObject(root ,"name" ,m -> user_info.name);
        cJSON_AddNumberToObject(root ,"sex" ,m -> user_info.sex);
        cJSON_AddNumberToObject(root ,"is_vip" , m-> user_info.is_vip);
        cJSON_AddNumberToObject(root ,"is_online" ,m -> user_info.is_online);
        cJSON_AddNumberToObject(root ,"permission" ,m -> permission);
        char *out = cJSON_Print(root);
        cJSON_Delete(root);
        if(send(client_fd ,(void *)out ,MSG_LEN ,0) < 0){
            perror("recv: 客户端响应失败");
            free(out);
            continue;
        }
```

```
        free(out);
    }
}
```

(7) 编写函数 Group_Srv_Quit()，功能是解散指定的群，在解散时需要确保只有是群主才能解散。代码如下所示。

```
void Group_Srv_Quit(int client_fd ,const char *JSON){
    cJSON *root = cJSON_Parse(JSON);
    cJSON *item = cJSON_GetObjectItem(root ,"do");
    char *_do = item -> valuestring;
    item = cJSON_GetObjectItem(root ,"gid");
    int gid = item -> valueint;
    int f_fd = 0;
    if(strcmp(_do ,"解散") == 0){
        group_member_t *GroupMember;
        List_Init(GroupMember ,group_member_t);
        Group_Perst_GetGroupMember(GroupMember ,gid);
        group_member_t *m;
        root = cJSON_CreateObject();
        cJSON_AddStringToObject(root ,"type" ,"D");
        cJSON_AddNumberToObject(root ,"gid" ,gid);
        char *out = cJSON_Print(root);
        cJSON_Delete(root);
        List_ForEach(GroupMember ,m){
            if(m -> permission == 2) continue;
            if((f_fd = Chat_Srv_GetFriendSock(m -> user_info.uid)) > 0){
                if(send(f_fd ,out ,MSG_LEN,0) <= 0){
                    perror("send");
                    free(out);
                }
            }
        }
        Group_Perst_Delete(gid);
    }else {
        item = cJSON_GetObjectItem(root ,"uid");
        Group_Perst_DeleteMember(gid ,item ->valueint);
    }
}
```

9.5.7　服务器端主程序

在本项目的服务器端中，主程序文件 Chat_Srv.c 实现调用上面介绍的模块文件账户处理、好友处理和群处理功能。具体实现流程如下：

(1) 编写函数 Chat_Srv_File()，实现文件传输功能，因为在本项目客户端与服务器端之

间采用 JSON 进行数据交互，所以需要处理 JSON 文件的传输功能。代码如下所示。

```
void Chat_Srv_File(const char *JSON){
    cJSON *root = cJSON_Parse(JSON);
    cJSON *item = cJSON_GetObjectItem(root ,"fuid");
    int fuid = item -> valueint;
    item = cJSON_GetObjectItem(root ,"size");
    item = cJSON_GetObjectItem(root,"con");
    int f_sock_fd = -1;
    online_t *o;
    List_ForEach(OnlineList ,o){
        if(o -> uid == fuid){
            f_sock_fd = o-> sock_fd;
            break;
        }
    }
    if(f_sock_fd == -1) return ;
    if(send(f_sock_fd ,JSON ,MSG_LEN,0) <= 0){
        perror("send");
        cJSON_Delete(root);
        return ;
    }
    cJSON_Delete(root);
    return ;
}
```

(2) 编写函数 Chat_Srv_GetFriendSock()，获取指定的好友信息，展示在线状态。代码如下所示。

```
int Chat_Srv_GetFriendSock(int fuid){
    online_t *curPos;
    int to_sock = -1;
    List_ForEach(OnlineList ,curPos){
        if(curPos -> uid == fuid){
            to_sock = curPos -> sock_fd;
        }
    }
    return to_sock;
}
```

(3) 编写函数 Chat_Srv_Private()，获取个人间的聊天信息。代码如下所示。

```
int Chat_Srv_Private(int sock_fd ,const char *JSON){
    int from_uid ,to_uid ,to_sock ;
    user_date_t Srvdate = DateNow();
    user_time_t Srvtime = TimeNow();
    char Srvdatetime[25];
    sprintf(Srvdatetime ,"%04d-%02d-%02d %02d:%02d:%02d",
```

```
        Srvdate.year ,Srvdate.month ,Srvdate.day,
        Srvtime.hour ,Srvtime.minute ,Srvtime.second);
   cJSON *root = cJSON_Parse(JSON);
   cJSON *item = cJSON_GetObjectItem(root ,"from_uid");
   from_uid = item -> valueint;
   item = cJSON_GetObjectItem(root ,"to_uid");
   to_uid = item -> valueint;
   item = cJSON_CreateString(Srvdatetime);
   cJSON_AddItemToObject(root ,"time" ,item);
   char *out = cJSON_Print(root);
   cJSON_Delete(root);
   to_sock = Chat_Srv_GetFriendSock(to_uid);
   Chat_Perst_Private(from_uid ,to_uid ,out ,(to_sock == -1));
   if(to_sock == -1) return 2;
   if(send(to_sock ,(void *)out ,MSG_LEN ,0) <= 0){
      perror("send:");
      free(out);
      return 0;
   }
   free(out);
   return 1;
}
```

(4) 编写函数 Chat_Srv_Group()，获取指定群聊的聊天信息。代码如下所示。

```
int Chat_Srv_Group(int sock_fd ,const char *JSON){
   int from_uid ,to_gid ,to_sock ;
   char offlist[100] = "," ,str[4];
   group_member_t *GroupMember ,*g;
   List_Init(GroupMember ,group_member_t);
   user_date_t Srvdate = DateNow();
   user_time_t Srvtime = TimeNow();
   char Srvdatetime[25];
   sprintf(Srvdatetime ,"%04d-%02d-%02d %02d:%02d:%02d",
        Srvdate.year ,Srvdate.month ,Srvdate.day,
        Srvtime.hour ,Srvtime.minute ,Srvtime.second);
   cJSON *root = cJSON_Parse(JSON);
   cJSON *item = cJSON_GetObjectItem(root ,"from_uid");
   from_uid = item -> valueint;
   item = cJSON_GetObjectItem(root ,"to_gid");
   to_gid = item -> valueint;
   item = cJSON_CreateString(Srvdatetime);
   cJSON_AddItemToObject(root ,"time" ,item);
   item = cJSON_CreateString(Account_Perst_GetUserNameFromUid(from_uid));
   cJSON_AddItemToObject(root ,"uname", item);
   char *out = cJSON_Print(root);
   cJSON_Delete(root);
   Group_Perst_GetGroupMember(GroupMember ,to_gid);
```

```
    List_ForEach(GroupMember ,g){
        if(g -> user_info.uid == from_uid) continue;
        to_sock = Chat_Srv_GetFriendSock(g -> user_info.uid);
        if(to_sock == -1) {
            sprintf(str ,"%d,",g->user_info.uid);
            strcat(offlist ,str);
            continue;
        }
        if(send(to_sock ,(void *)out ,MSG_LEN ,0) <= 0){
            perror("send:");
            free(out);
            return 0;
        }
    }
    Chat_Perst_Group(from_uid ,to_gid ,out ,offlist);
    free(out);
    return 1;
}
```

(5) 编写函数 Chat_Srv_SendOfflienPrivateMsg()，功能是当指定用户不在线时发送聊天信息。代码如下所示。

```
void Chat_Srv_SendOfflienPrivateMsg(int uid){
    MYSQL_RES *res = Chat_Perst_GetOfflinePrivateMsg(uid);
    if(res == NULL) return;
    MYSQL_ROW row;
    int to_sock = Chat_Srv_GetFriendSock(uid);
    while((row = mysql_fetch_row(res))){
        if(send(to_sock ,row[0] ,MSG_LEN ,0) <= 0){
            perror("send:");
            continue;
        }
    }
    mysql_free_result(res);
}
```

(6) 编写函数 Chat_Srv_SendPrivateRes()，功能是向指定用户发送聊天信息。代码如下所示。

```
void Chat_Srv_SendPrivateRes(int sock_fd ,const char *JSON){
    MYSQL_RES *res = NULL;
    MYSQL_ROW row;
    cJSON *root = cJSON_Parse(JSON);
    cJSON *item = cJSON_GetObjectItem(root ,"uid");
    int uid = item -> valueint;
    item = cJSON_GetObjectItem(root ,"fuid");
    int fuid = item -> valueint;
```

```
    cJSON_Delete(root);
    res = Chat_Perst_GetPrivateRec(uid ,fuid);
    while((row = mysql_fetch_row(res))){
        root = cJSON_Parse(row[0]);
        item = cJSON_GetObjectItem(root ,"type");
        strcpy(item -> valuestring,"E");
        char *out = cJSON_Print(root);
        cJSON_Delete(root);
        if(send(sock_fd ,(void *)out ,MSG_LEN ,0) <= 0){
            perror("send:");
            free(out);
            continue;
        }
        free(out);
    }
    mysql_free_result(res);

}
```

9.6　客户端

本项目基于 C/S 模型设计，在客户端首先建立和服务器端的连接，然后实现聊天、加好友、创建群聊等功能。本节将详细讲解本项目客户端的实现过程。

扫码看视频

9.6.1　通用模块

在本项目中，将多次用到的功能保存为通用模块。其中文件 cJSON.c 实现了 JSON 数据的传递功能，主要实现代码如下所示。

```
static char* cJSON_strdup(const char* str)
{
     size_t len;
     char* copy;

     len = strlen(str) + 1;
     if (!(copy = (char*)cJSON_malloc(len))) return 0;
     memcpy(copy,str,len);
     return copy;
}

void cJSON_InitHooks(cJSON_Hooks* hooks)
{
```

```
    if (!hooks) { /* Reset hooks */
       cJSON_malloc = malloc;
       cJSON_free = free;
       return;
    }

    cJSON_malloc = (hooks->malloc_fn)?hooks->malloc_fn:malloc;
    cJSON_free    = (hooks->free_fn)?hooks->free_fn:free;
}

/* Internal constructor. */
static cJSON *cJSON_New_Item(void)
{
    cJSON* node = (cJSON*)cJSON_malloc(sizeof(cJSON));
    if (node) memset(node,0,sizeof(cJSON));
    return node;
}

/* Delete a cJSON structure. */
void cJSON_Delete(cJSON *c)
{
    cJSON *next;
    while (c)
    {
        next=c->next;
        if (!(c->type&cJSON_IsReference) && c->child) cJSON_Delete(c->child);
        if (!(c->type&cJSON_IsReference) && c->valuestring) cJSON_free(c->valuestring);
        if (!(c->type&cJSON_StringIsConst) && c->string) cJSON_free(c->string);
        cJSON_free(c);
        c=next;
    }
}

/* Parse the input text to generate a number, and populate the result into item. */
static const char *parse_number(cJSON *item,const char *num)
{
    double n=0,sign=1,scale=0;int subscale=0,signsubscale=1;

    if (*num=='-') sign=-1,num++; /* Has sign? */
    if (*num=='0') num++;          /* is zero */
    if (*num>='1' && *num<='9')    do   n=(n*10.0)+(*num++ -'0'); while (*num>='0'
        && *num<='9');   /* Number? */
    if (*num=='.' && num[1]>='0' && num[1]<='9') {num++;          do
    n=(n*10.0)+(*num++ -'0'),scale--; while (*num>='0' && *num<='9');}
       /* Fractional part? */
    if (*num=='e' || *num=='E')        /* Exponent? */
    {    num++;if (*num=='+') num++;   else if (*num=='-') signsubscale=-1,num++;
        /* With sign? */
```

```
        while (*num>='0' && *num<='9') subscale=(subscale*10)+(*num++ - '0');
        /* Number? */
    }

    n=sign*n*pow(10.0,(scale+subscale*signsubscale));  /* number = +/-
number.fraction * 10^+/- exponent */

    item->valuedouble=n;
    item->valueint=(int)n;
    item->type=cJSON_Number;
    return num;
}

static int pow2gt (int x) {    --x; x|=x>>1; x|=x>>2; x|=x>>4; x|=x>>8; x|=x>>16;
    return x+1;  }

typedef struct {char *buffer; int length; int offset; } printbuffer;

static char* ensure(printbuffer *p,int needed)
{
    char *newbuffer;int newsize;
    if (!p || !p->buffer) return 0;
    needed+=p->offset;
    if (needed<=p->length) return p->buffer+p->offset;

    newsize=pow2gt(needed);
    newbuffer=(char*)cJSON_malloc(newsize);
    if (!newbuffer) {cJSON_free(p->buffer);p->length=0,p->buffer=0;return 0;}
    if (newbuffer) memcpy(newbuffer,p->buffer,p->length);
    cJSON_free(p->buffer);
    p->length=newsize;
    p->buffer=newbuffer;
    return newbuffer+p->offset;
}
```

9.6.2 客户端主界面

在本项目的客户端主界面中，首先提示用户登录、注册或退出系统，当用户登录后提供了如下 6 种操作：

- 选择好友；
- 选择群聊；
- 处理申请；
- 添加好友；

- 创建群聊；
- 注销登录。

用户可以根据上面的界面提示实现对应的功能。编写文件 Main_UI.c，实现上述主界面功能，主要实现代码如下所示。

```
int gl_uid;
void Main_UI_Hello(){
   int choice;
   do{
      if(gl_uid > 0){
         Main_UI_Menu();
      }
      system("clear");
      printf(
         "================================\n"
         " ****欢迎使用涨停聊天室****\n"
         "================================\n");
      printf(
            "功能选项:\n"
            "\t1.登录\n"
            "\t2.注册\n"
            "\t3.退出\n"
            "请输入功能序号:"
           );
      scanf("%d" , &choice);
      ffflush();
      switch(choice){
         case 1:
            gl_uid = Account_UI_Login();
            break;
         case 2:
            Account_UI_SignIn();
            break;
         case 3:
            return;
            break;
         default:
            break;
      }
   }while(1);
}

void Main_UI_Menu(){
   Chat_Srv_InitList();
   Friends_Srv_GetList();
   Group_Srv_GetList();
```

```
    char choice;
    do{
        system("clear");
        Friends_UI_ShowList();
        Group_UI_ShowList();
        Friends_UI_ShowApply();
        printf( "--------------------------------\n");
        printf( "1.选择好友|2.选择群聊|3.处理申请\n"
                "4.添加好友|5.创建群聊|6.注销登录\n");
        printf( "--------------------------------\n"
                "功能选择:");

        scanf("%c",&choice);
        if(choice == '\n') continue;
        ffflush();
        switch(choice){
            case '1':
                Chat_UI_Private();
                break;
            case '2':
                Chat_UI_Group();
                break;
            case '3':
                Friends_UI_Apply();
                break;
            case '4':
                Friends_UI_Add();
                break;
            case '5':
                Group_UI_Create();
                break;
            case '6':
                Account_Srv_Out(gl_uid);
                break;
        }
    }while(choice != '6');
}
```

9.6.3　注册、登录模块

在本项目中，只有合法的用户才能进入聊天室。在注册、登录界面可以注册成为系统会员，并实现登录验证功能。

(1) 编写文件 Account_UI.c，实现注册、登录模块的 UI 界面功能。具体实现流程如下：

- 编写函数 Account_UI_SignIn()，提示用户输入用户名、性别和密码，实现注册功能。代码如下所示。

```
int Account_UI_SignIn(){
   char name[30] , password[30];
   int sex;
   printf("请输入要注册的用户名:");
   scanf("%30s",name);
   ffflush();
   while(1){
       printf("请输入性别(男/女):");
       scanf("%30s",password);
       ffflush();
       if(strcmp(password ,"男") == 0){
           sex = 1;
           break;
       }
       else if(strcmp(password ,"女") == 0){
           sex = 0;
           break;
       }
       else{
           printf("目前不存在的性别...\n");
       }
   }
   printf("请输入密码:");
   scanf("%s",password);
   ffflush();
   return Account_Srv_SignIn(name ,sex ,password);
}
```

- 编写函数 Account_UI_Login()，提示用户输入用户名和密码，实现登录功能。代码如下所示。

```
int Account_UI_Login(){
   char name[30] , password[30];
   printf("请输入用户名:");
   scanf("%s",name);
   ffflush();
   printf("请输入密码:");
   scanf("%s",password);
   ffflush();
   return Account_Srv_Login(name , password);

}
```

(2) 编写文件 Account_Srv.c，实现注册、登录模块的处理功能。具体实现流程如下：

- 编写函数 Account_Srv_RecvIsOnline()，获取并显示用户的在线状态。代码如下所示。

```
void Account_Srv_RecvIsOnline(char *JSON){
    cJSON *root = cJSON_Parse(JSON);
    cJSON *item = cJSON_GetObjectItem(root ,"is_online");
    int is_online = item -> valueint;
    item = cJSON_GetObjectItem(root ,"fuid");
    int fuid = item -> valueint;
    friends_t *f;
    List_ForEach(FriendsList ,f){
        if(f -> uid == fuid) {
            f -> is_online = is_online;
            if(is_online)
                printf("\n%s 上线啦!\n" ,f -> name);
            else
                printf("\n%s 已下线.\n" ,f -> name);
        }
    }
}
```

- 编写函数 Account_Srv_Out(int uid)，实现注销登录功能。代码如下所示。

```
int Account_Srv_Out(int uid){
    int rtn;
    cJSON *root = cJSON_CreateObject();
    cJSON *item = cJSON_CreateString("O");
    cJSON_AddItemToObject(root ,"type",item);
    item = cJSON_CreateNumber(uid);
    cJSON_AddItemToObject(root , "uid" ,item);
    char *out = cJSON_Print(root);
    if(send(sock_fd ,(void *)out ,1024 ,0) <= 0){
        perror("send 请求服务器失败");
        rtn = 0;
    }
    gl_uid = 0;
    cJSON_Delete(root);
    free(out);
    //pthread_mutex_lock(&mutex);
    //pthread_cond_wait(&cond ,&mutex);
    My_Lock();
    root = cJSON_Parse(massage);
    item = cJSON_GetObjectItem(root ,"res");
    if(item -> valueint == 0){
        item = cJSON_GetObjectItem(root ,"reason");
        printf("注销失败: %s",item -> valuestring);
        rtn = 0;
    }else{
        printf("注销成功,按任意键继续..");
        rtn = 1;
    }
```

```
    cJSON_Delete(root);
    My_Unlock();
    getchar();
    //pthread_mutex_unlock(&mutex);
    return rtn;
}
```

- 编写函数 Account_Srv_SignIn()，功能是获取用户的注册信息，验证注册信息的合法性，如果合法则将注册信息添加到数据库。代码如下所示。

```
int Account_Srv_SignIn(const char * name ,int sex ,const char * password){
    //char buf[1024];
    int rtn;
    cJSON *root = cJSON_CreateObject();
    cJSON *item = cJSON_CreateString("S");
    cJSON_AddItemToObject(root,"type",item);
    item = cJSON_CreateString(name);
    cJSON_AddItemToObject(root,"name",item);
    item = cJSON_CreateBool(sex);
    cJSON_AddItemToObject(root ,"sex" ,item);
    item = cJSON_CreateString(password);
    cJSON_AddItemToObject(root,"password",item);
    char *out = cJSON_Print(root);
    if(send(sock_fd , (void *)out , 1024 ,0) < 0 ){
        perror("send: 请求服务器失败");
        return 0;
    }
    free(out);
    cJSON_Delete(root);
    //pthread_mutex_lock(&mutex);
    //pthread_cond_wait(&cond ,&mutex);
    My_Lock();
    root = cJSON_Parse(massage);
    item = cJSON_GetObjectItem(root,"res");
    int res = item -> valueint;
    if(res == 1) {
        printf("注册成功!按任意键继续");
        getchar();
        rtn = 1;
    }else{
        item = cJSON_GetObjectItem(root,"reason");
        printf("注册失败: %s",item -> valuestring);
        getchar();
        rtn = 0;
    }
    cJSON_Delete(root);
    //pthread_mutex_unlock(&mutex);
```

```
    My_Unlock();
    return rtn;
}
```

- 编写函数 Account_Srv_Login()，功能是获取用户的登录信息，验证登录信息的合法性，将登录成功后的用户信息写入全局变量。代码如下所示。

```
int Account_Srv_Login(const char *name , const char *password){
    //printf("进入登录函数\n");
    //char buf[1024];
    int rtn;
    cJSON *root = cJSON_CreateObject();
    cJSON *item = cJSON_CreateString("L");
    cJSON_AddItemToObject(root,"type",item);
    item = cJSON_CreateString(name);
    cJSON_AddItemToObject(root,"name",item);
    item = cJSON_CreateString(password);
    cJSON_AddItemToObject(root,"password",item);
    char *out = cJSON_Print(root);
    if(send(sock_fd , out , 1024 ,0) < 0 ){
        perror("send: 请求服务器失败");
        return 0;
    }
    free(out);
    //printf("%s\n",massage);
    My_Lock();
    /*
    printf("登录上锁前\n");
    pthread_mutex_lock(&mutex);
    printf("登录上锁后\n");
    pthread_cond_wait(&cond ,&mutex);
    printf("登录条件变量为真\n");
    */
    cJSON_Delete(root);
    root = cJSON_Parse(massage);
    item = cJSON_GetObjectItem(root,"res");
    int res = item -> valueint;
    if(res == 1) {
        item = cJSON_GetObjectItem(root,"uid");
        rtn = item -> valueint;
        printf("登录成功!请稍候..");
        fflush(stdout);
        sleep(2);
    }else{
        item = cJSON_GetObjectItem(root,"reason");
        rtn = 0;
        printf("登录失败: %s",item -> valuestring);
```

```
        getchar();
    }
    cJSON_Delete(root);
    /*printf("登录解锁前\n");
    pthread_mutex_unlock(&mutex);
    pthread_cond_signal(&cond);
    printf("登录解锁后\n");*/
    My_Unlock();
    return rtn;
}
```

9.6.4 聊天模块

当用户输入账户信息成功登录本聊天系统后来到聊天界面，在此可以实现私聊、群聊、发送文件等功能。

(1) 编写文件 Chat_UI.c，实现聊天模块的 UI 界面功能。具体实现流程如下：

- 编写函数 Chat_UI_Private()，实现私聊功能，在私聊之前需要确保对方是好友。在聊天过程中将聊天信息保存到数据库，并且可以实现文件传输功能。代码如下所示。

```
void Chat_UI_Private(){
    friends_t *curFriend = NULL;
    char msg[1000];
    char fname[30];
    friends_t * f;
    while(1){
        printf("请输入好友用户名:");
        scanf("%30s",fname);
        ffflush();
        List_ForEach(FriendsList ,f){
            //printf("f->name = %s\n" ,f->name);
            if(strcmp(f->name ,fname) == 0){
                curFriend = f;
            }
        }
        if(curFriend == NULL ){
            printf("%s 不是你的好友." , fname);
            getchar();
            return;
        }else{
            break;
        }
    }
    int this_msg_num;
```

```
private_msg_t * m;
do{
    system("clear");
    printf( "--------------------------------------\n"
            " -                 私聊              -\n"
            "--------------------------------------\n");
    this_msg_num = 0;
    List_ForEach(PriMsgList ,m){
        if(m -> from_uid == curFriend -> uid || m -> from_uid == gl_uid){
            this_msg_num ++;
        }
    }

    List_ForEach(PriMsgList ,m){
        if( m-> from_uid == curFriend -> uid ){
            if(this_msg_num > 10){
                List_FreeNode(PriMsgList ,m ,private_msg_t);
                this_msg_num --;
            }else{
                printf("\t\e[31m%s\e[0m ",m->time);
                printf("%s\n",m -> name);
                printf("\t  \e[1m%s\e[0m\n",m -> msg);

            }
        }else if(m -> from_uid == gl_uid){
            if(this_msg_num > 10){
                List_FreeNode(PriMsgList ,m ,private_msg_t);
                this_msg_num --;
            }else{
                printf("\t\e[32m%s\e[0m ",m->time);
                printf("我\n");
                printf("\t  \e[1m%s\e[0m\n",m -> msg);
            }
        }
    }
    printf( "--------------------------------------\n"
            "功能: /r  :  返回上一级\n"
            "      /f  :  发送文件\n"
            "      /m  :  聊天记录\n"
            "      回车:  发送/刷新消息\n"
            "--------------------------------------\n");
    printf("消息/功能:");
    sgets(msg ,1000);
    if(*msg == '\0') continue;
    else if(strcmp(msg,"/r") == 0) {
        curFriend -> NewMsgNum = 0;
        return;
```

```
        }else if(strcmp(msg,"/f") == 0){
            if(curFriend -> is_online == 0){
                printf("当前好友不在线,无法发送文件\n");
                getchar();
                continue;
            }
            char filename[100];
            while(1){
                printf("请输入文件路径:");
                sgets(filename ,100);
                if(*filename == '\0') {
                    break;
                }
                if(Chat_Srv_SendFile(filename ,curFriend -> uid)){
                   printf("文件发送成功");
                }
                getchar();
                break;
            }
        }
        else if(strcmp(msg,"/m") == 0) {
            Chat_Srv_GetPrivateRec(curFriend -> uid);
            getchar();
        }else{
            Chat_Srv_SendPrivate(curFriend -> uid,msg);
        }
    }while(1);
}
```

- 编写函数 Chat_UI_Group()，实现群聊功能，在群聊之前需要确保在群中。在聊天过程中将聊天信息保存到数据库，并且展示群成员。代码如下所示。

```
void Chat_UI_Group(){
    group_t *g = NULL;
    char msg[1000];
    char gname[30];
    while(1){
        printf("请输群名称:");
        scanf("%s",gname);
        ffflush();
        List_ForEach(GroupList ,g){
            if(strcmp(g->name ,gname) == 0){
                curGroup = g;
            }
        }
        if(curGroup == NULL ){
            printf("你不在群聊 %s 中" , gname);
```

```
        getchar();
        return;
    }else{
        break;
    }
}
int this_msg_num;
group_msg_t * m;
do{
    if(curGroup == NULL) return ;
    system("clear");
    printf( "--------------------------------------\n"
            " -                群聊                -\n"
            "--------------------------------------\n");
    this_msg_num = 0;
    List_ForEach(GroMsgList ,m){
        if(m -> gid == curGroup -> gid || m -> from_uid == gl_uid){
            this_msg_num ++;
        }
    }

    List_ForEach(GroMsgList ,m){
        if( m-> gid == curGroup -> gid ){
            if(this_msg_num > 10){
                List_FreeNode(GroMsgList ,m ,group_msg_t);
                this_msg_num --;
            }else{
                if(m -> from_uid == gl_uid){
                    printf("\t\e[32m%s\e[0m ",m->time);
                    printf("我\n");
                    printf("\t  \e[1m%s\e[0m\n",m -> msg);
                }else {
                    printf("\t\e[31m%s\e[0m ",m->time);
                    printf("%s\n",m -> uname);
                    printf("\t  \e[1m%s\e[0m\n",m -> msg);
                }
            }
        }
    }
    printf( "--------------------------------------\n"
            "/r 返回上级| /m  聊天记录| /l 查看群成员\n"
            "/a 邀请好友| /q 退/解散群| 回车 发送/刷新\n"
            "--------------------------------------\n");
    printf("消息/功能:");
    sgets(msg ,1000);
    if(*msg == '\0') continue;
    else if(strcmp(msg,"/r") == 0) {
```

```
            curGroup -> NewMsgNum = 0;
            return;
        }else if(strcmp(msg ,"/m") == 0){
            //查看聊天记录
        }else if(strcmp(msg ,"/l") == 0){
            system("clear");
            printf("群成员列表(%s):\n", curGroup-> name);
            Group_Srv_GetMember(curGroup -> gid);
            //查看群成员
            sleep(1);
            getchar();
        }else if(strcmp(msg ,"/a") == 0){
            //邀请好友
            Group_UI_AddMember(curGroup -> gid);
        }else if(strcmp(msg ,"/q") == 0){
            //退群或解散群
            Group_Srv_Quit(curGroup);
            curGroup = NULL;
        }
        else{
            Chat_Srv_SendGroup(curGroup -> gid,msg);
        }
    }while(1);
}
```

(2) 编写文件 Chat_Srv.c，实现聊天模块的信息处理功能。具体实现流程如下：

- 编写函数 Chat_Srv_RecvFile()，实现文件接收功能，在聊天过程中通过 JSON 接收指定文件。代码如下所示。

```
int Chat_Srv_RecvFile(const char *JSON){
    char code_out[650] ,buf[900];
    memset(buf ,0,sizeof(buf));
    char filename [100] = "RecvFile/";
    cJSON *root = cJSON_Parse(JSON);
    cJSON *item = cJSON_GetObjectItem(root ,"filename");
    strcat(filename , item->valuestring);
    int fd = open(filename ,O_WRONLY|O_CREAT|O_APPEND,S_IRUSR|S_IWUSR);
    if(fd == -1){
        perror("open");
        return 0;
    }
    item = cJSON_GetObjectItem(root ,"con");
    strcat( buf , item -> valuestring);
    item = cJSON_GetObjectItem(root ,"size");
    int size = item -> valueint;
    base64_decodestate state_in;
    base64_init_decodestate(&state_in);
```

```
    base64_decode_block(buf ,strlen(buf) ,code_out ,&state_in);
    if(write(fd,code_out ,size) != size){
        perror("write");
        close(fd);
        return 0;
    }
    if(size < 650 - 2) {
        item = cJSON_GetObjectItem(root ,"uid");
        int uid = item -> valueint;
        friends_t *f;
        List_ForEach(FriendsList ,f){
            if(f -> uid == uid){
                printf("\n%s 发来一个文件,已保存至./RecvFile/%s\n",
                        f->name ,basename(filename));
                break;
            }
        }
    }
    close(fd);
    return 0;
}
```

- 编写函数 Chat_Srv_SendFile()，实现文件发送功能，在聊天过程中通过 JSON 发送指定文件。代码如下所示。

```
int Chat_Srv_SendFile(const char *filename ,int fuid){
    char buf[650] ,code_out[900] ,code_end[5],*out;
    int fd ,size;
    base64_encodestate state_in;
    if((fd = open(filename ,O_RDONLY)) == -1){
        printf("文件不存在或无读取权限");
        return 0;
    }
    while(1){
        memset(buf ,0,sizeof(buf));
        size = read(fd ,buf ,sizeof(buf) - 2);
        //650 - 2 刚好是 24 的整数倍 转码清晰
        base64_init_encodestate(&state_in);
        memset(code_out ,0,sizeof(code_out));
        base64_encode_block(buf ,size ,code_out ,&state_in);
        if(state_in.step != step_A) {
            memset(code_end ,0,sizeof(code_end));
            base64_encode_blockend(code_end ,&state_in);
            strcat(code_out ,code_end);
        }
        //step_A 代表刚好转成 base64 时不需要补位
        cJSON *root = cJSON_CreateObject();
```

```
        cJSON *item = cJSON_CreateString("F");
        cJSON_AddItemToObject(root ,"type" ,item);
        item = cJSON_CreateNumber(gl_uid);
        cJSON_AddItemToObject(root ,"uid",item);
        item = cJSON_CreateNumber(fuid);
        cJSON_AddItemToObject(root ,"fuid" ,item);
        item = cJSON_CreateString(basename((char*)filename));
        cJSON_AddItemToObject(root ,"filename" ,item);
        item = cJSON_CreateNumber(size);
        cJSON_AddItemToObject(root ,"size" ,item);
        item = cJSON_CreateString(code_out);
        cJSON_AddItemToObject(root ,"con",item);
        out = cJSON_Print(root);
        cJSON_Delete(root);
        int ret;
      printf("%s\n",out);
        if((ret = send(sock_fd ,out,MSG_LEN ,0)) <= 0){
            perror("send");
            free(out);
            return 0;
        }
        if(size < (int)sizeof(buf) - 2) break;
        free(out);
    }
    close(fd);
    return 1;
}
```

- 编写函数 Chat_Srv_RecvPrivate()，获取个人间的聊天信息。代码如下所示。

```
void Chat_Srv_RecvPrivate(const char *JSON){
    private_msg_t *NewMsg = (private_msg_t *)malloc(sizeof(private_msg_t));
    cJSON *root = cJSON_Parse(JSON);
    cJSON *item = cJSON_GetObjectItem(root ,"from_uid");
    NewMsg->from_uid = item -> valueint;
    item = cJSON_GetObjectItem(root ,"msg");
    strcpy(NewMsg->msg , item -> valuestring);
    item = cJSON_GetObjectItem(root ,"time");
    strcpy(NewMsg->time , item -> valuestring);
    friends_t * f;
    List_ForEach(FriendsList ,f){
        if(f->uid == NewMsg->from_uid){
            strcpy(NewMsg->name ,f->name);
            (f->NewMsgNum) ++;
        }
    }
    NewMsg->next =NULL;
    cJSON_Delete(root);
```

```
    private_msg_t *curPos;
    List_AddTail(PriMsgList ,curPos ,NewMsg);
    printf("\n%s 发来一条消息\n",NewMsg->name);
}
```

- 编写函数 Chat_Srv_RecvGroup()，获取指定群聊的聊天信息。代码如下所示。

```
void Chat_Srv_RecvGroup(const char *JSON){
    group_msg_t *NewMsg =
        (group_msg_t *)malloc(sizeof(group_msg_t));
    cJSON *root = cJSON_Parse(JSON);
    cJSON *item = cJSON_GetObjectItem(root ,"from_uid");
    NewMsg->from_uid = item -> valueint;
    item = cJSON_GetObjectItem(root ,"to_gid");
    NewMsg -> gid = item -> valueint;
    item = cJSON_GetObjectItem(root ,"msg");
    strcpy(NewMsg->msg , item -> valuestring);
    item = cJSON_GetObjectItem(root ,"time");
    strcpy(NewMsg->time , item -> valuestring);
    item = cJSON_GetObjectItem(root,"uname");
    strcpy(NewMsg -> uname ,item -> valuestring);
    group_t * g;
    List_ForEach(GroupList ,g){
        if(g->gid == NewMsg->gid){
            strcpy(NewMsg->gname ,g->name);
            (g->NewMsgNum) ++;
        }
    }
    NewMsg->next =NULL;
    cJSON_Delete(root);
    group_msg_t *curPos;
    List_AddTail(GroMsgList ,curPos ,NewMsg);
    printf("\n 群聊 %s 有一条新消息\n",NewMsg->gname);
}
```

- 编写函数 Chat_Srv_SendPrivate()，发送个人间的私聊信息。代码如下所示。

```
int Chat_Srv_SendPrivate(int to_uid ,const char * msg){
    int rtn = 1;
    private_msg_t *NewMsg =
        (private_msg_t *)malloc(sizeof(private_msg_t));
    user_date_t Srvdate = DateNow();
    user_time_t Srvtime = TimeNow();
    char Srvdatetime[25];
    sprintf(Srvdatetime ,"%04d-%02d-%02d %02d:%02d:%02d",
            Srvdate.year ,Srvdate.month ,Srvdate.day,
            Srvtime.hour ,Srvtime.minute ,Srvtime.second);
    strcpy(NewMsg->time ,Srvdatetime);
```

```
    NewMsg->from_uid = gl_uid;
    strcpy(NewMsg->msg ,msg);
    NewMsg -> next = NULL;
    private_msg_t *m;
    List_AddTail(PriMsgList ,m ,NewMsg);
    cJSON *root = cJSON_CreateObject();
    cJSON *item = cJSON_CreateString("P");
    cJSON_AddItemToObject(root ,"type" ,item);
    item = cJSON_CreateNumber(gl_uid);
    cJSON_AddItemToObject(root ,"from_uid" ,item);
    item = cJSON_CreateNumber(to_uid);
    cJSON_AddItemToObject(root ,"to_uid" ,item);
    item = cJSON_CreateString(msg);
    cJSON_AddItemToObject(root ,"msg" ,item);
    char *out = cJSON_Print(root);
    if(send(sock_fd ,(void *)out ,MSG_LEN ,0) <= 0){
        printf("服务器失去响应\n");
        rtn = 0;
    }
    cJSON_Delete(root);
    free(out);
    return rtn;
}
```

- 编写函数 Chat_Srv_SendGroup()，发送群聊信息。代码如下所示。

```
int Chat_Srv_SendGroup(int to_gid ,const char * msg){
    int rtn = 1;
    group_msg_t *NewMsg =
        (group_msg_t *)malloc(sizeof(group_msg_t));
    NewMsg -> gid = to_gid;
    user_date_t Srvdate = DateNow();
    user_time_t Srvtime = TimeNow();
    char Srvdatetime[25];
    sprintf(Srvdatetime ,"%04d-%02d-%02d %02d:%02d:%02d",
            Srvdate.year ,Srvdate.month ,Srvdate.day,
            Srvtime.hour ,Srvtime.minute ,Srvtime.second);
    strcpy(NewMsg->time ,Srvdatetime);
    NewMsg->from_uid = gl_uid;
    strcpy(NewMsg->msg ,msg);
    NewMsg -> next = NULL;
    group_msg_t *m;
    List_AddTail(GroMsgList ,m ,NewMsg);
    cJSON *root = cJSON_CreateObject();
    cJSON *item = cJSON_CreateString("p");
    cJSON_AddItemToObject(root ,"type" ,item);
    item = cJSON_CreateNumber(gl_uid);
    cJSON_AddItemToObject(root ,"from_uid" ,item);
```

```
    item = cJSON_CreateNumber(to_gid);
    cJSON_AddItemToObject(root ,"to_gid" ,item);
    item = cJSON_CreateString(msg);
    cJSON_AddItemToObject(root ,"msg" ,item);
    char *out = cJSON_Print(root);
    if(send(sock_fd ,(void *)out ,MSG_LEN ,0) <= 0){
        printf("服务器失去响应\n");
        rtn = 0;
    }
    cJSON_Delete(root);
    free(out);
    return rtn;
}
```

- 编写函数 Chat_Srv_ShowPrivateRec()，展示私聊信息。代码如下所示。

```
void Chat_Srv_ShowPrivateRec(const char *JSON){
    private_msg_t *NewMsg = (private_msg_t *)malloc(sizeof(private_msg_t));
    cJSON *root = cJSON_Parse(JSON);
    cJSON *item = cJSON_GetObjectItem(root ,"from_uid");
    NewMsg->from_uid = item -> valueint;
    item = cJSON_GetObjectItem(root ,"msg");
    strcpy(NewMsg->msg , item -> valuestring);
    item = cJSON_GetObjectItem(root ,"time");
    strcpy(NewMsg->time , item -> valuestring);
    friends_t * f;
    List_ForEach(FriendsList ,f){
        if(f->uid == NewMsg->from_uid){
            strcpy(NewMsg->name ,f->name);
            (f->NewMsgNum) ++;
        }
    }
    NewMsg->next =NULL;
    cJSON_Delete(root);
    if(NewMsg -> from_uid == gl_uid){
        printf("\t\e[32m%s\e[0m ",NewMsg->time);
        printf("我\n");
        printf("\t  \e[1m%s\e[0m\n",NewMsg -> msg);
    }
    else{
        printf("\t\e[31m%s\e[0m ",NewMsg->time);
        printf("%s\n",NewMsg -> name);
        printf("\t  \e[1m%s\e[0m\n",NewMsg -> msg);
    }
}
```

- 编写函数 Chat_Srv_GetPrivateRec()，获取私聊信息。代码如下所示。

```
void Chat_Srv_GetPrivateRec(int fuid){
    cJSON *root = cJSON_CreateObject();
    cJSON_AddStringToObject(root ,"type" ,"E");
    cJSON_AddNumberToObject(root ,"uid" ,gl_uid);
    cJSON_AddNumberToObject(root ,"fuid" ,fuid);
    char *out = cJSON_Print(root);
    cJSON_Delete(root);
    if(send(sock_fd ,(void *)out ,MSG_LEN ,0) <= 0){
        printf("服务器失去响应\n");
    }
    free(out);
    system("clear");
    sleep(1);
}
```

9.6.5 好友模块

用户进入聊天系统后，可以分别实现添加好友、处理好友申请等功能。

(1) 编写文件 Friends_UI.c，实现好友模块的 UI 界面功能。具体实现流程如下：

- 编写函数 Friends_UI_ShowList()，展示当前用户的好友列表信息。代码如下所示。

```
void Friends_UI_ShowList(){
    friends_t *curPos = NULL;
    printf("▶ 我的好友(%d/%d)\n",online_num ,f_num);
    f_num = online_num = 0;
    char *is_online[2] = {"●","\e[32m●\e[0m"};
    char *is_vip[2] = {"","\e[31m"};
    char *sex[2] = {"\e[35m♀\e[0m","\e[36m♂\e[0m"};
    char *is_follow[2] = {"","\e[31m♥\e[0m"};
    char is_msg[2][20]={"",""};
    List_ForEach(FriendsList ,curPos){
        if(curPos -> state != 1) {
            a_num ++;
            continue;
        }
        f_num ++;
        if(curPos->is_online) online_num ++;
        sprintf(is_msg[0],"(\e[31m%d\e[0m)" ,curPos -> NewMsgNum);
        printf("   %s %s%s\e[0m %s %s %s\n" ,
            is_online[curPos->is_online] ,
            is_vip[curPos->is_vip],
            curPos -> name ,sex[curPos->sex] ,
            is_follow[curPos->is_follow],
            is_msg[(curPos->NewMsgNum == 0)]);
    }
}
```

- 编写函数 Friends_UI_ShowApply()，展示向当前用户申请添加好友的信息。代码如下所示。

```
void Friends_UI_ShowApply(){
    //打印群聊列表
    printf("▶ 申请列表(%d)\n" ,a_num);
    a_num = 0;
    friends_t *curPos;
    List_ForEach(FriendsList ,curPos){
        if(curPos -> state != 0 || curPos -> uid == gl_uid) continue;
        printf("   %s 申请加你为好友\n",curPos->name);
    }
}
```

- 编写函数 Friends_UI_Add()，实现添加好友功能。代码如下所示。

```
void Friends_UI_Add(){
    char fname[30];
    printf("请输入待添加的好友名:");
    scanf("%30s",fname);
    ffflush();
    friends_t *f;
    List_ForEach(FriendsList ,f){
        if(strcmp(f->name ,fname) == 0) {
            printf("%s 已经是你的好友了.",fname);
            getchar();
            return;
        }
    }
    Friends_Srv_SendAdd(fname);
}
```

- 编写函数 Friends_UI_Apply()，处理其他用户发来的添加好友的请求(同意还是不同意)。代码如下所示。

```
void Friends_UI_Apply(){
    friends_t *f;
    char choice;
    List_ForEach(FriendsList ,f){
        if(f -> state != 0) continue;
        printf("是否同意 %s 的好友请求?\n 请输入:(y/n 其他返回)", f->name);
        scanf("%c",&choice);
        if(choice == 'y'){
            Friends_Srv_Apply(f -> uid ,gl_uid ,1);
            f -> state = 1;
        }else if(choice == 'n'){
            Friends_Srv_Apply(f->uid ,gl_uid ,0);
```

```
            List_FreeNode(FriendsList ,f ,friends_t);
        }
    }
}
```

(2) 编写文件 Friends_Srv.c，实现好友模块的信息处理功能。具体实现流程如下：

❑ 编写函数 Friends_Srv_GetList()，获取当前用户的好友列表信息。代码如下所示。

```
int Friends_Srv_GetList(){
    int rtn;
    if(NULL != FriendsList){
        List_Destroy(FriendsList ,friends_t);
    }
    List_Init(FriendsList ,friends_t);
    cJSON *root = cJSON_CreateObject();
    cJSON *item = cJSON_CreateString("G");
    cJSON_AddItemToObject(root ,"type" ,item);
    item = cJSON_CreateNumber(gl_uid);
    cJSON_AddItemToObject(root, "uid" ,item);
    char *out = cJSON_Print(root);
    if(send(sock_fd ,(void *)out ,MSG_LEN,0) < 0){
        perror("send: 请求服务器失败");
        return 0;
    }
    free(out);
    cJSON_Delete(root);
    friends_t *newNode = NULL;
    while(1){
        //pthread_mutex_lock(&mutex);
        My_Lock();
        root = cJSON_Parse(massage);
        item = cJSON_GetObjectItem(root ,"uid");
        if( item -> valueint == 0){
            My_Unlock();
           // pthread_mutex_unlock(&mutex);
            break;
        }
        newNode = (friends_t *)malloc(sizeof(friends_t));
        newNode -> uid = item -> valueint;
        item = cJSON_GetObjectItem(root ,"name");
        strcpy(newNode -> name ,item -> valuestring);
        item = cJSON_GetObjectItem(root ,"sex");
        newNode -> sex = item -> valueint;
        item = cJSON_GetObjectItem(root ,"is_vip");
        newNode -> is_vip = item -> valueint;
        item = cJSON_GetObjectItem(root ,"is_follow");
        newNode -> is_follow = item -> valueint;
```

```
        item = cJSON_GetObjectItem(root ,"is_online");
        newNode -> is_online = item -> valueint;
        item = cJSON_GetObjectItem(root ,"state");
        newNode -> state = item -> valueint;
        cJSON_Delete(root);
        newNode -> NewMsgNum = 0;
        newNode -> next = NULL;
        List_AddHead(FriendsList ,newNode);
        My_Unlock();
        //pthread_mutex_unlock(&mutex);
    }
    //pthread_mutex_lock(&mutex);
    My_Lock();
    root = cJSON_Parse(massage);
    item = cJSON_GetObjectItem(root,"res");
    int res = item -> valueint;
    if(res == 1){
        rtn = 1;
    }else{
        item = cJSON_GetObjectItem(root ,"reason");
        printf("请求失败: %s",item -> valuestring);
        rtn = 0;
    }
    cJSON_Delete(root);
    My_Unlock();
    //pthread_mutex_unlock(&mutex);
    return rtn;
}
```

- 编写函数 Friends_Srv_SendAdd()，功能是发送添加好友的信息到指定的目标用户。代码如下所示。

```
int Friends_Srv_SendAdd(const char *fname){
    int rtn;
    cJSON *root = cJSON_CreateObject();
    cJSON *item = cJSON_CreateString("A");
    cJSON_AddItemToObject(root ,"type" ,item);
    item = cJSON_CreateNumber(gl_uid);
    cJSON_AddItemToObject(root, "uid" ,item);
    item = cJSON_CreateString(fname);
    cJSON_AddItemToObject(root ,"fname" ,item);
    char *out = cJSON_Print(root);
    if(send(sock_fd ,(void *)out ,MSG_LEN ,0) < 0){
        perror("send: 请求服务器失败");
        return 0;
    }
    free(out);
```

```
    cJSON_Delete(root);
    My_Lock();
    root = cJSON_Parse(massage);
    item = cJSON_GetObjectItem(root,"res");
    int res = item -> valueint;
    if(res){
        printf("好友请求发送成功!");
        getchar();
        rtn = 1;
    }else{
        item = cJSON_GetObjectItem(root ,"reason");
        printf("请求失败: %s",item -> valuestring);
        getchar();
        rtn = 0;
    }
    cJSON_Delete(root);
    My_Unlock();
    return rtn;
}
```

- 编写函数 Friends_Srv_RecvAdd()，功能是接收某用户发送来的添加好友的信息。代码如下所示。

```
int Friends_Srv_RecvAdd(const char *JSON){
    friends_t *newNode;
    newNode = (friends_t *)malloc(sizeof(friends_t));
    cJSON *root = cJSON_Parse(JSON);
    cJSON *item = cJSON_GetObjectItem(root ,"uid");
    newNode -> uid = item -> valueint;
    item = cJSON_GetObjectItem(root ,"name");
    strcpy(newNode -> name ,item -> valuestring);
    item = cJSON_GetObjectItem(root ,"sex");
    newNode -> sex = item -> valueint;
    item = cJSON_GetObjectItem(root ,"is_vip");
    newNode -> is_vip = item -> valueint;
    item = cJSON_GetObjectItem(root ,"is_follow");
    newNode -> is_follow = item -> valueint;
    item = cJSON_GetObjectItem(root ,"is_online");
    newNode -> is_online = item -> valueint;
    item = cJSON_GetObjectItem(root ,"state");
    newNode -> state = item -> valueint;
    cJSON_Delete(root);
    newNode -> NewMsgNum = 0;
    newNode -> next = NULL;
    List_AddHead(FriendsList ,newNode);
    if(newNode -> state == 0)
        printf("\n%s 请求添加你为好友\n",newNode -> name);
```

```
    return 1;
}
```

- 编写函数 Friends_Srv_Apply()，功能是获取添加好友的申请信息。代码如下所示。

```
int Friends_Srv_Apply(int uid ,int fuid ,int is_agree){
    cJSON * root = cJSON_CreateObject();
    cJSON * item = cJSON_CreateString("a");
    cJSON_AddItemToObject(root ,"type",item);
    item = cJSON_CreateNumber(uid);
    cJSON_AddItemToObject(root ,"uid" ,item);
    item = cJSON_CreateNumber(fuid);
    cJSON_AddItemToObject(root ,"fuid" ,item);
    item = cJSON_CreateBool(is_agree);
    cJSON_AddItemToObject(root ,"is_agree" ,item);
    char *out = cJSON_Print(root);
    cJSON_Delete(root);
    if(send(sock_fd ,(void *)out ,MSG_LEN,0) <= 0 ){
        perror("send");
        return 0;
    }
    free(out);
    return 1;
}
```

- 编写函数 Friends_Srv_ApplyRes(),功能是为对方发送来的添加好友申请进行反馈。代码如下所示。

```
int Friends_Srv_ApplyRes(const char *JSON){
    cJSON *root = cJSON_Parse(JSON);
    cJSON *item = cJSON_GetObjectItem(root,"fuid");
    if(NULL == item) {
        item = cJSON_GetObjectItem(root ,"name");
        printf("\n%s 同意了你的好友请求\n",item -> valuestring);
        Friends_Srv_RecvAdd(JSON);
        cJSON_Delete(root);
        return 1;
    }
    item = cJSON_GetObjectItem(root ,"fname");
    //item = cJSON_GetObjectItem(root ,"is_agree");
    printf("%s\n",JSON);
    printf("\n%s 拒绝了你的好友请求\n",item -> valuestring);
    cJSON_Delete(root);
    return 1;
}
```

9.6.6 群模块

用户进入聊天系统后，可以分别实现添加创建群、添加群成员等功能。

(1) 编写文件 Group_UI.c 实现群模块的 UI 界面功能，具体实现流程如下：

- 编写函数 Group_UI_Create()，创建新的群。代码如下所示。

```
void Group_UI_Create(){
    char gname[30];
    printf("请输入要创建的群名称:");
    sgets(gname,30);
    Group_Srv_Create(gname);
}
```

- 编写函数 Group_UI_ShowList()，展示当前用户的群聊信息。代码如下所示。

```
void Group_UI_ShowList(){
    static int g_num = 0;
    printf("▸ 我的群聊(%d)\n" ,g_num);
    g_num = 0;
    group_t * g;
    List_ForEach(GroupList ,g){
        printf("   %s",g -> name);
        if(g -> NewMsgNum > 0) printf(" (\e[31m%d\e[0m)",g -> NewMsgNum);
        printf("\n");
        g_num ++;
    }
}
```

- 编写函数 Group_UI_AddMember()，功能是邀请指定的好友进群。代码如下所示。

```
void Group_UI_AddMember(int gid){
    char name[30];
    printf("请输入要邀请的好友名称:");
    scanf("%30s",name);
    ffflush();
    friends_t *f;
    List_ForEach(FriendsList ,f){
        if(strcmp(f -> name ,name) == 0) break;
    }
    if(f == NULL){
        printf("%s 不是你的好友，无法邀请" ,name);
        getchar();
        return;
    }
    Group_Srv_AddMember(gid ,f -> uid);
}
```

(2) 编写文件 Group_Srv.c，实现群模块的信息处理功能。具体实现流程如下：

- 编写函数 Group_Srv_Create()，功能是创建指定名字的群。代码如下所示。

```
int Group_Srv_Create(const char *gname){
   int rtn = 0;
   cJSON *root = cJSON_CreateObject();
   cJSON *item = cJSON_CreateString("c");
   cJSON_AddItemToObject(root ,"type" ,item);
   item = cJSON_CreateString(gname);
   cJSON_AddItemToObject(root ,"gname",item);
   item = cJSON_CreateNumber(gl_uid);
   cJSON_AddItemToObject(root, "uid" ,item);
   char *out = cJSON_Print(root);
   cJSON_Delete(root);
   if(send(sock_fd ,out ,MSG_LEN ,0) <= 0){
      free(out);
      perror("send");
      return 0;
   }
   free(out);
   My_Lock();
   root = cJSON_Parse(massage);
   item = cJSON_GetObjectItem(root ,"res");
   int res = item -> valueint;
   if(res){
      printf("群创建成功!");
      getchar();
      rtn = 1;
   }else{
      item = cJSON_GetObjectItem(root ,"reason");
      printf("创建失败 :%s ",item -> valuestring);
      getchar();
      rtn = 0;
   }
   cJSON_Delete(root);
   My_Unlock();
   return rtn;
}
```

- 编写函数 Group_Srv_GetList()，功能是展示指定群的详细信息，包括群名、群主、群员数量等信息。代码如下所示。

```
int Group_Srv_GetList(){
   int rtn;
   if(NULL != GroupList){
      List_Destroy(GroupList ,group_t);
   }
```

```
List_Init(GroupList ,group_t);
cJSON *root = cJSON_CreateObject();
cJSON *item = cJSON_CreateString("g");
cJSON_AddItemToObject(root ,"type" ,item);
item = cJSON_CreateNumber(gl_uid);
cJSON_AddItemToObject(root, "uid" ,item);
char *out = cJSON_Print(root);
if(send(sock_fd ,(void *)out ,MSG_LEN,0) < 0){
    perror("send: 请求服务器失败");
    return 0;
}
free(out);
cJSON_Delete(root);
group_t *newNode = NULL;
while(1){
    //pthread_mutex_lock(&mutex);
    My_Lock();
    root = cJSON_Parse(massage);
    item = cJSON_GetObjectItem(root ,"gid");
    if( item -> valueint == 0){
        My_Unlock();
       // pthread_mutex_unlock(&mutex);
        break;
    }
    newNode = (group_t *)malloc(sizeof(group_t));
    newNode -> gid = item -> valueint;
    item = cJSON_GetObjectItem(root ,"name");
    strcpy(newNode -> name ,item -> valuestring);
    item = cJSON_GetObjectItem(root ,"owner");
    newNode -> owner = item -> valueint;
    item = cJSON_GetObjectItem(root ,"num");
    newNode -> num = item -> valueint;
    cJSON_Delete(root);
    newNode -> next = NULL;
    List_AddHead(GroupList ,newNode);
    My_Unlock();
    //pthread_mutex_unlock(&mutex);
}
//pthread_mutex_lock(&mutex);
My_Lock();
root = cJSON_Parse(massage);
item = cJSON_GetObjectItem(root,"res");
int res = item -> valueint;
if(res == 1){
    rtn = 1;
```

```
    }else{
        item = cJSON_GetObjectItem(root ,"reason");
        printf("请求失败: %s",item -> valuestring);
        rtn = 0;
    }
    cJSON_Delete(root);
    My_Unlock();
    //pthread_mutex_unlock(&mutex);
    return rtn;
}
```

- 编写函数 Group_Srv_AddMember()，功能是向群中添加指定的成员。代码如下所示。

```
int Group_Srv_AddMember(int gid ,int uid){

    cJSON *root = cJSON_CreateObject();
    cJSON *item = cJSON_CreateString("M");
    cJSON_AddItemToObject(root ,"type" ,item);
    item = cJSON_CreateNumber(gid);
    cJSON_AddItemToObject(root ,"gid",item);
    item = cJSON_CreateNumber(uid);
    cJSON_AddItemToObject(root , "uid" ,item);
    char *out = cJSON_Print(root);
    cJSON_Delete(root);
    if(send(sock_fd ,out ,MSG_LEN ,0) <= 0){
        free(out);
        perror("send");
        return 0;
    }
    free(out);
    My_Lock();
    root = cJSON_Parse(massage);
    item = cJSON_GetObjectItem(root ,"res");
    int res = item -> valueint;
    if(res){
        printf("邀请成功!");
        getchar();
    }else{
        printf("邀请失败,该成员已在当前群聊中!");
        getchar();
    }
    cJSON_Delete(root);
    My_Unlock();
    return 1;
}
```

- 编写函数 Group_Srv_Join()，功能是处理新成员的入群操作，及时更新群的信息。

代码如下所示。

```
void Group_Srv_Join(const char * massage){
    group_t *newNode =
        (group_t *)malloc(sizeof(group_t));
    cJSON *root = cJSON_Parse(massage);
    cJSON *item = cJSON_GetObjectItem(root,"gid");
    newNode -> gid = item -> valueint;
    item = cJSON_GetObjectItem(root ,"name");
    strcpy(newNode -> name ,item -> valuestring);
    item = cJSON_GetObjectItem(root ,"owner");
    newNode -> owner = item -> valueint;
    item = cJSON_GetObjectItem(root ,"num");
    newNode -> num  = item -> valueint;
    newNode -> NewMsgNum = 0;
    newNode -> next = NULL;
    List_AddHead(GroupList ,newNode);
    if(newNode -> owner == gl_uid) return;
    friends_t *f;
    List_ForEach(FriendsList ,f){
        if(newNode -> owner == f -> uid){
            printf("\n%s 邀请你加入了群聊 %s\n",f -> name ,newNode -> name);
            return;
        }
    }
}
```

- 编写函数 Group_Srv_ShowMember()，功能是展示群内成员的信息。代码如下所示。

```
void Group_Srv_ShowMember(const char *massage){
    cJSON *root ,*item;
    friends_t GroupMember;
    root = cJSON_Parse(massage);
    item = cJSON_GetObjectItem(root ,"name");
    strcpy(GroupMember.name ,item -> valuestring);
    item = cJSON_GetObjectItem(root ,"sex");
    GroupMember.sex = item -> valueint;
    item = cJSON_GetObjectItem(root ,"is_online");
    GroupMember.is_online = item -> valueint;
    item = cJSON_GetObjectItem(root ,"is_vip");
    GroupMember.is_vip = item -> valueint;
    item = cJSON_GetObjectItem(root ,"permission");
    char *is_online[2] = {"●","\e[32m●\e[0m"};
    char *is_vip[2] = {"","\e[31m"};
    char *sex[2] = {"\e[35m♀\e[0m","\e[36m♂\e[0m"};
    char *per[3] ={"" ,"[\e[32m 管理员\e[0m]" ,"[\e[33m 群主\e[0m]"};
    printf("  %s %s%s\e[0m %s %s\n" ,
        is_online[GroupMember.is_online] ,
```

```
        is_vip[GroupMember.is_vip],
        GroupMember.name ,sex[GroupMember.sex],
        per[item -> valueint]);
    cJSON_Delete(root);

}
```

- 编写函数 Group_Srv_GetMember()，功能是获取群内成员的信息。代码如下所示。

```
void Group_Srv_GetMember(int gid){
    cJSON *root = cJSON_CreateObject();
    cJSON_AddStringToObject(root ,"type" ,"m");
    cJSON_AddNumberToObject(root ,"gid" ,gid);
    char * out = cJSON_Print(root);
    cJSON_Delete(root);
    if(send(sock_fd ,out ,MSG_LEN ,0) <= 0){
        perror("send");
    }
    free(out);
}
```

- 编写函数 Group_Srv_Quit()，实现退群处理功能，值得注意的是，群主退群意味着解散群。代码如下所示。

```
void Group_Srv_Quit(group_t *curGroup){
    char choice[5];
    cJSON *root = cJSON_CreateObject();
    cJSON_AddStringToObject(root ,"type" ,"Q");
    cJSON_AddNumberToObject(root ,"gid" ,curGroup -> gid);
    if(curGroup -> owner == gl_uid){
        //解散群
        cJSON_AddStringToObject(root ,"do" ,"解散");
        printf("您是群主,确认解散群聊 %s ?[yes/no]", curGroup -> name);
    } else{
        cJSON_AddStringToObject(root ,"do" ,"退群");
        cJSON_AddNumberToObject(root ,"uid" ,gl_uid);
        printf("确认要退出群聊 %s ?[yes/no]" ,curGroup -> name);
    }
    char *out = cJSON_Print(root);
    cJSON_Delete(root);
    sgets(choice ,5);
    if(strcmp(choice ,"yes") != 0) {
        free(out);
        return;
    }
    if(send(sock_fd ,out ,MSG_LEN ,0) <= 0){
        perror("send");
    }
```

```
    free(out);
    List_FreeNode(GroupList ,curGroup ,group_t);
    printf("操作成功！");
    getchar();
}
```

- 编写函数 Group_Srv_Delete()，实现解散群功能。代码如下所示。

```
void Group_Srv_Delete(const char *massage){
    cJSON *root = cJSON_Parse(massage);
    cJSON *item = cJSON_GetObjectItem(root ,"gid");
    int gid = item -> valueint;
    cJSON_Delete(root);
    group_t *g;
    List_ForEach(GroupList ,g){
        if(g -> gid == gid){
            printf("\n 群主已将群聊 %s 解散!\n",g -> name);
            List_FreeNode(GroupList ,g ,group_t);
            curGroup = NULL;
            return;
        }
    }
}
```

注意：在本项目中用到的数据被保存在 MySQL 数据库中，客户端和服务器端的数据是通过 JSON 传递的，对于聊天过程中的文件传输需要做特殊处理，文件传输的处理方式如图 9-15 所示。

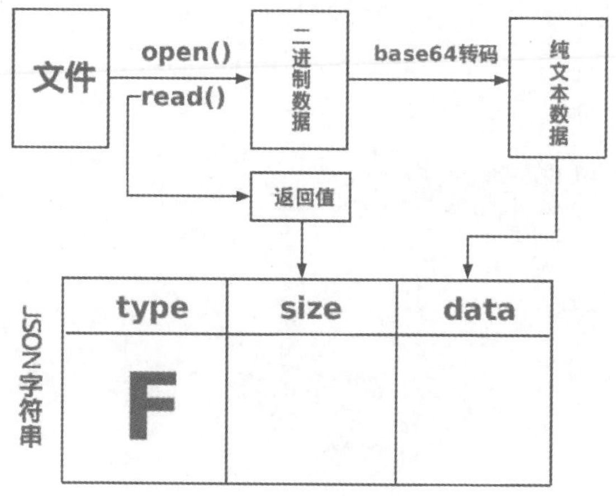

图 9-15　文件传输的处理方式

- 当用户输入要发送的文件名后，系统使用函数 open()调用打开文件，使用函数 read()调用读取指定字节的文件内容，将 read 的返回值记录在数据包的 size 字段。然后将读取到的文件内容使用 base64 转码，将得到的结果记录在数据包的 data 字段中；然后再将数据包发给接收方，根据 read 返回值的大小判断文件是否全部发送完成；如果 read 返回值小于 read 的大小参数，则关闭文件，否则继续 read 转码发送。
- 接收方收到文件包后，将 data 中的数据解码为二进制，然后根据 size 的值将存储 data 转码结果的 buff 中的数据追加写入文件中。

9.7 测试运行

在 Linux 系统中运行本项目，首先通过如下命令启动服务器端：

扫码看视频

```
cd chat_room/Server
make
```

其次将 chat_room.sql 导入到数据库中，并修改文件 config.json 中的数据库信息。最后通过如下命令启动客户端：

```
cd chat_room/Client
make
```

再次在文件 config.json 中修改服务器地址，最后输入下面命令启动项目，如图 9-16 所示。

```
./chat_room_cli
```

```
文件(F)  编辑(E)  查看(V)  搜索(S)  终端(T)  帮助(H)
→ Client git:(master) ✗ ./chat_room_cli
```

图 9-16　启动项目

进入聊天系统后先注册一个账户，登录界面如图 9-17 所示。

聊天界面如图 9-18 所示。

添加好友界面如图 9-19 所示。

```
文件(F)  编辑(E)  查看(V)  搜索(S)  终端(T)  帮助(H)
==============================
 ****欢迎使用葫芦娃聊天室****
==============================
功能选项:
        1.登录
        2.注册
        3.退出
请输入功能序号:1
请输入用户名:fujie
请输入密码:123
```

图 9-17　登录界面

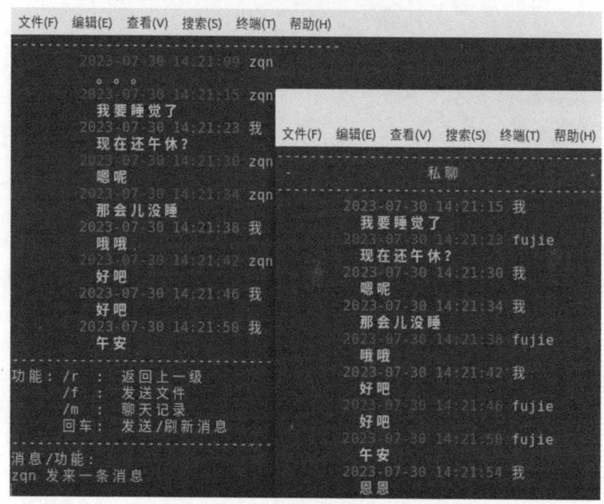

图 9-18　聊天界面

```
文件(F)  编辑(E)  查看(V)  搜索(S)  终端(T)  帮助(H)
▶ 我的好友(2/7)
   ● zqn ♀
   ● zhanglei ♂
   ● wangliang ♀
   ● 刘生玺 ♂
   ● 666 ♀
   ● jl ♂
   ● wz ♂
▶ 我的群聊(1)
   测试
▶ 申请列表(1)
   new 申请加你为好友
-----------------------------------
1.选择好友|2.选择群聊|3.处理申请
4.添加好友|5.创建群聊|6.注销登录
-----------------------------------
功能选择:3
是否同意 new 的好友请求?
请输入:(y/n 其他返回)
```

图 9-19　添加好友界面